24년 출간 교재   25년 출간 교재

			예비 초등			1-2학년				3-4학년				5-6학년				예비중등	
쓰기력	국어	한글 바로 쓰기	P1	P2	P3														
			P1~3_활동 모음집																
	국어	맞춤법 바로 쓰기				1A	1B	2A	2B										
어휘력	전 과목	어휘				1A	1B	2A	2B	3A	3B	4A	4B	5A	5B	6A	6B		
	전 과목	한자 어휘				1A	1B	2A	2B	3A	3B	4A	4B	5A	5B	6A	6B		
	영어	파닉스				1		2											
	영어	영단어								3A	3B	4A	4B	5A	5B	6A	6B		
독해력	국어	독해	P1		P2	1A	1B	2A	2B	3A	3B	4A	4B	5A	5B	6A	6B		
	한국사	독해 인물편								1 ~ 4									
	한국사	독해 시대편								1 ~ 4									
계산력	수학	계산				1A	1B	2A	2B	3A	3B	4A	4B	5A	5B	6A	6B	7A	7B
교과서 문해력	전 과목	교과서가 술술 읽히는 서술어				1A	1B	2A	2B	3A	3B	4A	4B	5A	5B	6A	6B		
	사회	교과서 독해								3A	3B	4A	4B	5A	5B	6A	6B		
	수학	문장제 기본				1A	1B	2A	2B	3A	3B	4A	4B	5A	5B	6A	6B		
	수학	문장제 발전				1A	1B	2A	2B	3A	3B	4A	4B	5A	5B	6A	6B		
창의·사고력	전 과목	교과서 놀이 활동북	1 ~ 8																
	수학	입학 전 수학 놀이 활동북	P1 ~ P10																

＊완자 공부력 신간은 계속해서 출간됩니다.

세상이 변해도
배움의 즐거움은
변함없도록

시대는 빠르게 변해도
배움의 즐거움은
변함없어야 하기에

어제의 비상은
남다른 교재부터
결이 다른 콘텐츠
전에 없던 교육 플랫폼까지

변함없는 혁신으로
교육 문화 환경의 새로운 전형을
실현해왔습니다.

비상은 오늘, 다시 한번
새로운 교육 문화 환경을 실현하기 위한
또 하나의 혁신을 시작합니다.

오늘의 내가 어제의 나를 초월하고
오늘의 교육이 어제의 교육을 초월하여
배움의 즐거움을 지속하는 혁신,

바로, 메타인지 기반 완전 학습을.

상상을 실현하는 교육 문화 기업 비상

메타인지 기반 완전 학습

초월을 뜻하는 meta와 생각을 뜻하는 인지가 결합한 메타인지는
자신이 알고 모르는 것을 스스로 구분하고 학습계획을 세우도록 하는
궁극의 학습 능력입니다. 비상의 메타인지 기반 완전 학습 시스템은
잠들어 있는 메타인지를 깨워 공부를 100% 내 것으로 만들도록 합니다.

몬스터를 모두 잡아 몰랑이를 구하자!

귀여운 강아지 몰랑이가 아침부터 보이지 않는다.

구해줘…멍!

몰랑이를 구할 수 있는 미션은 단 하나,
점점 어려워지는 문제를 매일 풀다 보면
몬스터 성에 갇힌 몰랑이를 구할 수 있다!

몰랑이를 구하고 싶다면
우리가 내는 문제를
풀어 보시지!

수학 문장제 발전
단계별 구성

1A	1B	2A	2B	3A	3B
9까지의 수	100까지의 수	세 자리 수	네 자리 수	덧셈과 뺄셈	곱셈
여러 가지 모양	덧셈과 뺄셈(1)	여러 가지 도형	곱셈구구	평면도형	나눗셈
덧셈과 뺄셈	모양과 시각	덧셈과 뺄셈	길이 재기	나눗셈	원
비교하기	덧셈과 뺄셈(2)	길이 재기	시각과 시간	곱셈	분수와 소수
50까지의 수	규칙 찾기	분류하기	표와 그래프	길이와 시간	들이와 무게
	덧셈과 뺄셈(3)	곱셈	규칙 찾기	분수와 소수	그림그래프

교과서 전 단원, 전 영역뿐만 아니라 다양한 시험에 나오는
복잡한 수학 문장제를 분석하고 단계별 풀이를 통해 문제 해결력을 강화해요!

수, 연산, 도형과 측정, 자료와 가능성, 변화와 관계 영역의
다양한 문장제를 해결해 봐요.

4A	4B	5A	5B	6A	6B
큰 수	분수의 덧셈과 뺄셈	자연수의 혼합 계산	수의 범위와 어림하기	분수의 나눗셈	분수의 나눗셈
각도	사각형	약수와 배수	분수의 곱셈	각기둥과 각뿔	공간과 입체
곱셈과 나눗셈	소수의 덧셈과 뺄셈	대응 관계	합동과 대칭	소수의 나눗셈	소수의 나눗셈
삼각형	다각형	약분과 통분	소수의 곱셈	비와 비율	비례식과 비례배분
막대그래프	꺾은선 그래프	분수의 덧셈과 뺄셈	직육면체와 정육면체	여러 가지 그래프	원의 둘레와 넓이
관계와 규칙	평면도형의 이동	다각형의 둘레와 넓이	평균과 가능성	직육면체의 부피와 겉넓이	원기둥, 원뿔, 구

특징과 활용법

준비하기 단원별 2쪽 가볍게 몸풀기

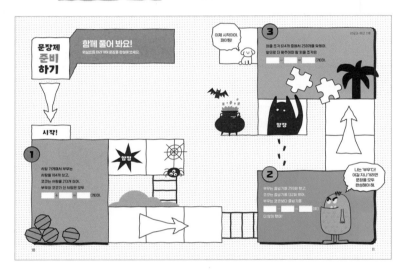

그림 속 이야기를
읽어 보면서
간단한 문장으로 된
문제를 풀어 보아요.

일차 학습 하루 6쪽 문장제 학습

문제 속 조건과 구하려는 것을
찾고, 단계별 풀이를 통해
문제 해결력이 쑥쑥~

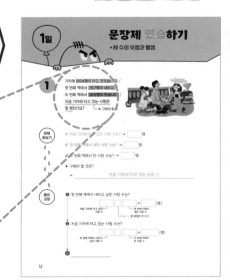

기차에 894명이 타고 있었습니다.
첫 번째 역에서 267명이 내리고,
두 번째 역에서 385명이 탔습니다.
지금 기차에 타고 있는 사람은
몇 명인가요? ← 구해야 할 것

실력 확인하기 단원별 마무리와 총정리 실력 평가

단원 마무리

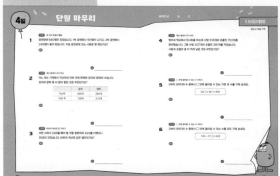

실력 평가

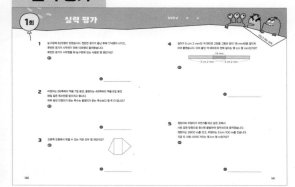

앞에서 배웠던 문장제를 풀면서
실력을 확인해요.
마지막 도전 문제까지 성공하면
최고!

한 권을 모두 끝낸 후엔
실력 평가로 내 실력을 점검해요!

정답과 해설

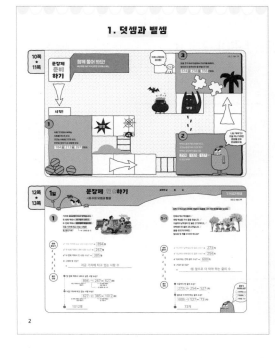

정답과 해설을 빠르게 확인하고,
틀린 문제는 다시 풀어요!
QR을 찍으면 모바일로도 정답을
확인할 수 있어요.

차례

내가 낸 문제를 모두 풀어야
몰랑이를 구할 수 있어!

문장제
준비
하기

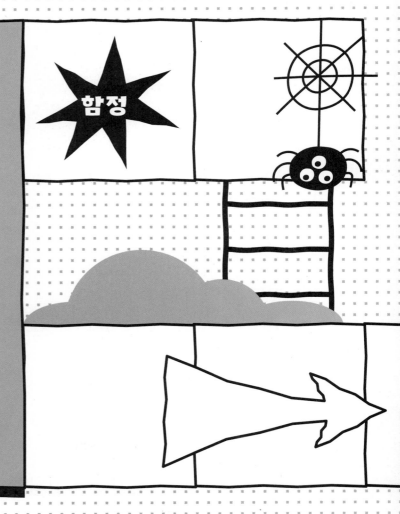

함께 풀어 봐요!
화살표를 따라가며 문장을 완성해 보세요.

시작!

1

사탕 가게에서 부우는
사탕을 184개 샀고,
코코는 사탕을 213개 샀어.
부우와 코코가 산 사탕은 모두

| | + | | = | | (개)야.
|---|---|---|---|---|

함정

문장제 연습하기

★ 세 수의 덧셈과 뺄셈

1

기차에 **894명**이 타고 있었습니다. /
첫 번째 역에서 **267명**이 내리고, /
두 번째 역에서 **385명**이 탔습니다. /
지금 기차에 타고 있는 사람은
몇 명인가요? ——➔ 구해야 할 것

문제 돋보기

✓ 처음 기차에 타고 있던 사람 수는? → ◻◻◻ 명

✓ 첫 번째 역에서 내린 사람 수는? → ◻◻◻ 명

✓ 두 번째 역에서 탄 사람 수는? → ◻◻◻ 명

✦ 구해야 할 것은?

→ 　　　　　　　　지금 기차에 타고 있는 사람 수

풀이 과정

❶ 첫 번째 역에서 내리고 남은 사람 수는?

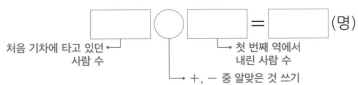

처음 기차에 타고 있던 ┘　　　　　　└ 첫 번째 역에서
사람 수　　　　　　　　　　　　 내린 사람 수
　　　　　　　└ +, − 중 알맞은 것 쓰기

❷ 지금 기차에 타고 있는 사람 수는?

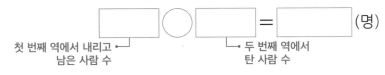

첫 번째 역에서 내리고 ┘　　　　　　└ 두 번째 역에서
남은 사람 수　　　　　　　　　　　 탄 사람 수

답 _____

12

왼쪽 **1** 번과 같이 문제에 색칠하고 밑줄을 그어 가며 문제를 풀어 보세요.

1-1

민채네 학교 학생들이 /
체험 학습을 가서 귤을 땄습니다. /
지금까지 남학생이 딴 귤은 273개이고, /
여학생이 딴 귤은 254개입니다. /
귤을 600개 따려면 /
앞으로 몇 개를 더 따야 하나요?

문제 돋보기

✔ 지금까지 남학생이 딴 귤의 수는? → ☐ 개

✔ 지금까지 여학생이 딴 귤의 수는? → ☐ 개

✔ 따야 하는 전체 귤의 수는? → ☐ 개

✦ 구해야 할 것은?

→ _____

풀이 과정

❶ 지금까지 딴 귤의 수는?

☐ ◯ ☐ = ☐ (개)

❷ 앞으로 더 따야 하는 귤의 수는?

☐ ◯ ☐ = ☐ (개)

답 _____

문제가 어려웠나요?

☐ 어려워요. o.o

☐ 적당해요. ^-^

☐ 쉬워요. >o<

문장제 연습하기

★ 계산 결과의 크기 비교

2 진우는 / 가족들과 함께 뮤지컬을 보려고 / 공연장에 갔습니다. /
관객 수가 다음과 같을 때, / 1층과 2층 중 / 관객이 더 많은 곳은 몇 층인가요?
┗→ **구해야 할 것**

	어른	어린이
1층	529명	143명
2층	366명	281명

문제 돌보기

✔ 1층의 관객 수는? → 어른: ☐ 명, 어린이: ☐ 명

✔ 2층의 관객 수는? → 어른: ☐ 명, 어린이: ☐ 명

✦ 구해야 할 것은?

→ _____1층과 2층 중 관객이 더 많은 곳_____

풀이 과정

❶ 1층의 관객 수는?

☐ ◯ ☐ = ☐ (명)
1층의 어른 관객 수 ┘   └ 1층의 어린이 관객 수

❷ 2층의 관객 수는?

☐ ◯ ☐ = ☐ (명)
2층의 어른 관객 수 ┘   └ 2층의 어린이 관객 수

❸ 1층과 2층 중 관객이 더 많은 곳은?

☐ > ☐ 이므로 관객이 더 많은 곳은 ☐ 층입니다.

답 _____

> 왼쪽 **2** 번과 같이 문제에 색칠하고 밑줄을 그어 가며 문제를 풀어 보세요.

2-1

어느 문구점에서 / 지난달과 이번 달에 판매한 자와 풀의 수입니다. /
자와 풀 중 / 더 많이 팔린 것은 무엇인가요?

	자	풀
지난달	357개	262개
이번 달	302개	430개

문제 돋보기

✔ 지난달과 이번 달에 팔린 자의 수는?

→ 지난달: ⬚ 개, 이번 달: ⬚ 개

✔ 지난달과 이번 달에 팔린 풀의 수는?

→ 지난달: ⬚ 개, 이번 달: ⬚ 개

✦ 구해야 할 것은?

→ _____

풀이 과정

❶ 지난달과 이번 달에 팔린 자의 수는?

⬚ ◯ ⬚ = ⬚ (개)

❷ 지난달과 이번 달에 팔린 풀의 수는?

⬚ ◯ ⬚ = ⬚ (개)

❸ 자와 풀 중 더 많이 팔린 것은?

⬚ < ⬚ 이므로 더 많이 팔린 것은 ⬚ 입니다.

답 _____

문제가 어려웠나요?

☐ 어려워요. o.o

☐ 적당해요. ^-^

☐ 쉬워요. >o<

15

문장제 실력 쌓기

★ 세 수의 덧셈과 뺄셈
★ 계산 결과의 크기 비교

문제를 읽고 '연습하기'에서 했던 것처럼 밑줄을 그어 가며 문제를 풀어 보세요.

1

지하철에 706명이 타고 있었습니다.
첫 번째 역에서 312명이 내리고, 두 번째 역에서 119명이 탔습니다.
지금 지하철에 타고 있는 사람은 몇 명인가요?

❶ 첫 번째 역에서 내리고 남은 사람 수는?

❷ 지금 지하철에 타고 있는 사람 수는?

답 _____

2

선미는 친구들과 함께 영화를 보려고 영화관에
갔습니다. 관객 수가 오른쪽과 같을 때,
1관과 2관 중 관객이 더 많은 곳은 어느 관인가요?

	남자	여자
1관	246명	139명
2관	107명	285명

❶ 1관의 관객 수는?

❷ 2관의 관객 수는?

❸ 1관과 2관 중 관객이 더 많은 곳은?

답 _____

3 어느 놀이공원의 어제 입장객은 428명이고, 오늘 입장객은 어제보다 109명 더 적습니다. 이 놀이공원의 어제와 오늘 입장객은 모두 몇 명인가요?

❶ 오늘 입장객 수는?

❷ 어제와 오늘 입장객 수는?

답 _____

4 어느 과일 가게에서 어제와 오늘 판매한 사과와 배의 수입니다. 사과와 배 중 더 많이 팔린 것은 무엇인가요?

	사과	배
어제	290개	225개
오늘	116개	186개

❶ 어제와 오늘 팔린 사과의 수는?

❷ 어제와 오늘 팔린 배의 수는?

❸ 사과와 배 중 더 많이 팔린 것은?

답 _____

1

어떤 수에서 192를 빼야 할 것을 /

잘못하여 219를 더했더니 534가 되었습니다. /

바르게 계산한 값은 얼마인가요?

└─→ **구해야 할 것**

문제 돋보기

✔ 잘못 계산한 식은?

→ 어떤 수에 [   ] 을(를) 더했더니 [   ] 이(가) 되었습니다.

✔ 바르게 계산하려면? → 어떤 수에서 [   ] 을(를) 뺍니다.

✦ 구해야 할 것은?

→ _____ 바르게 계산한 값

풀이 과정

❶ 어떤 수를 ■ 라 할 때, 잘못 계산한 식은?

■ + [   ] = [   ]

❷ 어떤 수는?

■ = [   ] − [   ] = [   ]

❸ 바르게 계산한 값은?

[   ] ◯ [   ] = [   ]
└─→ 어떤 수

답 _____

18

왼쪽 **1** 번과 같이 문제에 색칠하고 밑줄을 그어 가며 문제를 풀어 보세요.

1-1

어떤 수에 481을 더해야 할 것을 /
잘못하여 184를 뺐더니 520이 되었습니다. /
바르게 계산한 값은 얼마인가요?

문제 돋보기

✔ 잘못 계산한 식은?

→ 어떤 수에서 [   ]을(를) 뺐더니 [   ]이(가) 되었습니다.

✔ 바르게 계산하려면? → 어떤 수에 [   ]을(를) 더합니다.

✦ 구해야 할 것은?

→ _____

풀이 과정

❶ 어떤 수를 ■라 할 때, 잘못 계산한 식은?

■ − [   ] = [   ]

❷ 어떤 수는?

■ = [   ] + [   ] = [   ]

❸ 바르게 계산한 값은?

[   ] ◯ [   ] = [   ]
└→ 어떤 수

❸ 답

_____

문제가
어려웠나요?

☐ 어려워요. o.o

☐ 적당해요. ^-^

☐ 쉬워요. >o<

19

문장제 연습하기

★ □ 안에 들어갈 수 있는 수 구하기

2

0부터 9까지의 수 중에서 /

□ 안에 들어갈 수 있는 수를 모두 구해 보세요.

↳ 구해야 할 것

$$28\square+975<1258$$

문제 돋보기

✦ 구해야 할 것은?

→ _____ □ 안에 들어갈 수 있는 수

✓ 28□+975<1258에서 □ 안에 들어갈 수 있는 수를 구하려면?

→ 28□+975= [   ] 일 때, 28□의 값을 구한 후

28□의 범위를 이용하여 구합니다.

풀이 과정

❶ 28□+975=1258일 때, 28□의 값은?

[   ] ◯ [   ] =28□, 28□= [   ]

❷ □ 안에 들어갈 수 있는 수는?

28□+975<1258에서 28□는 [   ] 보다 작아야 하므로

□ 안에 들어갈 수 있는 수는 [   ], [   ], [   ] 입니다.

답 _____

20

왼쪽 2 번과 같이 문제에 색칠하고 밑줄을 그어 가며 문제를 풀어 보세요.

2-1

0부터 9까지의 수 중에서 /

□ 안에 들어갈 수 있는 수를 모두 구해 보세요.

$$944 - 53\square < 408$$

문제 돋보기

✦ 구해야 할 것은?

→ _____

✓ $944 - 53\square < 408$에서 □ 안에 들어갈 수 있는 수를 구하려면?

→ $944 - 53\square = \boxed{}$ 일 때, $53\square$의 값을 구한 후

$53\square$의 범위를 이용하여 구합니다.

풀이 과정

❶ $944 - 53\square = 408$일 때, $53\square$의 값은?

$\boxed{} \bigcirc \boxed{} = 53\square$, $53\square = \boxed{}$

❷ □ 안에 들어갈 수 있는 수는?

$944 - 53\square < 408$에서 $53\square$는 $\boxed{}$ 보다 커야 하므로

□ 안에 들어갈 수 있는 수는 $\boxed{}$, $\boxed{}$, $\boxed{}$ 입니다.

답 _____

문제가 어려웠나요?

☐ 어려워요. o.o

☐ 적당해요. ^-^

☐ 쉬워요. >o<

21

문제를 읽고 '연습하기'에서 했던 것처럼 밑줄을 그어 가며 문제를 풀어 보세요.

1 어떤 수에서 216을 빼야 할 것을 잘못하여 126을 더했더니 609가 되었습니다.
바르게 계산한 값은 얼마인가요?

❶ 어떤 수를 ■라 할 때, 잘못 계산한 식은?

❷ 어떤 수는?

❸ 바르게 계산한 값은?

답 _____

2 0부터 9까지의 수 중에서 □ 안에 들어갈 수 있는 수를 모두 구해 보세요.

$$59\square + 482 < 1076$$

❶ 59□＋482＝1076일 때, 59□의 값은?

❷ □ 안에 들어갈 수 있는 수는?

답 _____

정답과 해설 5쪽

3 어떤 수에 625를 더해야 할 것을 잘못하여 265를 뺐더니 553이 되었습니다. 바르게 계산한 값은 얼마인가요?

❶ 어떤 수를 ■라 할 때, 잘못 계산한 식은?

❷ 어떤 수는?

❸ 바르게 계산한 값은?

답 ______________

4 0부터 9까지의 수 중에서 □ 안에 들어갈 수 있는 수를 모두 구해 보세요.

81□−290<523

❶ 81□−290=523일 때, 81□의 값은?

❷ □ 안에 들어갈 수 있는 수는?

답 ______________

1

창고에 오이가 있습니다. /
반찬을 만드는 데 **172개를 사용하고,** / **다시 258개를 사 왔습니다.** /
지금 창고에 있는 오이가 513개일 때, / 처음 창고에 있던 오이는 몇 개인가요?

→ 구해야 할 것

문제 돋보기

✓ 사용한 오이의 수는? → ☐ 개

✓ 다시 사 온 오이의 수는? → ☐ 개

✓ 지금 창고에 있는 오이의 수는? → ☐ 개

✦ 구해야 할 것은?

→ ＿＿＿＿＿＿＿처음 창고에 있던 오이의 수＿＿＿＿＿＿＿

✓ 처음 창고에 있던 오이의 수를 구하려면?

→ 알맞은 말에 ○표 하기

→ 먼저 다시 사 오기 전 오이의 수를 (덧셈식 , 뺄셈식)을 만들어 구하고,

　그 다음 사용하기 전 오이의 수를 (덧셈식 , 뺄셈식)을 만들어 구합니다.

풀이 과정

❶ 다시 사 오기 전 오이의 수는?

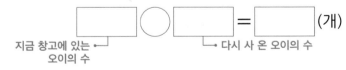

지금 창고에 있는 오이의 수 ┘　　└ 다시 사 온 오이의 수

❷ 처음 창고에 있던 오이의 수는?

다시 사 오기 전 오이의 수 ┘　　└ 사용한 오이의 수

답 ＿＿＿＿＿＿＿＿＿

정답과 해설 5쪽

왼쪽 **1** 번과 같이 문제에 색칠하고 밑줄을 그어 가며 문제를 풀어 보세요.

1-1

빵 가게에 단팥빵이 있습니다. /
오전에 217개를 팔고, / 다시 193개를 만들었습니다. /
지금 빵 가게에 있는 단팥빵이 336개일 때, /
처음 빵 가게에 있던 단팥빵은 몇 개인가요?

문제 돌보기

✓ 오전에 판 단팥빵의 수는? → ☐ 개

✓ 다시 만든 단팥빵의 수는? → ☐ 개

✓ 지금 빵 가게에 있는 단팥빵의 수는? → ☐ 개

✚ 구해야 할 것은?

→ _____

✓ 처음 빵 가게에 있던 단팥빵의 수를 구하려면?

→ 먼저 다시 만들기 전 단팥빵의 수를 (덧셈식 , 뺄셈식)을 만들어 구하고,
그 다음 팔기 전 단팥빵의 수를 (덧셈식 , 뺄셈식)을 만들어 구합니다.

풀이 과정

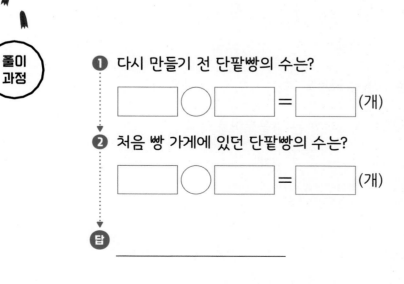

❶ 다시 만들기 전 단팥빵의 수는?

☐ ◯ ☐ = ☐ (개)

❷ 처음 빵 가게에 있던 단팥빵의 수는?

☐ ◯ ☐ = ☐ (개)

답 _____

문제가
어려웠나요?

☐ 어려워요. o.o

☐ 적당해요. ^-^

☐ 쉬워요. >o<

2 방울토마토를 서연이가 334개, / 주원이가 306개 땄습니다. /
두 사람이 가지는 방울토마토의 수가 같아지려면 /
서연이가 주원이에게 몇 개를 주어야 하나요?

└─→ 구해야 할 것

문제 돌보기

✓ 서연이가 딴 방울토마토의 수는? → ☐ 개

✓ 주원이가 딴 방울토마토의 수는? → ☐ 개

✓ 두 사람이 가지는 방울토마토의 수는? → (같아야 , 달라야) 합니다.

✦ 구해야 할 것은?

→ <u>서연이가 주원이에게 주어야 하는 방울토마토의 수</u>

풀이 과정

❶ 전체 방울토마토의 수는?

☐ ◯ ☐ = ☐ (개)

└→서연이가 딴 └→ 주원이가 딴
　방울토마토의 수　　방울토마토의 수

❷ 주고 받은 후 서연이가 가지는 방울토마토의 수는?

주고 받은 후 두 사람이 각각 가지는 방울토마토의 수를 ■개라 하면

■+■= ☐ , ■= ☐ 이므로

서연이가 가지는 방울토마토의 수는 ☐ 개입니다.

❸ 서연이가 주원이에게 주어야 하는 방울토마토의 수는?

☐ ◯ ☐ = ☐ (개)

└→ 서연이가 딴　　└→ 주고 받은 후 서연이가 가지는
　방울토마토의 수　　　방울토마토의 수

답 _____

26

왼쪽 2 번과 같이 문제에 색칠하고 밑줄을 그어 가며 문제를 풀어 보세요.

2-1

구슬이 빨간 상자에 215개, / 초록 상자에 193개 들어 있습니다. /
두 상자에 들어 있는 구슬의 수가 같아지려면 /
빨간 상자에서 / 초록 상자로 구슬 몇 개를 옮겨야 하나요?

문제 돋보기

✓ 빨간 상자에 들어 있는 구슬의 수는? → ☐ 개

✓ 초록 상자에 들어 있는 구슬의 수는? → ☐ 개

✓ 두 상자에 들어 있는 구슬의 수는? → (같아야 , 달라야) 합니다.

✦ 구해야 할 것은?

→ _____

풀이 과정

❶ 전체 구슬의 수는?

☐ ◯ ☐ = ☐ (개)

❷ 구슬을 옮긴 후 빨간 상자에 들어 있어야 하는 구슬의 수는?

구슬을 옮긴 후 두 상자에 각각 들어 있어야 하는 구슬의 수를 ■개라 하면

■ + ■ = ☐ , ■ = ☐ 이므로

빨간 상자에 들어 있어야 하는 구슬의 수는 ☐ 개입니다.

❸ 빨간 상자에서 초록 상자로 옮겨야 하는 구슬의 수는?

☐ ◯ ☐ = ☐ (개)

**문제가
어려웠나요?**

☐ 어려워요. o.o

☐ 적당해요. ^-^

☐ 쉬워요. >o<

답  _____

문제를 읽고 '연습하기'에서 했던 것처럼 밑줄을 그어 가며 문제를 풀어 보세요.

1 유람선에 사람들이 타고 있습니다. 선착장에서 181명이 내리고, 다시 266명이 탔습니다.

지금 유람선에 타고 있는 사람이 408명일 때,

처음 유람선에 타고 있던 사람은 몇 명인가요?

❶ 다시 타기 전 사람 수는?

❷ 처음 유람선에 타고 있던 사람 수는?

답 _____

2 우표를 준혁이가 494장, 연재가 348장 모았습니다.

두 사람이 가지는 우표의 수가 같아지려면 준혁이가 연재에게 몇 장을 주어야 하나요?

❶ 전체 우표의 수는?

❷ 주고 받은 후 준혁이가 가지는 우표의 수는?

❸ 준혁이가 연재에게 주어야 하는 우표의 수는?

답 _____

3　미정이는 하루에 20분씩 게임을 합니다. 미정이가 기본 점수를 받고 게임을 시작하여
680점을 얻었다가 다시 478점을 잃었더니 지금 264점이 되었습니다.
미정이가 게임을 시작할 때 받은 기본 점수는 몇 점인가요?

　❶ 다시 잃기 전 점수는?

　❷ 게임을 시작할 때 받은 기본 점수는?

　🅐 _____

4　동주네 학교 학생들이 운동회 때 박 터트리기를 하려고 합니다.
콩 주머니가 파란 바구니에 244개, 노란 바구니에 282개 들어 있습니다.
두 바구니에 들어 있는 콩 주머니의 수가 같아지려면
노란 바구니에서 파란 바구니로 콩 주머니 몇 개를 옮겨야 하나요?

　❶ 전체 콩 주머니의 수는?

　❷ 콩 주머니를 옮긴 후 노란 바구니에 들어 있어야 하는 콩 주머니의 수는?

　❸ 노란 바구니에서 파란 바구니로 옮겨야 하는 콩 주머니의 수는?

　🅐 _____

12쪽 세 수의 덧셈과 뺄셈

1 공연장에 640명이 있었습니다. 1부 공연에서 151명이 나가고, 2부 공연에서 249명이 들어 왔습니다. 지금 공연장에 있는 사람은 몇 명인가요?

풀이

답 _____

14쪽 계산 결과의 크기 비교

2 어느 채소 가게에서 지난주와 이번 주에 판매한 감자와 양파의 수입니다. 감자와 양파 중 더 많이 팔린 것은 무엇인가요?

	감자	양파
지난주	346개	295개
이번 주	138개	210개

풀이

답 _____

18쪽 바르게 계산한 값 구하기

3 어떤 수에서 245를 빼야 할 것을 잘못하여 425를 더했더니 908이 되었습니다. 바르게 계산한 값은 얼마인가요?

풀이

답 _____

14쪽 계산 결과의 크기 비교

4 병우네 학교에서 전시회를 하는데 사탕 516개와 초콜릿 752개를 준비했습니다. 그중 사탕 207개와 초콜릿 381개를 먹었습니다. 사탕과 초콜릿 중 더 적게 남은 것은 무엇인가요?

풀이

답 _____

20쪽 □ 안에 들어갈 수 있는 수 구하기

5 0부터 9까지의 수 중에서 □ 안에 들어갈 수 있는 가장 큰 수를 구해 보세요.

$$24\square + 361 < 605$$

풀이

답 _____

20쪽 □ 안에 들어갈 수 있는 수 구하기

6 0부터 9까지의 수 중에서 □ 안에 들어갈 수 있는 수를 모두 구해 보세요.

$$745 - 31\square < 428$$

풀이

답 _____

7

24쪽 처음의 수 구하기

바구니에 구슬이 있습니다.
목걸이를 만드는 데 260개를 사용하고, 다시 371개를 사 왔습니다.
지금 바구니에 있는 구슬이 949개일 때,
처음 바구니에 있던 구슬은 몇 개인가요?

풀이

답 _____

8

24쪽 처음의 수 구하기

예슬이네 반에서는 학생별로 칭찬 카드를 만들어 칭찬 점수를 쌓고 있습니다.
예슬이는 이번 달에 칭찬 점수를 325점 얻은 후,
270점으로 젤리를 바꾸어 먹었더니 지금 446점이 되었습니다.
예슬이가 지난달까지 쌓은 칭찬 점수는 몇 점인가요?

풀이

답 _____

26쪽　옮겨야 하는 수 구하기

9 어느 공장에서 생산한 쌀을 ㉮ 창고에 465자루, ㉯ 창고에 219자루 쌓아 놓았습니다. 두 창고에 쌓아 놓은 쌀의 양이 같아지려면 창고 ㉮에서 ㉯로 쌀 몇 자루를 옮겨야 하나요?

풀이

답　_____

도전! 10

12쪽　세 수의 덧셈과 뺄셈

주연이는 편의점에 가서 800원짜리 아이스크림 한 개와 750원짜리 음료수 두 개를 사고 3000원을 냈습니다. 주연이가 받아야 하는 거스름돈은 얼마인가요?

❶ 음료수 두 개의 값은?

❷ 아이스크림 한 개와 음료수 두 개의 값은?

❸ 주연이가 받아야 하는 거스름돈은?

답　_____

2 평면도형

내가 낸 문제를 모두 풀어야
몰랑이를 구할 수 있어!

문장제 준비하기

함께 풀어 봐요!

화살표를 따라가며 문장을 완성해 보세요.

시작!

직사각형 모양의 종이를 점선을 따라 잘랐어.

잘랐을 때 만들어지는 도형 중에서 직각삼각형을

모두 찾으면 ☐ 개야.

잘랐을 때 만들어지는 도형 중에서 직사각형을

모두 찾으면 ☐ 개야.

함정

이제
본격적으로
문제를
풀어 볼까?

정답과 해설 8쪽

2 딱지치기를 하기 위해 종이를 접어서
정사각형 모양의 딱지를 만들었어.

10 cm

딱지의 네 변의 길이의 합은

☐ + ☐ + ☐ + ☐ = ☐ (cm)야.

함정

나는 '두비'다!
여기 있는 문장들도
모두 완성할 수 있는지 볼까?
흐흐흐...

문장제 연습하기

★ 찾을 수 있는 각의 수 구하기

---

1 오른쪽 도형에서 <u>찾을 수 있는 각은 /</u>
모두 몇 개인가요? └→ 구해야 할 것

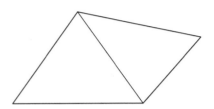

문제 돋보기

✦ 구해야 할 것은?

→ _____도형에서 찾을 수 있는 각의 수_____

✔ 도형에서 찾을 수 있는 각의 수를 구하려면?

→ 각 1개, 각 ☐ 개로 이루어진 각을 각각 찾아 세어 봅니다.

풀이 과정

❶ 각 1개, 2개로 이루어진 각의 수를 각각 구하면?

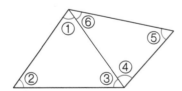

- 각 1개로 이루어진 각:

①, ②, ☐, ☐, ☐, ☐ → ☐ 개

- 각 2개로 이루어진 각:

①+⑥, ☐ + ☐ → ☐ 개

❷ 도형에서 찾을 수 있는 각의 수는?

☐ + ☐ = ☐ (개)

답 _____

38

정답과 해설 8쪽

왼쪽 **1** 번과 같이 문제에 색칠하고 밑줄을 그어 가며 문제를 풀어 보세요.

1-1

오른쪽 도형에서 찾을 수 있는 각은 /
모두 몇 개인가요?

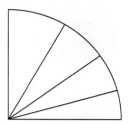

문제 돋보기

✦ 구해야 할 것은?

→ _____

✔ 도형에서 찾을 수 있는 각의 수를 구하려면?

→ 각 1개, ☐ 개, ☐ 개, ☐ 개로 이루어진 각을 각각 찾아 세어 봅니다.

풀이 과정

❶ 각 1개, 2개, 3개, 4개로 이루어진 각의 수를 각각 구하면?

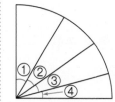

• 각 1개로 이루어진 각:

①, ②, ☐ , ☐ → ☐ 개

• 각 2개로 이루어진 각:

①+②, ②+ ☐ , ③+ ☐ → ☐ 개

• 각 3개로 이루어진 각: ①+②+ ☐ , ②+ ☐ + ☐

→ ☐ 개

• 각 4개로 이루어진 각: ①+②+ ☐ + ☐ → ☐ 개

❷ 도형에서 찾을 수 있는 각의 수는?

☐ + ☐ + ☐ + ☐ = ☐ (개)

답

_____

문제가 어려웠나요?

☐ 어려워요. o.o

☐ 적당해요. ^-^

☐ 쉬워요. >o<

문장제 연습하기

★ 크고 작은 도형의 수 구하기

2 오른쪽 도형에서 찾을 수 있는 /

크고 작은 직각삼각형은 모두 몇 개인가요?

└→ 구해야 할 것

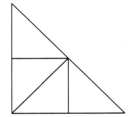

문제 돋보기

✦ 구해야 할 것은?

→ <u>크고 작은 직각삼각형의 수</u>

✓ 도형에서 찾을 수 있는 크고 작은 직각삼각형의 수를 구하려면?

→ 작은 직각삼각형 1개, ☐개, ☐개짜리 직각삼각형을 각각 찾아 세어 봅니다.

풀이 과정

❶ 작은 직각삼각형 1개, 2개, 4개짜리 직각삼각형의 수를 각각 구하면?

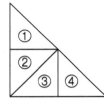

• 작은 직각삼각형 1개짜리:

①, ②, ☐, ☐ → ☐개

• 작은 직각삼각형 2개짜리:

①+②, ☐+☐ → ☐개

• 작은 직각삼각형 4개짜리: ①+②+☐+☐ → ☐개

❷ 도형에서 찾을 수 있는 크고 작은 직각삼각형의 수는?

☐ + ☐ + ☐ = ☐ (개)

답 _____

40

왼쪽 **2**번과 같이 문제에 색칠하고 밑줄을 그어 가며 문제를 풀어 보세요.

2-1

오른쪽 도형에서 찾을 수 있는 /
크고 작은 직사각형은 모두 몇 개인가요?

문제 돌보기

✦ 구해야 할 것은?

→ _____

✓ 도형에서 찾을 수 있는 크고 작은 직사각형의 수를 구하려면?

→ 작은 직사각형 1개, ☐개, ☐개짜리 직사각형을 각각 찾아 세어 봅니다.

풀이 과정

❶ 작은 직사각형 1개, 2개, 4개짜리 직사각형의 수를 각각 구하면?

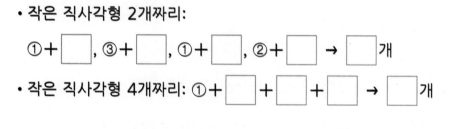

• 작은 직사각형 1개짜리:

①, ☐, ☐, ☐ → ☐개

• 작은 직사각형 2개짜리:

①+☐, ③+☐, ①+☐, ②+☐ → ☐개

• 작은 직사각형 4개짜리: ①+☐+☐+☐ → ☐개

❷ 도형에서 찾을 수 있는 크고 작은 직사각형의 수는?

☐ + ☐ + ☐ = ☐ (개)

답 _____

문제가 어려웠나요?

☐ 어려워요. o.o

☐ 적당해요. ^-^

☐ 쉬워요. >o<

문제를 읽고 '연습하기'에서 했던 것처럼 밑줄을 그어 가며 문제를 풀어 보세요.

1 오른쪽 도형에서 찾을 수 있는 각은 모두 몇 개인가요?

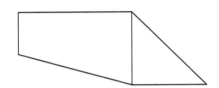

❶ 각 1개, 2개로 이루어진 각의 수를 각각 구하면?

❷ 도형에서 찾을 수 있는 각의 수는?

답 _____

2 오른쪽 도형에서 찾을 수 있는 크고 작은 직각삼각형은 모두 몇 개인가요?

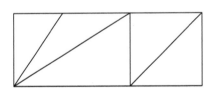

❶ 작은 삼각형 1개, 2개짜리 직각삼각형의 수를 각각 구하면?

❷ 도형에서 찾을 수 있는 크고 작은 직각삼각형의 수는?

답 _____

3 오른쪽 도형에서 찾을 수 있는 각은
모두 몇 개인가요?

❶ 각 1개, 2개, 3개로 이루어진 각의 수를 각각 구하면?

❷ 도형에서 찾을 수 있는 각의 수는?

답 _____

4 오른쪽 도형에서 찾을 수 있는 크고 작은 정사각형은
모두 몇 개인가요?

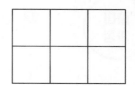

❶ 작은 정사각형 1개, 4개짜리 정사각형의 수를 각각 구하면?

❷ 도형에서 찾을 수 있는 크고 작은 정사각형의 수는?

답 _____

1 오른쪽 도형은 **똑같은 직사각형 2개를** /

겹치지 않게 이어 붙여 /

만든 직사각형입니다. /

만든 직사각형의 네 변의 길이의 합은

몇 cm인가요? ← 구해야 할 것

9 cm

5 cm

문제 돌보기

✓ 이어 붙인 도형은? → 똑같은 [   ] 2개

✓ 작은 직사각형의 긴 변과 짧은 변의 길이는?

→ 긴 변 [   ] cm, 짧은 변 [   ] cm

✦ 구해야 할 것은?

→ ___만든 직사각형의 네 변의 길이의 합___

풀이 과정

❶ 만든 직사각형의 긴 변의 길이는?

작은 직사각형의 긴 변의 길이를 2번 더한 길이이므로

[   ] + [   ] = [   ] (cm)입니다.

❷ 만든 직사각형의 짧은 변의 길이는?

작은 직사각형의 짧은 변의 길이와 같으므로 [   ] cm입니다.

❸ 만든 직사각형의 네 변의 길이의 합은?

[   ] + [   ] + [   ] + [   ] = [   ] (cm)

답 _____

왼쪽 **1** 번과 같이 문제에 색칠하고 밑줄을 그어 가며 문제를 풀어 보세요.

1-1

오른쪽 도형은 똑같은 정사각형 3개를 /
겹치지 않게 이어 붙여 /
만든 직사각형입니다. /
만든 직사각형의 네 변의 길이의 합은 몇 cm인가요?

8 cm

문제 돋보기

✓ 이어 붙인 도형은? → 똑같은 [   ] 3개

✓ 작은 정사각형의 한 변의 길이는? → [   ] cm

✚ 구해야 할 것은?

→ _____

풀이 과정

❶ 만든 직사각형의 긴 변의 길이는?

작은 정사각형의 한 변의 길이를 3번 더한 길이이므로

[   ] + [   ] + [   ] = [   ] (cm)입니다.

❷ 만든 직사각형의 짧은 변의 길이는?

작은 정사각형의 한 변의 길이와 같으므로 [   ] cm입니다.

❸ 만든 직사각형의 네 변의 길이의 합은?

[   ] + [   ] + [   ] + [   ] = [   ] (cm)

답 _____

문제가 어려웠나요?

☐ 어려워요. o.o

☐ 적당해요. ^-^

☐ 쉬워요. >o<

45

2 오른쪽은 **직사각형**과 **정사각형**을 /
겹치지 않게 이어 붙인 것입니다. /
선분 ㄴㄹ은 몇 cm인가요?

└─→ 구해야 할 것

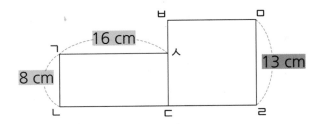

문제 돌보기

✔ 직사각형의 긴 변과 짧은 변의 길이는?

→ 긴 변 ⬚ cm, 짧은 변 ⬚ cm

✔ 정사각형의 한 변의 길이는? → ⬚ cm

✦ 구해야 할 것은?

→ ─────── 선분 ㄴㄹ의 길이 ───────

풀이 과정

❶ 선분 ㄴㄷ과 선분 ㄷㄹ의 길이를 각각 구하면?

직사각형은 마주 보는 두 변의 길이가 같으므로

(선분 ㄴㄷ)=(선분 ㄱㅅ)= ⬚ cm입니다.

정사각형은 네 변의 길이가 모두 같으므로 (선분 ㄷㄹ)= ⬚ cm입니다.

❷ 선분 ㄴㄹ의 길이는?

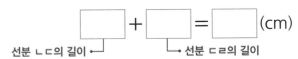

선분 ㄴㄷ의 길이 ┘   └→ 선분 ㄷㄹ의 길이

답
_____

왼쪽 2 번과 같이 문제에 색칠하고 밑줄을 그어 가며 문제를 풀어 보세요.

2-1 오른쪽은 정사각형과 직사각형을 / 겹치지 않게 이어 붙인 것입니다. / 선분 ㄴㄹ은 몇 cm인가요?

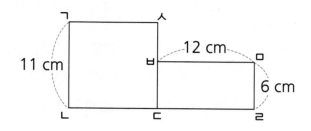

문제 돋보기

✔ 정사각형의 한 변의 길이는? → ☐ cm

✔ 직사각형의 긴 변과 짧은 변의 길이는?

　→ 긴 변 ☐ cm, 짧은 변 ☐ cm

✦ 구해야 할 것은?

　→ ＿＿＿＿＿＿＿＿＿＿＿＿＿＿＿＿＿＿＿＿＿

풀이 과정

❶ 선분 ㄴㄷ과 선분 ㄷㄹ의 길이를 각각 구하면?

정사각형은 네 변의 길이가 모두 같으므로 (선분 ㄴㄷ)= ☐ cm입니다.

직사각형은 마주 보는 두 변의 길이가 같으므로

(선분 ㄷㄹ)=(선분 ㅂㅁ)= ☐ cm입니다.

❷ 선분 ㄴㄹ의 길이는?

☐ + ☐ = ☐ (cm)

문제가 어려웠나요?

☐ 어려워요. o.o

☐ 적당해요. ^-^

☐ 쉬워요. >o<

답 ＿＿＿＿＿＿＿＿＿＿

문장제 실력 쌓기

★ 이어 붙여 만든 사각형의 네 변의 길이의 합 구하기
★ 이어 붙여 만든 도형에서 선분의 길이 구하기

문제를 읽고 '연습하기'에서 했던 것처럼 밑줄을 그어 가며 문제를 풀어 보세요.

1 오른쪽 도형은 똑같은 직사각형 2개를 겹치지 않게
이어 붙여 만든 직사각형입니다.
만든 직사각형의 네 변의 길이의 합은 몇 cm인가요?

❶ 만든 직사각형의 긴 변의 길이는?

❷ 만든 직사각형의 짧은 변의 길이는?

❸ 만든 직사각형의 네 변의 길이의 합은?

답 _____

2 오른쪽은 크기가 다른 두 정사각형을
겹치지 않게 이어 붙인 것입니다.
선분 ㄴㄹ은 몇 cm인가요?

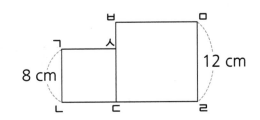

❶ 선분 ㄴㄷ과 선분 ㄷㄹ의 길이를 각각 구하면?

❷ 선분 ㄴㄹ의 길이는?

답 _____

48

3 오른쪽 도형은 정사각형과 직사각형을 겹치지 않게
이어 붙여 만든 직사각형입니다.
만든 직사각형의 네 변의 길이의 합은 몇 cm인가요?

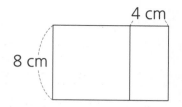

❶ 만든 직사각형의 긴 변의 길이는?

❷ 만든 직사각형의 짧은 변의 길이는?

❸ 만든 직사각형의 네 변의 길이의 합은?

답 _____

4 오른쪽은 직사각형과 정사각형을
겹치지 않게 이어 붙인 것입니다.
선분 ㄴㄹ은 몇 cm인가요?

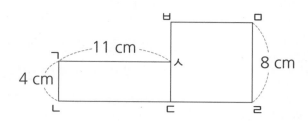

❶ 선분 ㄴㄷ과 선분 ㄷㄹ의 길이를 각각 구하면?

❷ 선분 ㄴㄹ의 길이는?

답 _____

단원 마무리

38쪽 찾을 수 있는 각의 수 구하기

1 오른쪽 도형에서 찾을 수 있는 각은 모두 몇 개인가요?

풀이

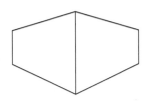

답 _____

40쪽 크고 작은 도형의 수 구하기

2 오른쪽 도형에서 찾을 수 있는 크고 작은 직각삼각형은 모두 몇 개인가요?

풀이

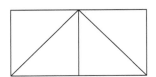

답 _____

44쪽 이어 붙여 만든 사각형의 네 변의 길이의 합 구하기

3 오른쪽 도형은 똑같은 직사각형 2개를 겹치지 않게 이어 붙여 만든 직사각형입니다. 만든 직사각형의 네 변의 길이의 합은 몇 cm인가요?

11 cm
6 cm

풀이

답 _____

38쪽　찾을 수 있는 각의 수 구하기

4　오른쪽 도형에서 찾을 수 있는 각은 모두 몇 개인가요?

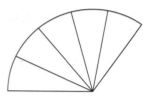

풀이

답　_____

44쪽　이어 붙여 만든 사각형의 네 변의 길이의 합 구하기

5　오른쪽 도형은 똑같은 직사각형 2개를 겹치지 않게
이어 붙여 만든 직사각형입니다.
만든 직사각형의 네 변의 길이의 합은 몇 cm인가요?

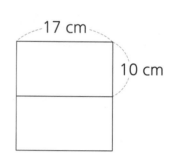

풀이

답　_____

40쪽　크고 작은 도형의 수 구하기

6　오른쪽 도형에서 찾을 수 있는 크고 작은 직사각형은
모두 몇 개인가요?

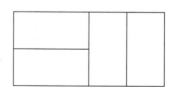

풀이

답　_____

44쪽 이어 붙여 만든 사각형의 네 변의 길이의 합 구하기

7 도형은 똑같은 정사각형 4개를 겹치지 않게 이어 붙여 만든 직사각형입니다.
만든 직사각형의 네 변의 길이의 합은 몇 cm인가요?

6 cm

풀이

답 _____

44쪽 이어 붙여 만든 사각형의 네 변의 길이의 합 구하기

8 오른쪽 도형은 똑같은 직사각형 4개를
겹치지 않게 이어 붙여 만든 직사각형입니다.
만든 직사각형의 네 변의 길이의 합은
몇 cm인가요?

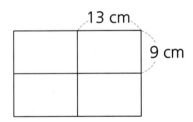

13 cm

9 cm

풀이

답 _____

46쪽 이어 붙여 만든 도형에서 선분의 길이 구하기

9 오른쪽은 정사각형과 직사각형을
겹치지 않게 이어 붙인 것입니다.
선분 ㄴㄹ은 몇 cm인가요?

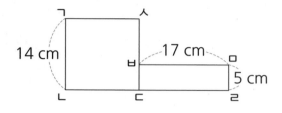

풀이

답 _____

도전!
10

46쪽 이어 붙여 만든 도형에서 선분의 길이 구하기

정사각형과 직사각형을 겹치지 않게 이어 붙인 것입니다. 직사각형 ㅂㄷㄹㅁ의
네 변의 길이의 합이 48 cm일 때, 선분 ㄴㄹ은 몇 cm인가요?

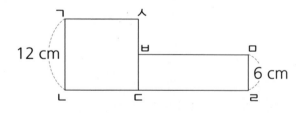

❶ 선분 ㄷㄹ의 길이는?

❷ 선분 ㄴㄷ의 길이는?

❸ 선분 ㄴㄹ의 길이는?

내
가
지
다
니
…

답 _____

정답과 해설 39쪽에 붙이면 몬스터를 기둘 수 있어요!

3 나눗셈

내가 낸 문제를 모두 풀어야 몰랑이를 구할 수 있어!

함께 풀어 봐요!
화살표를 따라가며 문장을 완성해 보세요.

시작!

1

사탕 8개를 4명에게 똑같이
나누어 주면 한 명에게

$$\boxed{} \div \boxed{} = \boxed{}$$ (개)씩 줄 수 있어.

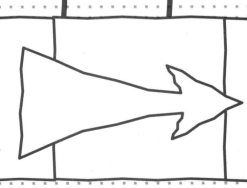

함정

내 이름은 '코코'다!
여길 지나가려면
문장을 모두 완성해야 해.

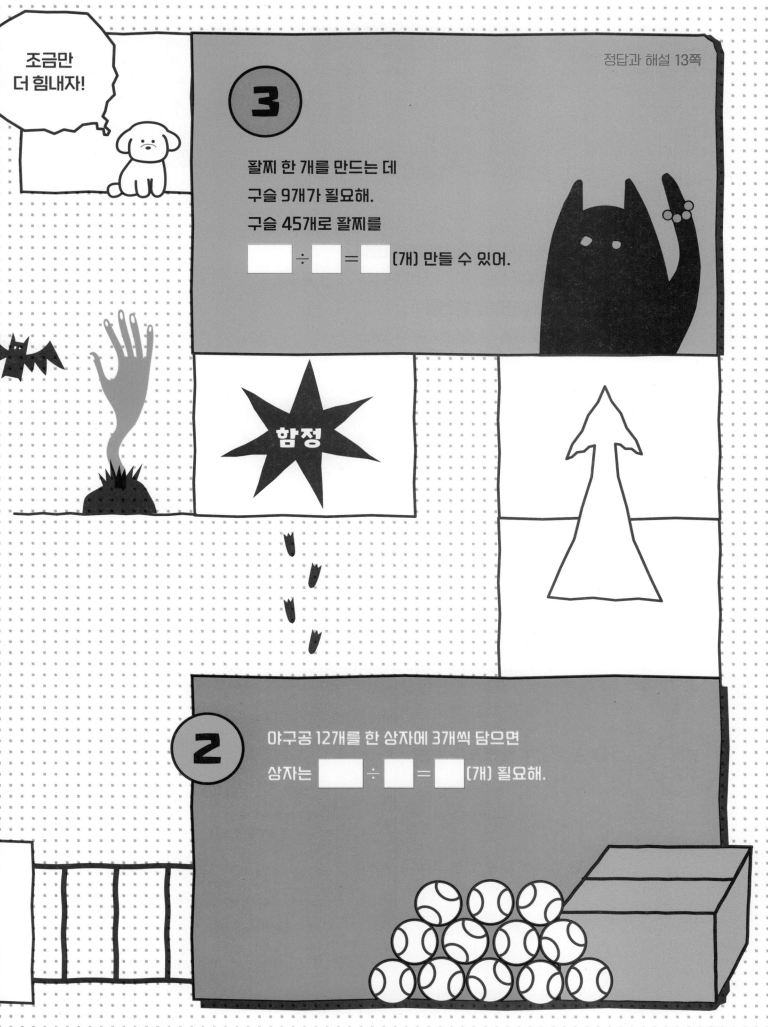

조금만
더 힘내자!

정답과 해설 13쪽

3

팔찌 한 개를 만드는 데
구슬 9개가 필요해.
구슬 45개로 팔찌를
□ ÷ □ = □ (개) 만들 수 있어.

함정

2

야구공 12개를 한 상자에 3개씩 담으면
상자는 □ ÷ □ = □ (개) 필요해.

1

어느 과수원에서 포도를 상희는 21송이, /
철우는 19송이 땄습니다. / 상희와 철우가 딴 포도를 /
5명에게 똑같이 나누어 주면 /
한 명에게 포도를 몇 송이씩 줄 수 있나요?

└─➤ 구해야 할 것

문제 돌보기

✔ 상희가 딴 포도의 수는? → ☐ 송이

✔ 철우가 딴 포도의 수는? → ☐ 송이

✔ 똑같이 나누어 주는 사람 수는? → ☐ 명

✦ 구해야 할 것은?

→ <u>한 명에게 줄 수 있는 포도의 수</u>

풀이 과정

❶ 두 사람이 딴 포도의 수는?

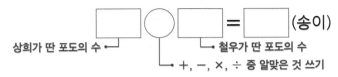

☐ ◯ ☐ = ☐ (송이)

상희가 딴 포도의 수 ┘ └ 철우가 딴 포도의 수
└➤ +, −, ×, ÷ 중 알맞은 것 쓰기

❷ 한 명에게 줄 수 있는 포도의 수는?

☐ ◯ ☐ = ☐ (송이)

두 사람이 딴 포도의 수 ┘ └ 나누어 주는 사람 수

답 _____

왼쪽 **1** 번과 같이 문제에 색칠하고 밑줄을 그어 가며 문제를 풀어 보세요.

1-1

지원이는 초콜릿 42개를 만든 뒤 /
6개를 먹었습니다. /
먹고 남은 초콜릿을 한 봉지에 9개씩 담으려면 /
봉지는 몇 개 필요하나요?

문제
돌보기

✓ 지원이가 만든 초콜릿의 수는? → ▢ 개

✓ 지원이가 먹은 초콜릿의 수는? → ▢ 개

✓ 한 봉지에 담는 초콜릿의 수는? → ▢ 개

✚ 구해야 할 것은?

→ _____

풀이
과정

❶ 지원이가 먹고 남은 초콜릿의 수는?

▢ ◯ ▢ = ▢ (개).

❷ 필요한 봉지 수는?

▢ ◯ ▢ = ▢ (개)

답
_____

문제가
어려웠나요?

☐ 어려워요. o.o

☐ 적당해요. ^-^

☐ 쉬워요. >o<

문장제 연습하기

★ 나눗셈 결과의 합(차) 구하기

2

민종이네 반은 남학생이 15명, / 여학생이 12명입니다. /
봉사활동을 하기 위해 / 남학생은 3명씩 한 모둠으로 나누고, /
여학생은 4명씩 한 모둠으로 나누면 /
모두 몇 모둠이 되나요?

└─→ 구해야 할 것

문제 돋보기

✔ 전체 남학생 수와 한 모둠의 남학생 수는?

→ 전체 남학생 수: ☐ 명, 한 모둠의 남학생 수: ☐ 명

✔ 전체 여학생 수와 한 모둠의 여학생 수는?

→ 전체 여학생 수: ☐ 명, 한 모둠의 여학생 수: ☐ 명

✦ 구해야 할 것은?

→ ＿＿＿＿ 봉사활동을 하기 위해 나누는 전체 모둠의 수 ＿＿＿＿

풀이 과정

❶ 남학생 모둠의 수는?

☐ ◯ ☐ = ☐ (모둠)
전체 남학생 수 ┘   └ 한 모둠의 남학생 수

❷ 여학생 모둠의 수는?

☐ ◯ ☐ = ☐ (모둠)
전체 여학생 수 ┘   └ 한 모둠의 여학생 수

❸ 전체 모둠의 수는?

☐ ◯ ☐ = ☐ (모둠)
남학생 모둠의 수 ┘   └ 여학생 모둠의 수

답 ＿＿＿＿＿＿＿＿＿＿＿

왼쪽 **2** 번과 같이 문제에 색칠하고 밑줄을 그어 가며 문제를 풀어 보세요.

2-1

축구공 35개는 5개씩 한 바구니에 담고, /

농구공 30개는 6개씩 한 바구니에 담았습니다. /

축구공을 담은 바구니는 / 농구공을 담은 바구니보다 몇 개 더 많나요?

문제 돋보기

✓ 전체 축구공의 수와 한 바구니에 담은 축구공의 수는?

→ 전체 축구공의 수: [ ]개,

한 바구니에 담은 축구공의 수: [ ]개

✓ 전체 농구공의 수와 한 바구니에 담은 농구공의 수는?

→ 전체 농구공의 수: [ ]개,

한 바구니에 담은 농구공의 수: [ ]개

✦ 구해야 할 것은?

→ _____

풀이 과정

❶ 축구공을 담은 바구니의 수는?

[ ] ◯ [ ] = [ ] (개)

❷ 농구공을 담은 바구니의 수는?

[ ] ◯ [ ] = [ ] (개)

❸ 축구공을 담은 바구니의 수와 농구공을 담은 바구니의 수의 차는?

[ ] ◯ [ ] = [ ] (개)

답 _____

문제가
어려웠나요?

☐ 어려워요. o.o

☐ 적당해요. ^-^

☐ 쉬워요. >o<

문장제 실력 쌓기

★ 덧셈 또는 뺄셈하고 나눗셈하기
★ 나눗셈 결과의 합(차) 구하기

문제를 읽고 '연습하기'에서 했던 것처럼 밑줄을 그어 가며 문제를 풀어 보세요.

1 어느 밭에서 감자를 유찬이는 22개, 수아는 26개 캤습니다. 유찬이와 수아가 캔 감자를 8명에게 똑같이 나누어 주면 한 명에게 감자를 몇 개씩 줄 수 있나요?

❶ 두 사람이 캔 감자의 수는?

❷ 한 명에게 줄 수 있는 감자의 수는?

답 _____

2 경환이네 반은 남학생이 16명, 여학생이 18명입니다.
과학 탐구보고서를 쓰기 위해 남학생은 4명씩 한 모둠으로 나누고,
여학생은 3명씩 한 모둠으로 나누면 모두 몇 모둠이 되나요?

❶ 남학생 모둠의 수는?

❷ 여학생 모둠의 수는?

❸ 전체 모둠의 수는?

답 _____

정답과 해설 14쪽

3 윤희는 소설책 70쪽 중에서 28쪽을 읽었습니다.
읽고 남은 쪽수를 일주일 동안 매일 똑같이 나누어 읽으려면
하루에 몇 쪽씩 읽어야 하나요?

❶ 윤희가 읽고 남은 쪽수는?

❷ 하루에 읽어야 하는 쪽수는?

답 _____

4 자전거 대여소에 있는 전체 자전거의 바퀴 수를 세어 보니
세발자전거의 바퀴가 24개, 두발자전거의 바퀴가 14개였습니다.
자전거 대여소에 있는 세발자전거는 두발자전거보다 몇 대 더 많나요?

❶ 세발자전거의 수는?

❷ 두발자전거의 수는?

❸ 세발자전거의 수와 두발자전거의 수의 차는?

답 _____

1

수 카드 4장 중에서 / 2장을 골라 한 번씩만 사용하여 /
다음과 같은 나눗셈식을 만들려고 합니다. /
만든 나눗셈식의 몫이 / 가장 클 때의 몫은 얼마인가요? /
(단, 몫은 한 자리 수입니다.) └─ ✦ 구해야 할 것

1   2   3   4   □□ ÷ 6 = ▲

문제 돋보기

✦ 구해야 할 것은?

→ ＿＿＿＿＿＿ 만든 나눗셈식의 몫이 가장 클 때의 몫 ＿＿＿＿＿＿

✓ 수 카드 2장으로 나누는 수가 6인 나눗셈식을 만들려면?

→ 만들 수 있는 두 자리 수 중에서 □ 단 곱셈구구에 있는 수를 모두 찾아
나눗셈식을 만듭니다.

풀이 과정

❶ 만들 수 있는 나눗셈식은?

□□ ÷ 6 = □ , □□ ÷ 6 = □ , □□ ÷ 6 = □

❷ 만든 나눗셈식의 몫이 가장 클 때의 몫은?

위 ❶에서 만든 나눗셈식의 몫을 비교하면 □ > □ > □ 이므로

몫이 가장 클 때의 몫은 □ 입니다.

답 ＿＿＿＿＿＿＿＿＿＿＿＿

64

왼쪽 **1** 번과 같이 문제에 색칠하고 밑줄을 그어 가며 문제를 풀어 보세요.

1-1

수 카드 4장 중에서 / 2장을 골라 한 번씩만 사용하여 /
다음과 같은 나눗셈식을 만들려고 합니다. /
만든 나눗셈식의 몫이 / 가장 작을 때의 몫은 얼마인가요? /
(단, 몫은 한 자리 수입니다.)

$$\boxed{0} \quad \boxed{3} \quad \boxed{4} \quad \boxed{6} \qquad \boxed{}\boxed{} \div 8 = \blacktriangle$$

**문제
돋보기**

✦ 구해야 할 것은?

→ _____

✓ 수 카드 2장으로 나누는 수가 8인 나눗셈식을 만들려면?

→ 만들 수 있는 두 자리 수 중에서 $\boxed{}$ 단 곱셈구구에 있는 수를 모두 찾아
나눗셈식을 만듭니다.

**풀이
과정**

❶ 만들 수 있는 나눗셈식은?

$$\boxed{}\boxed{} \div 8 = \boxed{} \ , \quad \boxed{}\boxed{} \div 8 = \boxed{}$$

❷ 만든 나눗셈식의 몫이 가장 작을 때의 몫은?

위 ❶에서 만든 나눗셈식의 몫을 비교하면 $\boxed{} < \boxed{}$ 이므로

몫이 가장 작을 때의 몫은 $\boxed{}$ 입니다.

❸ 답 _____

**문제가
어려웠나요?**

◯ 어려워요. o.o

◯ 적당해요. ^-^

◯ 쉬워요. >o<

65

2 농장에 있는 토끼 몇 마리에게 / 당근을 주려고 합니다. /
토끼 한 마리에게 **당근을 2개씩 주면 딱 맞고,** /
당근을 4개씩 주면 8개가 부족합니다. /
농장에 있는 토끼는 몇 마리인가요?

└─→ 구해야 할 것

문제 돋보기

✓ 딱 맞게 줄 때, 한 마리에게 주는 당근의 수는? → ☐ 개

✓ 당근이 부족할 때, 한 마리에게 주는 당근의 수와 부족한 당근의 수는?

→ ☐ 개씩 주려면 ☐ 개가 부족합니다.

✦ 구해야 할 것은?

→ _____ 농장에 있는 토끼의 수 _____

풀이 과정

❶ 토끼의 수를 ■ 마리라 할 때, 전체 당근의 수와 부족한 당근의 수를 그림으로 나타내면?

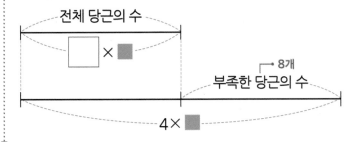

❷ 농장에 있는 토끼의 수는?

☐ × ■ 와 4 × ■ 의 차는 8이므로 2 × ■ = ☐ 입니다.

⇨ ■ = ☐ ÷ 2 = ☐ 이므로 농장에 있는 토끼는 ☐ 마리입니다.

답 _____

왼쪽 **2** 번과 같이 문제에 색칠하고 밑줄을 그어 가며 문제를 풀어 보세요.

2-1

책장 몇 칸에 / 만화책을 꽂으려고 합니다. /
책장 한 칸에 책을 8권씩 꽂으면 딱 맞고, /
5권씩 꽂으면 12권이 남습니다. /
책장은 몇 칸인가요?

문제 돋보기

✓ 딱 맞게 꽂을 때, 한 칸에 꽂는 책의 수는? → ☐ 권

✓ 책이 남을 때, 한 칸에 꽂는 책의 수와 남는 책의 수는?

→ ☐ 권씩 꽂으면 ☐ 권이 남습니다.

✦ 구해야 할 것은?

→ _____

풀이 과정

❶ 책장의 칸 수를 ■ 칸이라 할 때, 전체 책의 수와 남는 책의 수를 그림으로 나타내면?

전체 책의 수

☐ × ■

5 × ■ ⌐ 남는 책의 수
└→ 12권

❷ 책장의 칸 수는?

☐ × ■ 와 5 × ■ 의 차는 12이므로 3 × ■ = ☐ 입니다.

⇒ ■ = ☐ ÷ 3 = ☐ 이므로 책장은 ☐ 칸입니다.

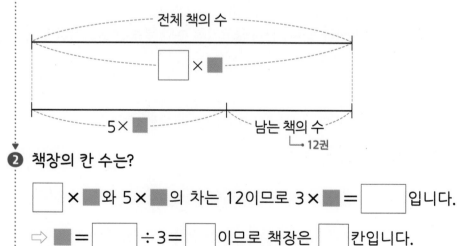

문제가 어려웠나요?

☐ 어려워요. o.o

☐ 적당해요. ^-^

☐ 쉬워요. >o<

답 _____

문장제 실력 쌓기

★ 수 카드로 나눗셈식 만들기
★ 남는 수(부족한 수)를 이용하여 개수 구하기

문제를 읽고 '연습하기'에서 했던 것처럼 밑줄을 그어 가며 문제를 풀어 보세요.

1 수 카드 4장 중에서 2장을 골라 한 번씩만 사용하여 다음과 같은 나눗셈식을 만들려고 합니다. 만든 나눗셈식의 몫이 가장 클 때의 몫은 얼마인가요? (단, 몫은 한 자리 수입니다.)

$\boxed{1}$ $\boxed{4}$ $\boxed{5}$ $\boxed{7}$ $\boxed{}\boxed{} \div 9 = \triangle$

❶ 만들 수 있는 나눗셈식은?

❷ 만든 나눗셈식의 몫이 가장 클 때의 몫은?

답 _____

2 동물원에 있는 펭귄 몇 마리에게 물고기를 주려고 합니다. 펭귄 한 마리에게 물고기를 3마리씩 주면 딱 맞고, 물고기를 5마리씩 주면 14마리가 부족합니다.
동물원에 있는 펭귄은 몇 마리인가요?

❶ 펭귄의 수를 ■마리라 할 때, 전체 물고기의 수와 부족한 물고기의 수를 그림으로 나타내면?

❷ 동물원에 있는 펭귄의 수는?

답 _____

정답과 해설 16쪽

3 수 카드 4장 중에서 2장을 골라 한 번씩만 사용하여 다음과 같은 나눗셈식을 만들려고 합니다. 만든 나눗셈식의 몫이 가장 작을 때의 몫은 얼마인가요? (단, 몫은 한 자리 수입니다.)

❶ 만들 수 있는 나눗셈식은?

❷ 만든 나눗셈식의 몫이 가장 작을 때의 몫은?

답 _____

4 배를 상자 몇 개에 나누어 담으려고 합니다. 상자 한 개에 배를 9개씩 담으면 딱 맞고, 6개씩 담으면 15개가 남습니다. 상자는 몇 개인가요?

❶ 상자 수를 ▧개라 할 때, 전체 배의 수와 남는 배의 수를 그림으로 나타내면?

❷ 상자 수는?

답 _____

단원 마무리

1

58쪽 덧셈 또는 뺄셈하고 나눗셈하기

어느 과수원에서 감을 오전에는 23개, 오후에는 25개 땄습니다.
오전과 오후에 딴 감을 봉지에 똑같이 나누어 담았더니 모두 8봉지였습니다.
한 봉지에 감을 몇 개씩 담았나요?

풀이

답 _____

2

58쪽 덧셈 또는 뺄셈하고 나눗셈하기

아름이는 수학 문제 82문제 중에서 19문제를 풀었습니다.
풀고 남은 수학 문제를 일주일 동안 매일 똑같이 나누어 풀려면
하루에 몇 문제씩 풀어야 하나요?

풀이

답 _____

3

60쪽 나눗셈 결과의 합(차) 구하기

재현이네 농장에서는 돼지와 오리를 키웁니다. 돼지와 오리의 다리 수를
각각 세어 보니 돼지의 다리는 28개, 오리의 다리는 16개였습니다.
농장에서 키우는 돼지와 오리는 모두 몇 마리인가요?

풀이

답 _____

60쪽 나눗셈 결과의 합(차) 구하기

4 승민이는 63쪽짜리 책을 7일 동안, 윤석이는 40쪽짜리 책을 5일 동안 매일 같은 쪽수만큼 읽으려고 합니다.
하루 동안 승민이가 읽는 쪽수는 윤석이가 읽는 쪽수보다 몇 쪽 더 많나요?

풀이

답 _____

64쪽 수 카드로 나눗셈식 만들기

5 수 카드 4장 중에서 2장을 골라 한 번씩만 사용하여 다음과 같은 나눗셈식을 만들려고 합니다. 만든 나눗셈식의 몫이 가장 클 때의 몫은 얼마인가요?
(단, 몫은 한 자리 수입니다.)

0   1   2   3   □□ ÷ 5 = ▲

풀이

답 _____

60쪽 나눗셈 결과의 합(차) 구하기

6 고구마 72개는 한 접시에 9개씩 담고, 옥수수 42개는 한 접시에 7개씩 담았습니다. 고구마와 옥수수 중 어느 것을 담은 접시가 몇 접시 더 많나요?

풀이

답 _____, _____

단원 마무리

64쪽 수 카드로 나눗셈식 만들기

7 수 카드 4장 중에서 2장을 골라 한 번씩만 사용하여 다음과 같은 나눗셈식을 만들려고 합니다. 만든 나눗셈식의 몫이 가장 작을 때의 몫은 얼마인가요?
(단, 몫은 한 자리 수입니다.)

| 1 | 3 | 5 | 6 |

$$\boxed{}\boxed{} \div 7 = \blacktriangle$$

풀이

답 _____

66쪽 남는 수(부족한 수)를 이용하여 개수 구하기

8 동물원에 있는 다람쥐 몇 마리에게 도토리를 주려고 합니다.
다람쥐 한 마리에게 도토리를 4개씩 주면 딱 맞고, 도토리를 7개씩 주면
18개가 부족합니다. 동물원에 있는 다람쥐는 몇 마리인가요?

풀이

답 _____

66쪽 　 남는 수(부족한 수)를 이용하여 개수 구하기

9 꽃병 몇 개에 장미꽃을 꽂으려고 합니다. 꽃병 한 개에 장미꽃을 7송이씩 꽂으면 딱 맞고, 3송이씩 꽂으면 24송이가 남습니다. 꽃병은 몇 개인가요?

풀이

답 _____

도전! 10

64쪽 　 수 카드로 나눗셈식 만들기

수 카드 5장 중에서 2장을 골라 한 번씩만 사용하여 다음과 같은 나눗셈식을 만들려고 합니다. 만든 나눗셈식의 몫이 가장 작을 때와 가장 클 때의 몫의 곱은 얼마인가요? (단, 몫은 한 자리 수입니다.)

2 　 3 　 4 　 6 　 7 　 　 □□ ÷8 = ▲

❶ 만들 수 있는 나눗셈식은?

❷ 만든 나눗셈식의 몫이 가장 작을 때와 가장 클 때의 몫은?

❸ 만든 나눗셈식의 몫이 가장 작을 때와 가장 클 때의 몫의 곱은?

정답과 해설 39쪽에 붙이면 몬스터를 가둘 수 있어요!

내가 지다니…

답 _____

내가 낸 문제를 모두 풀어야
몰랑이를 구할 수 있어!

문장제
준비
하기

함께 풀어 봐요!
화살표를 따라가며 문장을 완성해 보세요.

시작!

함정

1

책꽂이 한 칸에 책을 10권씩 꽂을 수 있어.

책꽂이 4칸에 꽂을 수 있는 책은 모두

□ × □ = □ (권)이야.

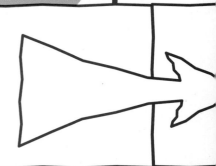

1

미라네 반에는 남학생이 13명, /
여학생이 11명 있습니다. /
미라네 반 학생들에게 /
연필을 2자루씩 나누어 주려면 /
필요한 연필은 모두 몇 자루인가요?
└→ 구해야 할 것

**문제
돋보기**

✔ 남학생 수는? → ☐ 명

✔ 여학생 수는? → ☐ 명

✔ 한 명에게 주는 연필의 수는? → ☐ 자루

✦ 구해야 할 것은?

→ ___필요한 연필의 수___

**풀이
과정**

❶ 미라네 반 학생 수는?

☐ ◯ ☐ = ☐ (명)

남학생 수┘   └ 여학생 수

└ +, −, ×, ÷ 중 알맞은 것 쓰기

❷ 필요한 연필의 수는?

☐ ◯ ☐ = ☐ (자루)

미라네 반 학생 수┘   └ 한 명에게 주는 연필의 수

답 _____

왼쪽 ❶ 번과 같이 문제에 색칠하고 밑줄을 그어 가며 문제를 풀어 보세요.

1-1

주원이네 가게에서 토마토 24상자 중 /
19상자를 팔았습니다. /
토마토가 한 상자에 32개씩 들어 있다면 /
팔고 남은 토마토는 몇 개인가요?

문제 돌보기

✔ 처음 토마토의 상자 수는? → ☐ 상자

✔ 판 토마토의 상자 수는? → ☐ 상자

✔ 한 상자에 들어 있는 토마토의 수는? → ☐ 개

✚ 구해야 할 것은?

→ _____

풀이 과정

❶ 팔고 남은 토마토의 상자 수는?

☐ ○ ☐ = ☐ (상자)

❷ 팔고 남은 토마토의 수는?

☐ ○ ☐ = ☐ (개)

답 _____

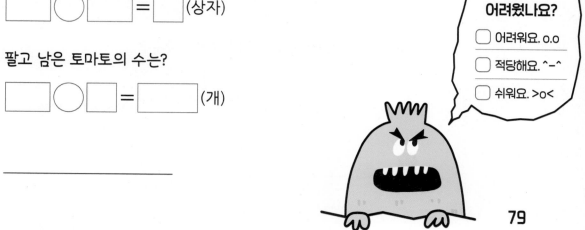

문제가
어려웠나요?

☐ 어려워요. o.o
___
☐ 적당해요. ^-^
___
☐ 쉬워요. >o<

문장제 연습하기

★ 곱셈 결과의 합(차) 구하기

2 어느 쿠키 가게에서 / 초코 쿠키를 한 봉지에 16개씩, /
딸기 쿠키를 한 봉지에 14개씩 / 담아 팔고 있습니다. /
오늘 초코 쿠키 5봉지와 / 딸기 쿠키 6봉지를 팔았다면 /
오늘 판 초코 쿠키와 딸기 쿠키는 모두 몇 개인가요?

└→ 구해야 할 것

문제 돋보기

✓ 한 봉지에 들어 있는 초코 쿠키의 수와 판 초코 쿠키의 봉지 수는?

→ 한 봉지에 ☐ 개씩 ☐ 봉지

✓ 한 봉지에 들어 있는 딸기 쿠키의 수와 판 딸기 쿠키의 봉지 수는?

→ 한 봉지에 ☐ 개씩 ☐ 봉지

✦ 구해야 할 것은?

→ <u>오늘 판 초코 쿠키의 수와 딸기 쿠키의 수의 합</u>

풀이 과정

❶ 오늘 판 초코 쿠키의 수는?

☐ ◯ ☐ = ☐ (개)

한 봉지에 들어 있는 ┘   └ 판 초코 쿠키의 봉지 수
초코 쿠키의 수

❷ 오늘 판 딸기 쿠키의 수는?

☐ ◯ ☐ = ☐ (개)

한 봉지에 들어 있는 ┘   └ 판 딸기 쿠키의 봉지 수
딸기 쿠키의 수

❸ 오늘 판 초코 쿠키와 딸기 쿠키의 수는?

☐ ◯ ☐ = ☐ (개)

오늘 판 초코 쿠키의 수 ┘   └ 오늘 판 딸기 쿠키의 수

탑 _____

왼쪽 **2** 번과 같이 문제에 색칠하고 밑줄을 그어 가며 문제를 풀어 보세요.

2-1 홍영이는 하루에 소설책을 20쪽씩, / 위인전을 18쪽씩 읽습니다. /
소설책을 8일 동안 읽고, / 위인전을 7일 동안 읽었다면 /
소설책을 위인전보다 몇 쪽 더 많이 읽었나요?

문제 돋보기

✔ 하루에 읽은 소설책의 쪽수와 소설책을 읽은 날수는?

→ 하루에 [   ]쪽씩 [   ]일

✔ 하루에 읽은 위인전의 쪽수와 위인전을 읽은 날수는?

→ 하루에 [   ]쪽씩 [   ]일

✦ 구해야 할 것은?

→ _____

풀이 과정

❶ 소설책을 읽은 쪽수는?

[   ]◯[   ] = [   ] (쪽)

❷ 위인전을 읽은 쪽수는?

[   ]◯[   ] = [   ] (쪽)

❸ 소설책을 읽은 쪽수와 위인전을 읽은 쪽수의 차는?

[   ]◯[   ] = [   ] (쪽)

답 _____

문제가
어려웠나요?

☐ 어려워요. o.o

☐ 적당해요. ^-^

☐ 쉬워요. >o<

문장제 실력 쌓기

★ 덧셈 또는 뺄셈하고 곱셈하기
★ 곱셈 결과의 합(차) 구하기

문제를 읽고 '연습하기'에서 했던 것처럼 밑줄을 그어 가며 문제를 풀어 보세요.

1 지효네 반에는 남학생이 12명, 여학생이 17명 있습니다.
지효네 반 학생들에게 공책을 3권씩 나누어 주려면 필요한 공책은 모두 몇 권인가요?

❶ 지효네 반 학생 수는?

❷ 필요한 공책의 수는?

답 _____

2 시현이는 옷 정리를 했습니다. 긴팔 티셔츠는 서랍장 한 칸에 15장씩, 반팔 티셔츠는
서랍장 한 칸에 14장씩 정리했습니다. 긴팔 티셔츠는 서랍장 2칸에, 반팔 티셔츠는
서랍장 3칸에 정리했다면 서랍장에 정리한 긴팔 티셔츠와 반팔 티셔츠는 모두 몇 장인가요?

❶ 정리한 긴팔 티셔츠의 수는?

❷ 정리한 반팔 티셔츠의 수는?

❸ 정리한 긴팔 티셔츠의 수와 반팔 티셔츠의 수의 합은?

답 _____

3 정란이네 가게에서 양파 45자루 중 36자루를 팔았습니다.
양파가 한 자루에 24개씩 들어 있다면 팔고 남은 양파는 몇 개인가요?

❶ 팔고 남은 양파의 자루 수는?

❷ 팔고 남은 양파의 수는?

답 _____

4 연재는 하루에 국어 문제를 23문제씩, 수학 문제를 19문제씩 풉니다.
국어 문제를 5일 동안 풀고, 수학 문제를 4일 동안 풀었다면
국어 문제를 수학 문제보다 몇 문제 더 많이 풀었나요?

❶ 푼 국어 문제 수는?

❷ 푼 수학 문제 수는?

❸ 푼 국어 문제 수와 수학 문제 수의 차는?

답 _____

1

어떤 수에 **3을 곱해야 할 것**을 /

잘못하여 3을 더했더니 47이 되었습니다. /

바르게 계산한 값은 얼마인가요?

└─→ 구해야 할 것

문제 돋보기

✔ 잘못 계산한 식은?

→ 어떤 수에 ☐ 을(를) 더했더니 ☐ 이(가) 되었습니다.

✔ 바르게 계산하려면? → 어떤 수에 ☐ 을(를) 곱합니다.

✦ 구해야 할 것은?

→ _____ 바르게 계산한 값 _____

풀이 과정

❶ 어떤 수를 ■ 라 할 때, 잘못 계산한 식은?

■ + ☐ = ☐

❷ 어떤 수는?

■ = ☐ − ☐ = ☐

❸ 바르게 계산한 값은?

☐ ◯ ☐ = ☐

└→ 어떤 수

답

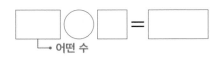

왼쪽 **1** 번과 같이 문제에 색칠하고 밑줄을 그어 가며 문제를 풀어 보세요.

1-1

어떤 수에 4를 곱해야 할 것을 /
잘못하여 어떤 수를 4로 나누었더니 / 몫이 5가 되었습니다. /
바르게 계산한 값은 얼마인가요?

문제 돋보기

✔ 잘못 계산한 식은?

→ 어떤 수를 ☐ (으)로 나누었더니 몫이 ☐ 이(가) 되었습니다.

✔ 바르게 계산하려면? → 어떤 수에 ☐ 을(를) 곱합니다.

✚ 구해야 할 것은?

→ _____

풀이 과정

❶ 어떤 수를 ■라 할 때, 잘못 계산한 식은?

■ ÷ ☐ = ☐

❷ 어떤 수는?

■ = ☐ × ☐ = ☐

❸ 바르게 계산한 값은?

└→ 어떤 수

답 _____

문제가 어려웠나요?

☐ 어려워요. o.o

☐ 적당해요. ^-^

☐ 쉬워요. >o<

85

문장제 연습하기
★ 곱이 가장 큰(작은) 곱셈식 만들기

2 3장의 수 카드 [1], [4], [7] 을 한 번씩만 사용하여 /

곱이 가장 큰 (몇십몇)×(몇)을 만들고 / 계산해 보세요.

└─◆ 구해야 할 것

$$\boxed{}\boxed{} \times \boxed{} = \boxed{}$$

문제 돋보기

◆ 구해야 할 것은?

→ ___곱이 가장 큰 (몇십몇)× (몇)을 만들고 계산하기___

✔ 곱이 가장 큰 (몇십몇)×(몇)을 만들려면?

→ 세 수 ㉠, ㉡, ㉢의 크기가 ㉠>㉡>㉢>0일 때,

곱이 가장 큰 (몇십몇) × (몇)은 $\boxed{}$ ㉢ × $\boxed{}$ 입니다.

곱해지는 수 ─┘ └─ 곱하는 수

풀이 과정

❶ 곱이 가장 큰 (몇십몇)×(몇)을 만들면?

수 카드의 수의 크기를 비교하면 $\boxed{}$ > $\boxed{}$ > $\boxed{}$ 이므로

곱하는 수에 $\boxed{}$ 을(를) 쓰고,

└─ 가장 큰 수

곱해지는 수의 십의 자리에 $\boxed{}$, 일의 자리에 1을 쓰면

└─ 두 번째로 큰 수 └─ 가장 작은 수

$\boxed{}\boxed{} \times \boxed{}$ 입니다.

❷ 곱이 가장 큰 (몇십몇)×(몇)을 계산하면?

$$\boxed{}\boxed{} \times \boxed{} = \boxed{}$$

답 $\boxed{}\boxed{} \times \boxed{} = \boxed{}$

왼쪽 2 번과 같이 문제에 색칠하고 밑줄을 그어 가며 문제를 풀어 보세요.

2-1

3장의 수 카드 $\boxed{2}$, $\boxed{5}$, $\boxed{9}$ 를 한 번씩만 사용하여 /

곱이 가장 작은 (몇십몇)×(몇)을 만들고 / 계산해 보세요.

$$\boxed{}\boxed{} \times \boxed{} = \boxed{}$$

문제 돋보기

✦ 구해야 할 것은?

→ _____

✓ 곱이 가장 작은 (몇십몇)×(몇)을 만들려면?

→ 세 수 ㉠, ㉡, ㉢의 크기가 ㉠>㉡>㉢>0일 때,

곱이 가장 작은 (몇십몇)×(몇)은 $\boxed{}$㉠×$\boxed{}$ 입니다.

풀이 과정

❶ 곱이 가장 작은 (몇십몇)×(몇)을 만들면?

수 카드의 수의 크기를 비교하면 $\boxed{}$ > $\boxed{}$ > $\boxed{}$ 이므로

곱하는 수에 $\boxed{}$ 을(를) 쓰고,

곱해지는 수의 십의 자리에 $\boxed{}$, 일의 자리에 9를 쓰면

$\boxed{}\boxed{} \times \boxed{}$ 입니다.

❷ 곱이 가장 작은 (몇십몇)×(몇)을 계산하면?

$$\boxed{}\boxed{} \times \boxed{} = \boxed{}$$

답 $\boxed{}\boxed{} \times \boxed{} = \boxed{}$

문제가 어려웠나요?

☐ 어려워요. o.o

☐ 적당해요. ^-^

☐ 쉬워요. >o<

문제를 읽고 '연습하기'에서 했던 것처럼 밑줄을 그어 가며 문제를 풀어 보세요.

1 어떤 수에 5를 곱해야 할 것을 잘못하여 어떤 수에서 5를 뺐더니 36이 되었습니다.
바르게 계산한 값은 얼마인가요?

❶ 어떤 수를 ■라 할 때, 잘못 계산한 식은?

❷ 어떤 수는?

❸ 바르게 계산한 값은?

답 _____

2 3장의 수 카드 ⒊ , ⒋ , ⒍ 을 한 번씩만 사용하여

곱이 가장 큰 (몇십몇)×(몇)을 만들고 계산해 보세요.

❶ 곱이 가장 큰 (몇십몇)×(몇)을 만들면?

❷ 곱이 가장 큰 (몇십몇)×(몇)을 계산하면?

답 ▢▢ × ▢ = ▢▢

3 어떤 수에 7을 곱해야 할 것을 잘못하여 어떤 수를 7로 나누었더니 몫이 8이 되었습니다.
바르게 계산한 값은 얼마인가요?

❶ 어떤 수를 ■라 할 때, 잘못 계산한 식은?

❷ 어떤 수는?

❸ 바르게 계산한 값은?

탑 ＿＿＿＿＿＿＿＿＿＿＿

4 3장의 수 카드 5 , 2 , 8 을 한 번씩만 사용하여
곱이 가장 작은 (몇십몇)×(몇)을 만들고 계산해 보세요.

❶ 곱이 가장 작은 (몇십몇)×(몇)을 만들면?

❷ 곱이 가장 작은 (몇십몇)×(몇)을 계산하면?

탑 □□ × □ = □□□

1

어느 빵 공장에서 **3시간 동안** / **케이크 12개**를 만든다고 합니다. /
이 빵 공장에서 / **하루 동안** 쉬지 않고 /
만들 수 있는 케이크는 몇 개인가요?
└─→ 구해야 할 것

문제 돋보기

✔ 빵 공장에서 케이크를 몇 시간 동안 몇 개 만드나요?

→ ☐시간 동안 ☐개 만듭니다.

✔ 케이크를 쉬지 않고 만드는 하루의 시간은?

→ ☐시간

✦ 구해야 할 것은?

→ _____하루 동안 만들 수 있는 케이크의 수_____

풀이 과정

❶ 하루는 3시간의 몇 배인지 구하면?

3 × ☐ = 24이므로 하루는 3시간의 ☐배입니다.

❷ 하루 동안 만들 수 있는 케이크의 수는?

☐ ◯ ☐ = ☐ (개)
└─→ 3시간 동안 만드는
케이크의 수

답 _____

왼쪽 **1** 번과 같이 문제에 색칠하고 밑줄을 그어 가며 문제를 풀어 보세요.

1-1

어느 공장에서 40분 동안 / 청소기 27대를 만든다고 합니다. /
이 공장에서 / 6시간 동안 쉬지 않고 /
만들 수 있는 청소기는 몇 대인가요?

문제 돋보기

✔ 공장에서 청소기를 몇 분 동안 몇 대 만드나요?

→ ☐ 분 동안 ☐ 대 만듭니다.

✔ 청소기를 쉬지 않고 만드는 시간은?

→ ☐ 시간

✦ 구해야 할 것은?

→ _____

풀이 과정

❶ 6시간은 40분의 몇 배인지 구하면?

6시간= ☐ 분이고, 40 × ☐ =360이므로

6시간은 40분의 ☐ 배입니다.

❷ 6시간 동안 만들 수 있는 청소기의 수는?

☐ × ☐ = ☐ (대)

답 _____

문제가 어려웠나요?

☐ 어려워요. o.o

☐ 적당해요. ^-^

☐ 쉬워요. >o<

문장제 연습하기

★ 도로의 길이 구하기

2

곧게 뻗은 도로의 한쪽에 / 처음부터 끝까지 /
나무 25그루를 / 6 m 간격으로 심었습니다. /
이 도로의 길이는 몇 m인가요? /
(단, 나무의 두께는 생각하지 않습니다.)
└→ 구해야 할 것

 ...

6 m

문제 돌보기

✔ 도로의 한쪽에 심은 나무의 수는? → ☐ 그루

✔ 나무 사이의 간격은? → ☐ m

✦ 구해야 할 것은?

→ _____도로의 길이_____

풀이 과정

❶ 나무 사이의 간격 수는?

도로의 한쪽에 처음부터 끝까지 나무를 심었으므로

나무 사이의 간격 수는 ☐ − 1 = ☐ (군데)입니다.
                    └→ 나무의 수에서 1을 뺍니다.

❷ 도로의 길이는?

☐ × ☐ = ☐ × ☐ = ☐ (m)
└ 나무 사이의 간격   └ 간격 수

답 _____

왼쪽 **2** 번과 같이 문제에 색칠하고 밑줄을 그어 가며 문제를 풀어 보세요.

2-1

곧게 뻗은 도로의 한쪽에 / 처음부터 끝까지 /
가로등 32개를 / 5 m 간격으로 세웠습니다. /
이 도로의 길이는 몇 m인가요? /
(단, 가로등의 두께는 생각하지 않습니다.)

5 m

**문제
돋보기**

✓ 도로의 한쪽에 세운 가로등의 수는? → ☐ 개

✓ 가로등 사이의 간격은? → ☐ m

✦ 구해야 할 것은?

→ _____

**풀이
과정**

❶ 가로등 사이의 간격 수는?

도로의 한쪽에 처음부터 끝까지 가로등을 세웠으므로

가로등 사이의 간격 수는 ☐ −1= ☐ (군데)입니다.

❷ 도로의 길이는?

☐ × ☐ = ☐ × ☐ = ☐ (m)

답 _____

문제가
어려웠나요?

☐ 어려워요. o.o

☐ 적당해요. ^-^

☐ 쉬워요. >o<

문장제 실력 쌓기

★ 일정 시간 동안 만들 수 있는 개수 구하기
★ 도로의 길이 구하기

문제를 읽고 '연습하기'에서 했던 것처럼 밑줄을 그어 가며 문제를 풀어 보세요.

1 어느 자동차 공장에서 4시간 동안 자동차 13대를 만든다고 합니다.
이 자동차 공장에서 하루 동안 쉬지 않고 만들 수 있는 자동차는 몇 대인가요?

❶ 하루는 4시간의 몇 배인지 구하면?

❷ 하루 동안 만들 수 있는 자동차의 수는?

답 _____

2 곧게 뻗은 도로의 한쪽에 처음부터 끝까지 나무 28그루를 5 m 간격으로 심었습니다.
이 도로의 길이는 몇 m인가요?
(단, 나무의 두께는 생각하지 않습니다.)

❶ 나무 사이의 간격 수는?

❷ 도로의 길이는?

답 _____

정답과 해설 22쪽

3 호두과자 틀을 이용하여 8분 동안 40개의 호두과자를 만들 수 있습니다.
이 호두과자 틀로 1시간 4분 동안 쉬지 않고 만들 수 있는 호두과자는 몇 개인가요?

❶ 1시간 4분은 8분의 몇 배인지 구하면?

❷ 1시간 4분 동안 만들 수 있는 호두과자의 수는?

답 _____

4 곧게 뻗은 도로의 양쪽에 처음부터 끝까지 가로등 58개를 6 m 간격으로 세웠습니다.
이 도로의 길이는 몇 m인가요?
(단, 가로등의 두께는 생각하지 않습니다.)

❶ 도로의 한쪽에 세운 가로등의 수는?

❷ 가로등 사이의 간격 수는?

❸ 도로의 길이는?

답 _____

단원 마무리

1

80쪽 곱셈 결과의 합(차) 구하기

어느 떡 가게에서 찹쌀떡은 한 상자에 10개씩, 꿀떡은 한 상자에 15개씩 담아 팔고 있습니다. 오전에 찹쌀떡 8상자와 꿀떡 7상자를 팔았다면 오전에 판 찹쌀떡과 꿀떡은 모두 몇 개인가요?

풀이

답 _____

2

78쪽 덧셈 또는 뺄셈하고 곱셈하기

미애는 3월과 4월 두 달 동안 매일 운동을 했습니다. 하루에 2시간씩 운동을 했다면 미애가 두 달 동안 운동을 한 시간은 모두 몇 시간인가요?

풀이

답 _____

3

84쪽 바르게 계산한 값 구하기

어떤 수에 9를 곱해야 할 것을 잘못하여 9를 더했더니 23이 되었습니다. 바르게 계산한 값은 얼마인가요?

풀이

답 _____

4 84쪽 바르게 계산한 값 구하기

어떤 수에 6을 곱해야 할 것을 잘못하여 어떤 수를 6으로 나누었더니
몫이 7이 되었습니다. 바르게 계산한 값은 얼마인가요?

풀이

답 _____

5 80쪽 곱셈 결과의 합(차) 구하기

태강이는 5월과 6월 두 달 동안 매일 종이학을 접었습니다.
종이학을 5월에는 하루에 6마리씩 접고, 6월에는 하루에 5마리씩 접었다면
5월에는 6월보다 종이학을 몇 마리 더 많이 접었나요?

풀이

답 _____

6 86쪽 곱이 가장 큰(작은) 곱셈식 만들기

3장의 수 카드 4 , 9 , 3 을 한 번씩만 사용하여
곱이 가장 큰 (몇십몇)×(몇)을 만들고 계산해 보세요.

풀이

답

단원 마무리

86쪽 곱이 가장 큰(작은) 곱셈식 만들기

7 3장의 수 카드 7 , 2 , 3 을 한 번씩만 사용하여

곱이 가장 작은 (몇십몇)×(몇)을 만들고 계산해 보세요.

$$\boxed{}\boxed{} \times \boxed{} = \boxed{}$$

풀이

답 $\boxed{}\boxed{} \times \boxed{} = \boxed{}$

90쪽 일정 시간 동안 만들 수 있는 개수 구하기

8 어느 양말 공장에서 20분 동안 75켤레의 양말을 만든다고 합니다.

이 양말 공장에서 2시간 40분 동안 쉬지 않고 만들 수 있는 양말은

몇 켤레인가요?

풀이

답 _____

정답과 해설 23쪽

9 　92쪽　도로의 길이 구하기

곧게 뻗은 산책로의 양쪽에 처음부터 끝까지 나무 60그루를 4 m 간격으로
심었습니다. 이 산책로의 길이는 몇 m인가요?
(단, 나무의 두께는 생각하지 않습니다.)

풀이

답 _____

도전! **10** 　92쪽　도로의 길이 구하기

원 모양 호수의 둘레를 따라
2 m 간격으로 말뚝을 박았습니다.
박은 말뚝이 37개라면
호수의 둘레는 몇 m인가요?
(단, 말뚝의 두께는 생각하지 않습니다.)

내가 지다니 …

❶ 말뚝 사이의 간격 수는?

❷ 호수의 둘레는?

답 _____

5 길이와 시간

내가 낸 문제를 모두 풀어야
몰랑이를 구할 수 있어!

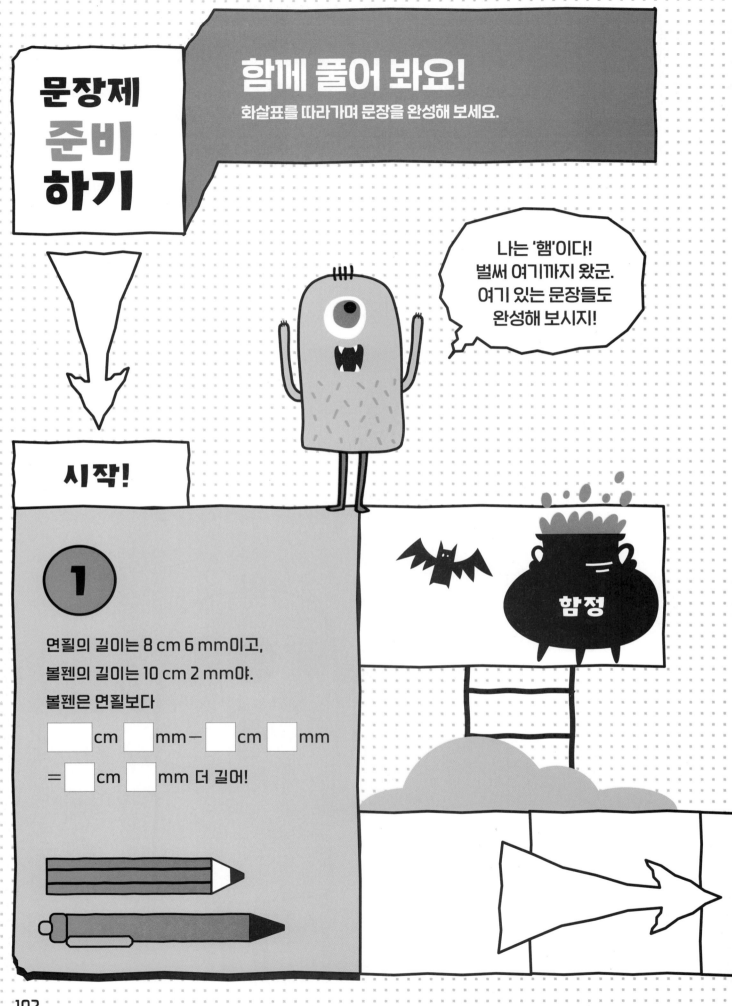

조금만
더 힘내자!

정답과 해설 24쪽

3

퍼즐 맞추기를 3시 20분에 시작해서
1시간 15분 동안 했어.
퍼즐 맞추기를 끝낸 시각은

$\boxed{}$ 시 $\boxed{}$ 분 + $\boxed{}$ 시간 $\boxed{}$ 분

= $\boxed{}$ 시 $\boxed{}$ 분이야!

함정

2

관광버스가 3시 50분에 출발하여
목적지에 6시 30분에 도착했어.
관광버스가 목적지까지 가는 데 걸린 시간은

$\boxed{}$ 시 $\boxed{}$ 분 - $\boxed{}$ 시 $\boxed{}$ 분

= $\boxed{}$ 시간 $\boxed{}$ 분이야!

1 길이가 **8 cm 3 mm**인 색 테이프 2장을 /

그림과 같이 **24 mm**만큼 겹치게 이어 붙였습니다. /

이어 붙인 색 테이프의 전체 길이는 / 몇 cm 몇 mm인가요?

└─◆ 구해야 할 것

24 mm

8 cm 3 mm ─── 8 cm 3 mm

문제 돋보기

✓ 이어 붙인 색 테이프의 길이와 색 테이프의 수는?

→ 각 색 테이프의 길이: ☐ cm ☐ mm, 색 테이프의 수: ☐ 장

✓ 겹쳐진 부분의 길이는? → ☐ mm

◆ 구해야 할 것은?

→ ___이어 붙인 색 테이프의 전체 길이___

풀이 과정

❶ 색 테이프 2장의 길이의 합은?

☐ cm ☐ mm ◯ ☐ cm ☐ mm = ☐ cm ☐ mm

└─→ +, −, ×, ÷ 중 알맞은 것 쓰기

❷ 이어 붙인 색 테이프의 전체 길이는?

☐ cm ☐ mm ◯ ☐ mm

└→ 색 테이프 2장의 길이의 합   └→ 겹쳐진 부분의 길이

= ☐ cm ☐ mm − ☐ cm ☐ mm = ☐ cm ☐ mm

답 _____

왼쪽 **1** 번과 같이 문제에 색칠하고 밑줄을 그어 가며 문제를 풀어 보세요.

1-1

집에서 학교까지의 거리는 / 몇 km 몇 m인가요?

집   우체국   서점   학교

690 m

1 km 450 m   1 km 380 m

문제 돋보기

✔ 집에서 서점까지의 거리와 우체국에서 학교까지의 거리는?

→ 집에서 서점까지의 거리: ☐ km ☐ m,

우체국에서 학교까지의 거리: ☐ km ☐ m

✔ 우체국에서 서점까지의 거리? → ☐ m

✦ 구해야 할 것은?

→ _____

풀이 과정

❶ 집에서 서점까지의 거리와 우체국에서 학교까지의 거리의 합은?

☐ km ☐ m ◯ ☐ km ☐ m

= ☐ km ☐ m

❷ 집에서 학교까지의 거리는?

☐ km ☐ m ◯ ☐ m

= ☐ km ☐ m

답 _____

문제가 어려웠나요?

☐ 어려워요. o.o

☐ 적당해요. ^-^

☐ 쉬워요. >o<

문장제 연습하기

★ 두 사람 사이의 거리 구하기

2 은주와 정미가 같은 곳에서 / 서로 반대 방향으로 동시에 출발했습니다. /
은주는 2400 m를 걸어갔고, /
정미는 1 km 700 m를 걸어갔습니다. /
지금 두 사람 사이의 거리는 / 몇 km 몇 m인가요?
└──◆ 구해야 할 것

문제 돋보기

✔ 은주가 걸어간 거리는? → ☐ m

✔ 정미가 걸어간 거리는? → ☐ km ☐ m

✦ 구해야 할 것은?

→ _____지금 두 사람 사이의 거리_____

풀이 과정

❶ 은주가 간 거리를 몇 km 몇 m로 나타내면?

☐ m = ☐ km ☐ m

❷ 은주와 정미가 서로 반대 방향으로 갈 때, 두 사람이 간 거리를 그림으로 나타내면?

은주가 간 거리: 정미가 간 거리:

☐ km ☐ m   ☐ km ☐ m

←→ 출발

❸ 지금 두 사람 사이의 거리는?

☐ km ☐ m ◯ ☐ km ☐ m = ☐ km ☐ m

답 _____

왼쪽 **2** 번과 같이 문제에 색칠하고 밑줄을 그어 가며 문제를 풀어 보세요.

2-1

송현이와 민채가 자전거를 타고 같은 곳에서 /
서로 같은 방향으로 동시에 출발하여 / 일직선으로 움직였습니다. /
송현이는 3900 m를 갔고, / 민채는 5 km 200 m를 갔습니다. /
지금 두 사람 사이의 거리는 / 몇 km 몇 m인가요?

문제 돋보기

✔ 송현이가 간 거리는? → ☐ m

✔ 민채가 간 거리는? → ☐ km ☐ m

✦ 구해야 할 것은?

→ _____

풀이 과정

❶ 송현이가 간 거리를 몇 km 몇 m로 나타내면?

☐ m = ☐ km ☐ m

❷ 송현이와 민채가 서로 같은 방향으로 갈 때,
두 사람이 간 거리를 그림으로 나타내면?

송현이가 간 거리: ☐ km ☐ m

출발

민채가 간 거리: ☐ km ☐ m

❸ 지금 두 사람 사이의 거리는?

☐ km ☐ m ◯ ☐ km ☐ m

= ☐ km ☐ m

문제가 어려웠나요?

☐ 어려워요. o.o
☐ 적당해요. ^-^
☐ 쉬워요. >o<

탑

_____

107

문장제 실력 쌓기

★ 겹쳐진 부분이 있는 전체 길이(거리) 구하기
★ 두 사람 사이의 거리 구하기

문제를 읽고 '연습하기'에서 했던 것처럼 밑줄을 그어 가며 문제를 풀어 보세요.

1 길이가 9 cm 2 mm인 색 테이프 2장을 33 mm만큼 겹쳐서 한 줄로 길게 이어 붙였습니다. 이어 붙인 색 테이프의 전체 길이는 몇 cm 몇 mm인가요?

❶ 색 테이프 2장의 길이의 합은?

❷ 이어 붙인 색 테이프의 전체 길이는?

답 _____

2 다은이와 수아가 같은 곳에서 서로 반대 방향으로 동시에 출발했습니다.
다은이는 1800 m를 걸어갔고, 수아는 2 km 500 m를 걸어갔습니다.
지금 두 사람 사이의 거리는 몇 km 몇 m인가요?

❶ 다은이가 간 거리를 몇 km 몇 m로 나타내면?

❷ 다은이와 수아가 서로 반대 방향으로 갈 때, 두 사람이 간 거리를 그림으로 나타내면?

❸ 지금 두 사람 사이의 거리는?

답 _____

3   집에서 공원까지의 거리는 몇 km 몇 m인가요?

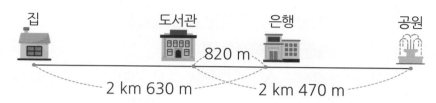

집   도서관   은행   공원

820 m

2 km 630 m   2 km 470 m

❶ 집에서 은행까지의 거리와 도서관에서 공원까지의 거리의 합은?

❷ 집에서 공원까지의 거리는?

답 _____

4   연진이와 지효가 자전거를 타고 같은 곳에서
서로 같은 방향으로 동시에 출발하여 일직선으로 움직였습니다.
연진이는 4 km 400 m를 갔고, 지효는 6100 m를 갔습니다.
지금 두 사람 사이의 거리는 몇 km 몇 m인가요?

❶ 지효가 간 거리를 몇 km 몇 m로 나타내면?

❷ 연진이와 지효가 서로 같은 방향으로 갈 때, 두 사람이 간 거리를 그림으로 나타내면?

❸ 지금 두 사람 사이의 거리는?

답 _____

1

희재네 가족은 놀이공원에 2시 10분에 도착하여 /
바로 80분 동안 점심 식사를 한 후 /
3시간 15분 동안 놀이기구를 타고 나서 / 놀이공원 입구를 나왔습니다. /
희재네 가족이 놀이공원 입구를 나온 시각은 / 몇 시 몇 분인가요?

└→ 구해야 할 것

문제 돋보기

✓ 놀이공원에 도착한 시각은? → ☐ 시 ☐ 분

✓ 점심 식사를 한 시간은? → ☐ 분

✓ 놀이기구를 탄 시간은? → ☐ 시간 ☐ 분

✦ 구해야 할 것은?

→ _____ 희재네 가족이 놀이공원 입구를 나온 시각 _____

풀이 과정

❶ 희재네 가족이 점심 식사를 마친 시각은?

☐ 시 ☐ 분 ◯ ☐ 분
  └ 놀이공원에 도착한 시각   └ 점심 식사를 한 시간

= ☐ 시 ☐ 분 ◯ ☐ 시간 ☐ 분

= ☐ 시 ☐ 분

❷ 희재네 가족이 놀이공원 입구를 나온 시각은?

☐ 시 ☐ 분 ◯ ☐ 시간 ☐ 분 = ☐ 시 ☐ 분
  └ 점심 식사를 마친 시각   └ 놀이기구를 탄 시간

답 _____

110

왼쪽 **1** 번과 같이 문제에 색칠하고 밑줄을 그어 가며 문제를 풀어 보세요.

1-1

산책을 나온 현진이가 75분 동안 걷고 /

1시간 10분 동안 달린 후 /

시계를 보니 5시 38분이었습니다. /

현진이가 산책을 나온 시각은 / 몇 시 몇 분인가요?

문제 돋보기

✔ 현진이가 걸은 시간은? → ☐ 분

✔ 현진이가 달린 시간은? → ☐ 시간 ☐ 분

✔ 현진이가 걷고 달린 후 시계를 보았을 때의 시각은? → ☐ 시 ☐ 분

✦ 구해야 할 것은?

→ _____

풀이 과정

❶ 현진이가 걸은 후의 시각은?

☐ 시 ☐ 분 ◯ ☐ 시간 ☐ 분 = ☐ 시 ☐ 분

❷ 현진이가 산책을 나온 시각은?

☐ 시 ☐ 분 ◯ ☐ 분

= ☐ 시 ☐ 분 ◯ ☐ 시간 ☐ 분

= ☐ 시 ☐ 분

답 _____

문제가 어려웠나요?

☐ 어려워요. o.o

☐ 적당해요. ^-^

☐ 쉬워요. >o<

문장제 연습하기

★ 낮과 밤의 길이 구하기

2 어느 날 **해가 뜬 시각은** / **오전 5시 16분 41초**이고, /
해가 진 시각은 / **오후 6시 59분 53초**였습니다. /
이날 <u>**낮의 길이는**</u> / 몇 시간 몇 분 몇 초인가요?
 └─→ 구해야 할 것

문제 돋보기

✓ 해가 뜬 시각은? → 오전 ☐시 ☐분 ☐초

✓ 해가 진 시각은? → 오후 ☐시 ☐분 ☐초

✦ 구해야 할 것은?

 → _____ 낮의 길이 _____

✓ 낮의 길이를 구하려면?

 → 해가 진 시각을 하루 24시간을 기준으로 하여 나타낸 후

 (해가 진 시각) ◯ (해가 뜬 시각)을 구합니다.

풀이 과정

❶ 해가 진 시각을 하루 24시간을 기준으로 하여 나타내면?

 오후 ☐시 ☐분 ☐초

 ⇨ (12+☐)시 ☐분 ☐초 = ☐시 ☐분 ☐초

❷ 낮의 길이는?

 ☐시 ☐분 ☐초 ◯ ☐시 ☐분 ☐초

 = ☐시간 ☐분 ☐초

답 _____

112

왼쪽 2 번과 같이 문제에 색칠하고 밑줄을 그어 가며 문제를 풀어 보세요.

2-1

어느 날 해가 뜬 시각은 / 오전 5시 32분 37초이고, /
해가 진 시각은 / 오후 6시 48분 15초였습니다. /
이날 밤의 길이는 / 몇 시간 몇 분 몇 초인가요?

문제 돋보기

✔ 해가 뜬 시각은? → 오전 ☐ 시 ☐ 분 ☐ 초

✔ 해가 진 시각은? → 오후 ☐ 시 ☐ 분 ☐ 초

✚ 구해야 할 것은?

→ _____

✔ 밤의 길이를 구하려면?

→ 24시간 ◯ (낮의 길이)를 구합니다.

풀이 과정

❶ 해가 진 시각을 하루 24시간을 기준으로 하여 나타내면?

오후 ☐ 시 ☐ 분 ☐ 초

⇨ (12+☐)시 ☐ 분 ☐ 초 = ☐ 시 ☐ 분 ☐ 초

❷ 낮의 길이는?

☐ 시 ☐ 분 ☐ 초 ◯ ☐ 시 ☐ 분 ☐ 초

= ☐ 시간 ☐ 분 ☐ 초

❸ 밤의 길이는?

24시간 ◯ ☐ 시간 ☐ 분 ☐ 초

= ☐ 시간 ☐ 분 ☐ 초

답 _____

**문제가
어려웠나요?**

☐ 어려워요. o.o

☐ 적당해요. ^-^

☐ 쉬워요. >o<

문장제 실력 쌓기

★ 시간의 덧셈과 뺄셈
★ 낮과 밤의 길이 구하기

문제를 읽고 '연습하기'에서 했던 것처럼 밑줄을 그어 가며 문제를 풀어 보세요.

1 민준이는 4시 5분부터 130분 동안 숙제를 한 후 32분 동안 게임을 하였습니다.
민준이가 게임을 마친 시각은 몇 시 몇 분인가요?

❶ 민준이가 숙제를 마친 시각은?

❷ 민준이가 게임을 마친 시각은?

답 _____

2 어느 날 해가 뜬 시각은 오전 6시 11분 17초이고, 해가 진 시각은
오후 7시 5분 49초였습니다. 이날 낮의 길이는 몇 시간 몇 분 몇 초인가요?

❶ 해가 진 시각을 하루 24시간을 기준으로 하여 나타내면?

❷ 낮의 길이는?

답 _____

3 은지네 가족이 1시간 25분 동안 영화를 보고, 72분 동안 장을 본 후
식당에 들어간 시각은 6시 34분이었습니다.
은지네 가족이 영화를 보기 시작한 시각은 몇 시 몇 분인가요?

❶ 은지네 가족이 영화를 본 후의 시각은?

❷ 은지네 가족이 영화를 보기 시작한 시각은?

답 _____

4 어느 날 해가 뜬 시각은 오전 6시 20분 21초이고, 해가 진 시각은
오후 7시 13분 8초였습니다. 이날 밤의 길이는 몇 시간 몇 분 몇 초인가요?

❶ 해가 진 시각을 하루 24시간을 기준으로 하여 나타내면?

❷ 낮의 길이는?

❸ 밤의 길이는?

답 _____

1 104쪽 겹쳐진 부분이 있는 전체 길이(거리) 구하기

길이가 6 cm 4 mm인 색 테이프 2장을 그림과 같이 25 mm만큼 겹치게 이어 붙였습니다. 이어 붙인 색 테이프의 전체 길이는 몇 cm 몇 mm인가요?

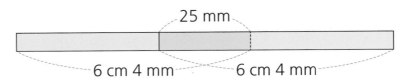

25 mm

6 cm 4 mm   6 cm 4 mm

풀이

답 _____

2 106쪽 두 사람 사이의 거리 구하기

동헌이와 유민이가 같은 곳에서 서로 반대 방향으로 동시에 출발했습니다. 동헌이는 1 km 500 m를 걸어갔고, 유민이는 1650 m를 걸어갔습니다. 지금 두 사람 사이의 거리는 몇 km 몇 m인가요?

풀이

답 _____

3 110쪽 시간의 덧셈과 뺄셈

수연이는 4시 22분부터 65분 동안 요리를 한 후 30분 동안 식사를 하였습니다. 수연이가 식사를 마친 시각은 몇 시 몇 분인가요?

풀이

답 _____

104쪽 겹쳐진 부분이 있는 전체 길이(거리) 구하기

4 학교에서 미술관까지의 거리는 몇 km 몇 m인가요?

학교   체육관   병원   미술관

740 m

1 km 260 m   1 km 560 m

 풀이

답 _____

112쪽 낮과 밤의 길이 구하기

5 어느 날 해가 뜬 시각은 오전 5시 28분 30초이고, 해가 진 시각은
오후 6시 24분 55초였습니다. 이날 낮의 길이는 몇 시간 몇 분 몇 초인가요?

풀이

답 _____

106쪽 두 사람 사이의 거리 구하기

6 세희와 희재가 자전거를 타고 같은 곳에서 서로 같은 방향으로 동시에 출발하여
일직선으로 움직였습니다. 세희는 2800 m를 갔고, 희재는 4 km 300 m를
갔습니다. 지금 두 사람 사이의 거리는 몇 km 몇 m인가요?

 풀이

답 _____

7 110쪽 시간의 덧셈과 뺄셈

도서관에 온 준서가 70분 동안 만화책을 보고,

1시간 34분 동안 소설책을 읽은 후 시계를 보니 12시 29분이었습니다.

준서가 도서관에 온 시각은 몇 시 몇 분인가요?

풀이

답 _____

8 104쪽 겹쳐진 부분이 있는 전체 길이(거리) 구하기

집에서 체육관까지의 거리는 4 km 460 m입니다.

놀이터에서 경찰서까지의 거리는 몇 m인가요?

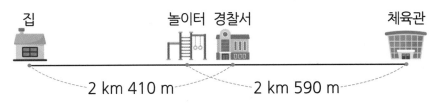

집   놀이터 경찰서   체육관

└─ 2 km 410 m ─┘ └─ 2 km 590 m ─┘

풀이

답 _____

정답과 해설 **28쪽**

112쪽 낮과 밤의 길이 구하기

9
어느 날 해가 뜬 시각은 오전 5시 40분 28초이고, 해가 진 시각은
오후 6시 39분 15초였습니다. 이날 밤의 길이는 몇 시간 몇 분 몇 초인가요?

풀이

답 _____

도전!
10

112쪽 낮과 밤의 길이 구하기

어느 날 서울과 대전에서 각각 해가 뜬 시각과 해가 진 시각을 나타낸 표입니다.
서울과 대전 중 어느 도시의 밤의 길이가 몇 분 몇 초 더 긴가요?

도시	해가 뜬 시각	해가 진 시각
서울	오전 5시 37분 20초	오후 7시 24분 8초
대전	오전 5시 42분 31초	오후 7시 19분 12초

❶ 서울의 밤의 길이는?

❷ 대전의 밤의 길이는?

내가 지다니…

❸ 서울과 대전 중 어느 도시의 밤의 길이가 몇 분 몇 초 더 긴지 구하면?

답 _____ , _____

6 분수와 소수

18일	· 전체의 얼마만큼인지 구하기 · 남은 조각의 수 구하기
19일	· 조건에 알맞은 수 구하기 · 수 카드로 분수 만들기
20일	단원 마무리

내가 낸 문제를 모두 풀어야
몰랑이를 구할 수 있어!

문장제 준비하기

함께 풀어 봐요!
화살표를 따라가며 문장을 완성해 보세요.

시작!

1

피자를 똑같이 4조각으로 나누어 그중 1조각을 먹었어.

먹은 피자의 양을 분수로 나타내면

전체의 ☐ (이)야.

함정

정답과 해설 29쪽

이제 마지막
단원이야.
조금만 더 힘내!

3

끈 1 m를 똑같이 10조각으로
나누어 그중 2조각을 사용했어.

사용한 끈의 길이를 소수로 나타내면 ☐ m야.

함정

나는 '마롱'이다!
용케 여기까지 왔군.
여기 있는 문장들도
모두 완성해야
지나갈 수 있어.

2

나무 도막의 길이는 0.5 m이고,
철사의 길이는 0.8 m야.

두 길이를 비교하면 0.5 ◯ 0.8이니까

[나무 도막 , 철사]이(가) 더 길어.

1

밭 전체의 $\dfrac{3}{12}$에는 무를 심고, / 전체의 $\dfrac{5}{12}$에는 호박을 심고, /

나머지 밭에는 가지를 심었습니다. /

무, 호박, 가지 중 / 밭의 가장 넓은 부분에 심은 것은 무엇인가요?

└─→ 구해야 할 것

문제 돋보기

✔ 무와 호박을 심은 부분은?

→ 무: 전체의 ☐ , 호박: 전체의 ☐

✔ 나머지 밭에 심은 것은? → ☐

✦ 구해야 할 것은?

→ _____ 밭의 가장 넓은 부분에 심은 것

풀이 과정

❶ 가지를 심은 부분은 전체의 얼마만큼인지 구하면?

밭 전체를 똑같이 12로 나누었을 때, 가지를 심은 부분은

$12 - \boxed{} - \boxed{} = \boxed{}$ 이므로 전체의 $\dfrac{\boxed{}}{12}$입니다.

❷ 밭의 가장 넓은 부분에 심은 것은?

$\dfrac{\boxed{}}{12} > \dfrac{\boxed{}}{12} > \dfrac{\boxed{}}{12}$ 이므로 밭의 가장 넓은 부분에 심은 것은

☐ 입니다.

답 _____

왼쪽 **1** 번과 같이 문제에 색칠하고 밑줄을 그어 가며 문제를 풀어 보세요.

1-1

어떤 일을 하는 데 / 전체의 $\dfrac{6}{15}$ 만큼은 석민이가, / 전체의 $\dfrac{2}{15}$ 만큼은 예지가, /

나머지는 미영이가 했습니다. /

석민, 예지, 미영 중 / 일을 가장 적게 한 사람은 누구인가요?

문제 돋보기

✓ 석민이와 예지가 한 일의 양은?

→ 석민: 전체의 ☐ , 예지: 전체의 ☐

✓ 나머지 일을 한 사람은? → ☐

✚ 구해야 할 것은?

→ _____

풀이 과정

❶ 미영이가 한 일의 양은 전체의 얼마만큼인지 구하면?

전체 일의 양을 똑같이 15로 나누었을 때, 미영이가 한 일의 양은

$15 -$ ☐ $-$ ☐ $=$ ☐ 이므로 전체의 $\dfrac{\boxed{}}{15}$ 입니다.

❷ 일을 가장 적게 한 사람은?

$\dfrac{\boxed{}}{15} < \dfrac{\boxed{}}{15} < \dfrac{\boxed{}}{15}$ 이므로 일을 가장 적게 한 사람은

☐ 입니다.

답 _____

문제가
어려웠나요?

☐ 어려워요. o.o

☐ 적당해요. ^-^

☐ 쉬워요. >o<

125

문장제 연습하기

★ 남은 조각의 수 구하기

2 케이크 한 개를 똑같이 8조각으로 나누었습니다. /
그중 2조각을 경환이가 먹고, /
혜원이는 경환이가 먹고 남은 케이크의 $\frac{1}{6}$을 먹었습니다. /
경환이와 혜원이가 먹고 남은 케이크는 몇 조각인가요?

      → 구해야 할 것

문제 돋보기

✔ 경환이가 먹은 케이크 조각의 수는? → 똑같이 나눈 ☐ 조각 중 ☐ 조각

✔ 혜원이가 먹은 케이크는? → 경환이가 먹고 남은 케이크의 ☐

✦ 구해야 할 것은?

    →   경환이와 혜원이가 먹고 남은 케이크 조각의 수

풀이 과정

❶ 경환이가 먹고 남은 케이크 조각의 수는?

$$\boxed{} - \boxed{} = \boxed{} \text{(조각)}$$

처음 조각의 수 ┘   └ 경환이가 먹은 조각의 수

❷ 혜원이가 먹은 케이크 조각의 수는?

☐ 조각의 ☐ 이므로 ☐ 조각입니다.

   └ 경환이가 먹고 남은 조각의 수

❸ 경환이와 혜원이가 먹고 남은 케이크 조각의 수는?

$$\boxed{} - \boxed{} = \boxed{} \text{(조각)}$$

경환이가 먹고 남은 조각의 수 ┘   └ 혜원이가 먹은 조각의 수

답 _____

왼쪽 2 번과 같이 문제에 색칠하고 밑줄을 그어 가며 문제를 풀어 보세요.

2-1

피자 한 판을 똑같이 9조각으로 나누었습니다. /

그중 4조각을 명재가 먹고, /

효주는 명재가 먹고 남은 피자의 $\frac{3}{5}$을 먹었습니다. /

명재와 효주가 먹고 남은 피자는 몇 조각인가요?

문제 돋보기

✔ 명재가 먹은 피자 조각의 수는? → 똑같이 나눈 ☐ 조각 중 ☐ 조각

✔ 효주가 먹은 피자는? → 명재가 먹고 남은 피자의 ☐

✦ 구해야 할 것은?

→ _____

풀이 과정

❶ 명재가 먹고 남은 피자 조각의 수는?

☐ — ☐ = ☐ (조각)

❷ 효주가 먹은 피자 조각의 수는?

☐ 조각의 ☐ 이므로 ☐ 조각입니다.

❸ 명재와 효주가 먹고 남은 피자 조각의 수는?

☐ — ☐ = ☐ (조각)

답 _____

문제가 어려웠나요?

☐ 어려워요. o.o

☐ 적당해요. ^-^

☐ 쉬워요. >o<

127

문장제 실력 쌓기

★ 전체의 얼마만큼인지 구하기
★ 남은 조각의 수 구하기

문제를 읽고 '연습하기'에서 했던 것처럼 밑줄을 그어 가며 문제를 풀어 보세요.

1 화단 전체의 $\frac{2}{9}$에는 개나리를 심고, 전체의 $\frac{4}{9}$에는 진달래를 심고,

나머지 화단에는 코스모스를 심었습니다.

개나리, 진달래, 코스모스 중 화단의 가장 넓은 부분에 심은 것은 무엇인가요?

❶ 코스모스를 심은 부분은 전체의 얼마만큼인지 구하면?

❷ 화단의 가장 넓은 부분에 심은 것은?

탑 _____

2 파이 한 판을 똑같이 10조각으로 나누었습니다.

그중 3조각을 주연이가 먹고, 정호는 주연이가 먹고 남은 파이의 $\frac{4}{7}$를 먹었습니다.

주연이와 정호가 먹고 남은 파이는 몇 조각인가요?

❶ 주연이가 먹고 남은 파이 조각의 수는?

❷ 정호가 먹은 파이 조각의 수는?

❸ 주연이와 정호가 먹고 남은 파이 조각의 수는?

탑 _____

3 전교 학급 회장 선거에서 전체 표의 $\frac{7}{18}$을 지아가, 전체 표의 $\frac{5}{18}$를 선미가,

나머지 표는 준용이가 얻었습니다.

지아, 선미, 준용 중 표를 가장 적게 얻은 사람은 누구인가요?

❶ 준용이가 얻은 표는 전체의 얼마만큼인지 구하면?

❷ 표를 가장 적게 얻은 사람은?

답 _____

4 현주가 색 테이프를 똑같이 14조각으로 나누었습니다. 그중 5조각을 봉투를 묶는 데

사용하고, 남은 색 테이프의 $\frac{3}{9}$을 책을 묶는 데 사용했습니다.

봉투와 책을 묶는 데 사용하고 남은 색 테이프는 몇 조각인가요?

❶ 봉투를 묶는 데 사용하고 남은 색 테이프 조각의 수는?

❷ 책을 묶는 데 사용한 색 테이프 조각의 수는?

❸ 봉투와 책을 묶는 데 사용하고 남은 색 테이프 조각의 수는?

답 _____

1 조건에 알맞은 분수를 모두 구해 보세요.
└─→ 구해야 할 것

> • 단위분수입니다.
> • $\frac{1}{7}$ 보다 큰 분수입니다.
> • $\frac{1}{3}$ 보다 작은 분수입니다.

문제 돋보기

✔ 분수의 조건은?

→ $\frac{1}{7}$ 보다 (크고 , 작고), $\frac{1}{3}$ 보다 (큰 , 작은) 단위분수
  └─→ 알맞은 말에 ○표 하기

✦ 구해야 할 것은?

→ ＿＿＿＿＿＿＿ 조건에 알맞은 분수 ＿＿＿＿＿＿＿

풀이 과정

❶ 조건에 알맞은 분수를 $\frac{1}{\blacksquare}$ 이라 할 때, $\blacksquare$의 범위는?

$\frac{1}{\Box} < \frac{1}{\blacksquare} < \frac{1}{\Box}$ 이므로 $\Box < \blacksquare < \Box$ 입니다.

❷ 조건에 알맞은 분수는?

위 ❶에서 $\blacksquare$ 안에 들어갈 수 있는 수는 $\Box$, $\Box$, $\Box$ 이므로

조건에 알맞은 분수는 $\frac{1}{\Box}$, $\frac{1}{\Box}$, $\frac{1}{\Box}$ 입니다.

답 ＿＿＿＿＿＿＿＿＿＿＿

왼쪽 **1** 번과 같이 문제에 색칠하고 밑줄을 그어 가며 문제를 풀어 보세요.

1-1 조건에 알맞은 소수 ■.▲를 모두 구해 보세요.

> • 0.1이 3개인 수보다 큰 소수입니다.
> • $\dfrac{6}{10}$ 보다 작은 소수입니다.

문제 돋보기

✔ 소수의 조건은?

→ 0.1이 3개인 수보다 (크고 , 작고), $\dfrac{6}{10}$ 보다 (큰 , 작은) 소수

✦ 구해야 할 것은?

→ _____

풀이 과정

❶ 조건에 알맞은 소수 ■.▲의 범위는?

0.1이 3개인 수는 0.□ 이고, $\dfrac{6}{10}$ = 0.□ 이므로

0.□ < ■.▲ < 0.□ 입니다.

❷ 조건에 알맞은 소수는?

위 ❶에서 조건에 알맞은 소수는 0.□ , 0.□ 입니다.

답 _____

문제가 어려웠나요?

☐ 어려워요. o.o

☐ 적당해요. ^-^

☐ 쉬워요. >o<

131

문장제 연습하기

2 3장의 수 카드 5 , 3 , 4 중에서 / 한 장을 사용하여 /

분모가 8인 분수를 만들려고 합니다. /

만들 수 있는 분수 중에서 / 가장 큰 수를 구해 보세요.

└─→ 구해야 할 것

문제 돋보기

✓ 만들려고 하는 분수의 분모는? → ☐

✦ 구해야 할 것은?

→ ___만들 수 있는 분수 중에서 가장 큰 수___

풀이 과정

❶ 분모가 주어졌을 때, 가장 큰 분수를 만들려면?

분모가 같을 때, 분수의 크기가 가장 크려면

분자에 가장 (큰 , 작은) 수를 놓습니다.

❷ 만들 수 있는 분수 중에서 가장 큰 수는?

수 카드의 수의 크기를 비교하면 ☐ > ☐ > ☐ 이므로

분자에 가장 큰 수 ☐ 을(를) 놓으면 ☐ 입니다.

답 _____

왼쪽 **2** 번과 같이 문제에 색칠하고 밑줄을 그어 가며 문제를 풀어 보세요.

2-1

3장의 수 카드 7 , 6 , 9 중에서 / 한 장을 사용하여 /

분자가 1인 분수를 만들려고 합니다. /

만들 수 있는 분수 중에서 / 가장 작은 수를 구해 보세요.

**문제
돋보기**

✔ 만들려고 하는 분수의 분자는? → ☐

✦ 구해야 할 것은?

→ _____

**풀이
과정**

❶ 분자가 주어졌을 때, 가장 작은 분수를 만들려면?

분자가 1일 때, 분수의 크기가 가장 작으려면

분모에 가장 (큰 , 작은) 수를 놓습니다.

❷ 만들 수 있는 분수 중에서 가장 작은 수는?

수 카드의 수의 크기를 비교하면 ☐ > ☐ > ☐ 이므로

분모에 가장 큰 수 ☐ 을(를) 놓으면 ☐ 입니다.

**문제가
어려웠나요?**

☐ 어려워요. o.o

☐ 적당해요. ^-^

☐ 쉬워요. >o<

❸ 답 _____

133

문장제 실력 쌓기

★ 조건에 알맞은 수 구하기
★ 수 카드로 분수 만들기

문제를 읽고 '연습하기'에서 했던 것처럼 밑줄을 그어 가며 문제를 풀어 보세요.

1 조건에 알맞은 분수를 모두 구해 보세요.

❶ 조건에 알맞은 분수를 $\dfrac{1}{\blacksquare}$ 이라 할 때,

■의 범위는?

┌─────────────────────┐
· 단위분수입니다.

· $\dfrac{1}{8}$ 보다 큰 분수입니다.

· $\dfrac{1}{5}$ 보다 작은 분수입니다.
└─────────────────────┘

❷ 조건에 알맞은 분수는?

답 _____

2 3장의 수 카드 ⟨2⟩, ⟨8⟩, ⟨5⟩ 중에서 한 장을 사용하여 분모가 9인 분수를 만들려고 합니다. 만들 수 있는 분수 중에서 가장 큰 수를 구해 보세요.

❶ 분모가 주어졌을 때, 가장 큰 분수를 만들려면?

❷ 만들 수 있는 분수 중에서 가장 큰 수는?

답 _____

3 조건에 알맞은 소수 ■.▲를 모두 구해 보세요.

> · $\dfrac{4}{10}$ 보다 큰 소수입니다.
>
> · 0.1이 7개인 수보다 작은 소수입니다.

❶ 조건에 알맞은 소수 ■.▲의 범위는?

❷ 조건에 알맞은 소수는?

🅐 _____

4 3장의 수 카드 6 , 3 , 4 중에서 한 장을 사용하여 분자가 1인 분수를 만들려고 합니다. 만들 수 있는 분수 중에서 가장 작은 수를 구해 보세요.

❶ 분자가 주어졌을 때, 가장 작은 분수를 만들려면?

❷ 만들 수 있는 분수 중에서 가장 작은 수는?

🅐 _____

1

124쪽　전체의 얼마만큼인지 구하기

어떤 일을 하는 데 전체의 $\dfrac{5}{20}$ 만큼은 민채가, 전체의 $\dfrac{8}{20}$ 만큼은 수지가,

나머지는 송현이가 했습니다.

민채, 수지, 송현 중 일을 가장 많이 한 사람은 누구인가요?

풀이

답 _____

2

126쪽　남은 조각의 수 구하기

김치전 한 판을 똑같이 6조각으로 나누었습니다. 그중 1조각을 지성이가 먹고,

가온이는 지성이가 먹고 남은 김치전의 $\dfrac{2}{5}$ 를 먹었습니다.

지성이와 가온이가 먹고 남은 김치전은 몇 조각인가요?

풀이

답 _____

3

130쪽　조건에 알맞은 수 구하기

조건에 알맞은 소수 ■.▲를
구해 보세요.

풀이

• 0.1이 7개인 수보다 큰 소수입니다.

• $\dfrac{9}{10}$ 보다 작은 소수입니다.

답 _____

126쪽   남은 조각의 수 구하기

4 초콜릿 한 개를 똑같이 8조각으로 나누었습니다.

전체 초콜릿의 $\dfrac{3}{8}$ 을 동연이가 먹고, 하연이는 4조각을 먹었습니다.

동연이와 하연이가 먹고 남은 초콜릿은 몇 조각인가요?

풀이

답 _____

130쪽   조건에 알맞은 수 구하기

5 조건에 알맞은 단위분수를 모두 구해 보세요.

풀이

• $\dfrac{1}{6}$ 보다 큰 소수입니다.

• $\dfrac{1}{2}$ 보다 작은 소수입니다.

답 _____

132쪽   수 카드로 분수 만들기

6 3장의 수 카드 1 , 4 , 3 중에서 한 장을 사용하여 분모가 7인 분수를

만들려고 합니다. 만들 수 있는 분수 중에서 가장 작은 수를 구해 보세요.

풀이

답 _____

단원 마무리

조건에 알맞은 수 구하기

7 조건에 알맞은 분수는 모두 몇 개인가요?

> - 분자는 1입니다.
> - 분모는 1보다 큽니다.
> - $\dfrac{1}{10}$ 보다 크고 $\dfrac{1}{6}$ 보다 작은 분수입니다.

풀이

답 _____

수 카드로 분수 만들기

8 4장의 수 카드 4 , 9 , 7 , 5 중에서 한 장을 사용하여

분자가 1인 분수를 만들려고 합니다.

만들 수 있는 분수 중에서 가장 큰 수와 가장 작은 수를 각각 구해 보세요.

풀이

답 가장 큰 수: _____, 가장 작은 수: _____

126쪽 남은 조각의 수 구하기

9 감자전 한 판을 똑같이 10조각으로 나누어

건영이는 전체의 $\frac{4}{10}$ 만큼을, 덕규는 전체의 0.2만큼 먹었습니다.

건영이와 덕규가 먹고 남은 감자전은 몇 조각인가요?

풀이

답 _____

도전! 10

124쪽 전체의 얼마만큼인지 구하기

양초에 불을 붙였더니 오전에 처음 양초의 $\frac{2}{7}$ 만큼 타고,

오후에 처음 양초의 $\frac{4}{7}$ 만큼 탔습니다.

타서 없어진 양초는 남은 양초의 몇 배인가요?

❶ 타서 없어진 양초는 전체의 얼마만큼인지 구하면?

❷ 남은 양초는 전체의 얼마만큼인지 구하면?

❸ 타서 없어진 양초는 남은 양초의 몇 배인지 구하면?

내가 지다니…

정답과 해설 39쪽에 붙이면 몬스터를 가둘 수 있어요!

답 _____

1 농구장에 825명이 있었습니다. 전반전 경기가 끝난 후에 174명이 나가고, 후반전 경기가 시작하기 전에 138명이 들어왔습니다.
후반전 경기가 시작했을 때 농구장에 있는 사람은 몇 명인가요?

(풀이)

(답) _____

2 미정이는 56쪽짜리 책을 7일 동안, 홍영이는 48쪽짜리 책을 8일 동안 매일 같은 쪽수만큼 읽으려고 합니다.
하루 동안 미정이가 읽는 쪽수는 홍영이가 읽는 쪽수보다 몇 쪽 더 많나요?

(풀이)

(답) _____

3 오른쪽 도형에서 찾을 수 있는 각은 모두 몇 개인가요?

(풀이)

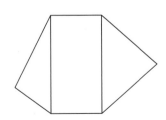

(답) _____

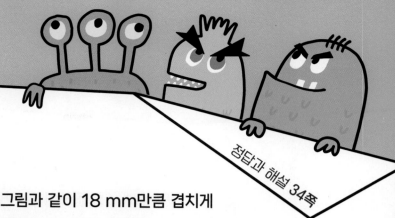

정답과 해설 34쪽

4 길이가 5 cm 2 mm인 색 테이프 2장을 그림과 같이 18 mm만큼 겹치게
이어 붙였습니다. 이어 붙인 색 테이프의 전체 길이는 몇 cm 몇 mm인가요?

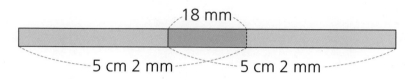

풀이

답 _____

5 정란이와 주원이가 자전거를 타고 같은 곳에서
서로 같은 방향으로 동시에 출발하여 일직선으로 움직였습니다.
정란이는 3900 m를 갔고, 주원이는 5 km 100 m를 갔습니다.
지금 두 사람 사이의 거리는 몇 km 몇 m인가요?

풀이

답 _____

실력 평가

6 어떤 수에 4를 곱해야 할 것을 잘못하여 4를 더했더니 51이 되었습니다. 바르게 계산한 값은 얼마인가요?

풀이

답 ____________

7 0부터 9까지의 수 중에서 □ 안에 들어갈 수 있는 수를 모두 구해 보세요.

46□+273<737

풀이

답 ____________

8 3장의 수 카드 5, 7, 8 을 한 번씩만 사용하여 곱이 가장 큰 (몇십몇)×(몇)을 만들고 계산해 보세요.

□□×□=□

풀이

답 □□×□=□

정답과 해설 34쪽

9 곧게 뻗은 산책로의 양쪽에 처음부터 끝까지 나무 48그루를 3 m 간격으로 심었습니다. 이 산책로의 길이는 몇 m인가요?
(단, 나무의 두께는 생각하지 않습니다.)

풀이

답 _____

10 양초에 불을 붙였더니 오전에 처음 양초의 $\dfrac{5}{13}$ 만큼 타고,

오후에 처음 양초의 $\dfrac{7}{13}$ 만큼 탔습니다.

타서 없어진 양초는 남은 양초의 몇 배인가요?

풀이

답 _____

1 민준이는 친구들과 함께 뮤지컬을 보려고 공연장에 갔습니다.

관객 수가 다음과 같을 때, 1층과 2층 중 관객이 더 많은 곳은 몇 층인가요?

	어른	어린이
1층	528명	223명
2층	457명	376명

풀이

답 _____

2 오른쪽 도형은 똑같은 직사각형 2개를
겹치지 않게 이어 붙여 만든 직사각형입니다.
만든 직사각형의 네 변의 길이의 합은 몇 cm인가요?

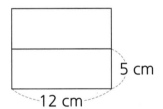

풀이

답 _____

3 혜원이는 9월과 10월 두 달 동안 매일 종이꽃을 접었습니다.
종이꽃을 9월에는 하루에 7개씩 접고, 10월에는 하루에 8개씩 접었다면
10월에는 9월보다 종이꽃을 몇 개 더 많이 접었나요?

풀이

답 _____

4 정사각형과 직사각형을 겹치지 않게 이어 붙인 것입니다.
선분 ㄴㄹ은 몇 cm인가요?

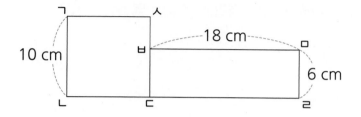

풀이

답

---

5 수 카드 4장 중에서 2장을 골라 한 번씩만 사용하여 다음과 같은 나눗셈식을
만들려고 합니다. 만든 나눗셈식의 몫이 가장 클 때의 몫은 얼마인가요?
(단, 몫은 한 자리 수입니다.)

| 0 | 4 | 5 | 8 | ☐☐÷9=▲

풀이

답

6 한종이와 민채가 같은 곳에서 서로 반대 방향으로 동시에 출발했습니다.
한종이는 1 km 750 m를 걸어갔고, 민채는 1300 m를 걸어갔습니다.
지금 두 사람 사이의 거리는 몇 km 몇 m인가요?

풀이

답 _____

7 조건에 알맞은 단위분수를 모두 구해 보세요.

풀이

- $\frac{1}{8}$보다 큰 분수입니다.
- $\frac{1}{5}$보다 작은 분수입니다.

답 _____

8 어느 날 해가 뜬 시각은 오전 5시 14분 6초이고, 해가 진 시각은
오후 6시 25분 38초였습니다. 이날 낮의 길이는 몇 시간 몇 분 몇 초인가요?

풀이

답 _____

9 동물원에 있는 얼룩말 몇 마리에게 당근을 주려고 합니다. 얼룩말 한 마리에게
당근을 3개씩 주면 딱 맞고, 당근을 5개씩 주면 10개가 부족합니다.
동물원에 있는 얼룩말은 몇 마리인가요?

풀이

답 _____

10 4장의 수 카드 3 , 8 , 6 , 2 중에서 한 장을 사용하여

분자가 1인 분수를 만들려고 합니다.
만들 수 있는 분수 중에서 가장 큰 수와 가장 작은 수를 각각 구해 보세요.

풀이

답 가장 큰 수: _____ , 가장 작은 수: _____

1 어느 빵 가게에서 모닝빵은 한 상자에 20개씩, 도넛은 한 상자에 12개씩 담아 팔고 있습니다. 오전에 모닝빵 4상자와 도넛 7상자를 팔았다면 오전에 판 모닝빵과 도넛은 모두 몇 개인가요?

풀이

답 _____

2 상자에 단추가 있습니다.
인형을 만드는 데 305개를 사용하고, 다시 419개를 사 왔습니다.
지금 상자에 있는 단추가 683개일 때, 처음 상자에 있던 단추는 몇 개인가요?

풀이

답 _____

3 오른쪽 도형에서 찾을 수 있는 크고 작은 직사각형은 모두 몇 개인가요?

풀이

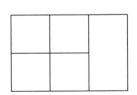

답 _____

정답과 해설 36쪽

4 똑같은 직사각형 4개를 겹치지 않게 이어 붙여 만든 직사각형입니다.
만든 직사각형의 네 변의 길이의 합은 몇 cm인가요?

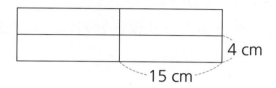

풀이

답 _____

5 공원에서 백화점까지의 거리는 몇 km 몇 m인가요?

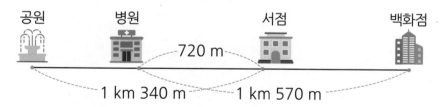

풀이

답 _____

149

6 어떤 일을 하는 데 전체의 $\frac{4}{17}$ 만큼은 민준이가, 전체의 $\frac{6}{17}$ 만큼은 현주가, 나머지는 은석이가 했습니다.

민준, 현주, 은석 중 일을 가장 많이 한 사람은 누구인가요?

풀이

답 _____

7 3장의 수 카드 6 , 9 , 4 를 한 번씩만 사용하여

곱이 가장 작은 (몇십몇)×(몇)을 만들고 계산해 보세요.

풀이

답 ⬜⬜ × ⬜ = ⬜⬜

8 원 모양 호수의 둘레를 따라 3 m 간격으로 말뚝을 박았습니다. 박은 말뚝이 26개라면 호수의 둘레는 몇 m인가요? (단, 말뚝의 두께는 생각하지 않습니다.)

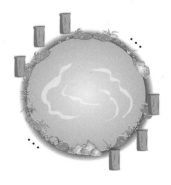

풀이

답 _____

정답과 해설 36쪽

9 양배추를 상자 몇 개에 나누어 담으려고 합니다. 상자 한 개에 양배추를
6통씩 담으면 딱 맞고, 4통씩 담으면 16통이 남습니다.
상자는 몇 개인가요?

풀이

탑 _____

10 어느 날 울산과 제주에서 각각 해가 뜬 시각과 해가 진 시각을 나타낸 표입니다.
울산과 제주 중 어느 도시의 낮의 길이가 몇 분 몇 초 더 긴가요?

도시	해가 뜬 시각	해가 진 시각
울산	오전 5시 25분 40초	오후 7시 8분 15초
제주	오전 5시 50분 17초	오후 7시 11분 23초

풀이

탑 _____ , _____

MEMO

공부로 이끄는 힘

완자 **공부력**

3A
3학년

발전

정답과 해설

교과서 문해력
수학 문장제

 **책 속의 가접 별책** (특허 제 0557442호)

'정답과 해설'은 진도책에서 쉽게 분리할 수 있도록 제작되었으므로
유통 과정에서 분리될 수 있으나 파본이 아닌 정상 제품입니다.

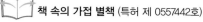

 visang

완자 공부력

교과서 문해력 | 수학 문장제 발전 3A

정답과 해설

1. 덧셈과 뺄셈

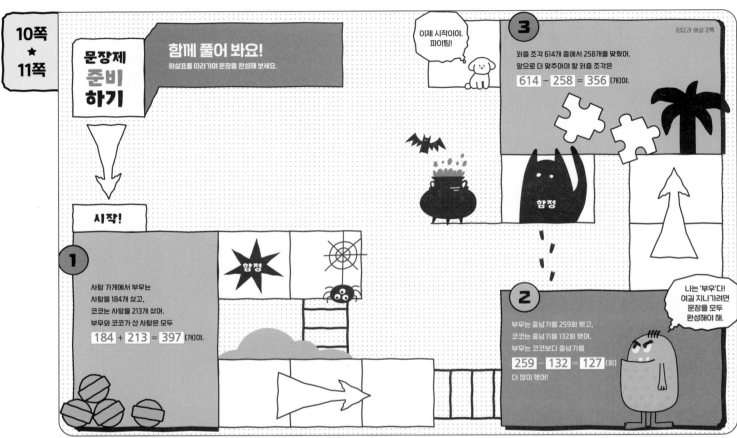

문장제 준비하기

함께 풀어 봐요!
화살표를 따라가며 문장을 완성해 보세요.

이제 시작이야. 파이팅!

정답과 해설 2쪽

3
퍼즐 조각 614개 중에서 258개를 맞췄어.
앞으로 더 맞추어야 할 퍼즐 조각은
614 − 258 = 356 [개]야.

함정

시작!

1
사탕 가게에서 부우는
사탕을 184개 샀고,
코코는 사탕을 213개 샀어.
부우와 코코가 산 사탕은 모두
184 + 213 = 397 [개]야.

함정

2
부우는 줄넘기를 259회 했고,
코코는 줄넘기를 132회 했어.
부우는 코코보다 줄넘기를
259 − 132 = 127 [회]
더 많이 했어!

나는 '부우'다!
여길 지나가려면
문장을 모두
완성해야 해.

1일

문장제 연습하기
＊세 수의 덧셈과 뺄셈

공부한 날   월   일

1. 덧셈과 뺄셈
정답과 해설 2쪽

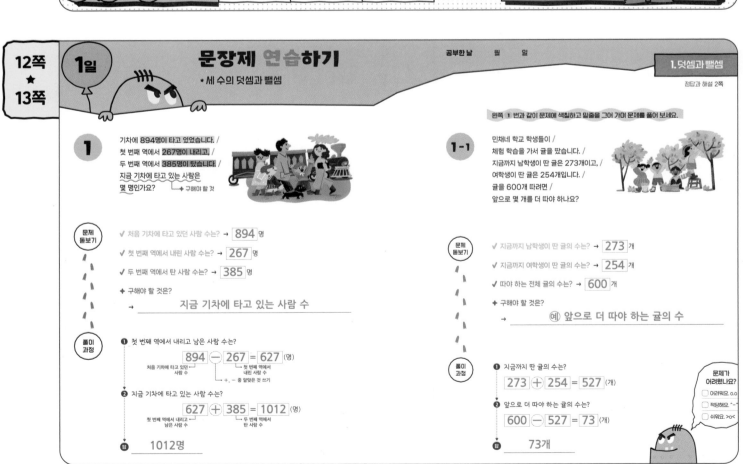

1
기차에 894명이 타고 있었습니다. /
첫 번째 역에서 267명이 내리고, /
두 번째 역에서 385명이 탔습니다. /
지금 기차에 타고 있는 사람은
몇 명인가요? ── 구해야 할 것

왼쪽 **1** 번과 같이 문제에 색칠하고 밑줄을 그어 가며 문제를 풀어 보세요.

1-1
민채네 학교 학생들이 /
체험 학습을 가서 귤을 땄습니다. /
지금까지 남학생이 딴 귤은 273개이고, /
여학생이 딴 귤은 254개입니다. /
귤을 600개 따려면 /
앞으로 몇 개를 더 따야 하나요?

문제 돌보기

✔ 처음 기차에 타고 있던 사람 수는? → 894 명

✔ 첫 번째 역에서 내린 사람 수는? → 267 명

✔ 두 번째 역에서 탄 사람 수는? → 385 명

✚ 구해야 할 것은?
→ 지금 기차에 타고 있는 사람 수

문제 돌보기

✔ 지금까지 남학생이 딴 귤의 수는? → 273 개

✔ 지금까지 여학생이 딴 귤의 수는? → 254 개

✔ 따야 하는 전체 귤의 수는? → 600 개

✚ 구해야 할 것은?
→ 예 앞으로 더 따야 하는 귤의 수

풀이 과정

❶ 첫 번째 역에서 내리고 남은 사람 수는?
894 − 267 = 627 (명)
처음 기차에 타고 있던   첫 번째 역에서
사람 수   내린 사람 수
└─ +, − 중 알맞은 것 쓰기

❷ 지금 기차에 타고 있는 사람 수는?
627 + 385 = 1012 (명)
첫 번째 역에서 내리고   두 번째 역에서
남은 사람 수   탄 사람 수

답 1012명

풀이 과정

❶ 지금까지 딴 귤의 수는?
273 + 254 = 527 (개)

❷ 앞으로 더 따야 하는 귤의 수는?
600 − 527 = 73 (개)

답 73개

문제가
어려웠나요?
☐ 어려워요. o.o
☐ 적당해요. ˆ-ˆ
☐ 쉬워요. >.<

문장제 연습하기

* 계산 결과의 크기 비교

정답과 해설 3쪽

2 진우는 / 가족들과 함께 뮤지컬을 보려고 / 공연장에 갔습니다. / 관객 수가 다음과 같을 때, / 1층과 2층 중 / 관객이 더 많은 곳은 몇 층인가요?
→ 구해야 할 것

	어른	어린이
1층	529명	143명
2층	366명	281명

문제 돌보기

✓ 1층의 관객 수는? → 어른: 529 명, 어린이: 143 명

✓ 2층의 관객 수는? → 어른: 366 명, 어린이: 281 명

✦ 구해야 할 것은?

→ 1층과 2층 중 관객이 더 많은 곳

풀이 과정

❶ 1층의 관객 수는?

529 ＋ 143 ＝ 672 (명)
1층의 어른 관객 수 ‾ 1층의 어린이 관객 수

❷ 2층의 관객 수는?

366 ＋ 281 ＝ 647 (명)
2층의 어른 관객 수 ‾ 2층의 어린이 관객 수

❸ 1층과 2층 중 관객이 더 많은 곳은?

672 ＞ 647 이므로 관객이 더 많은 곳은 1 층입니다.

답 1층

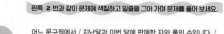
왼쪽 **2**번과 같이 문제에 색칠하고 밑줄을 그어 가며 문제를 풀어 보세요.

2-1 어느 문구점에서 / 지난달과 이번 달에 판매한 자와 풀의 수입니다. / 자와 풀 중 / 더 많이 팔린 것은 무엇인가요?

	자	풀
지난달	357개	262개
이번 달	302개	430개

문제 돌보기

✓ 지난달과 이번 달에 팔린 자의 수는?

→ 지난달: 357 개, 이번 달: 302 개

✓ 지난달과 이번 달에 팔린 풀의 수는?

→ 지난달: 262 개, 이번 달: 430 개

✦ 구해야 할 것은?

→ ⑩ 자와 풀 중 더 많이 팔린 것

풀이 과정

❶ 지난달과 이번 달에 팔린 자의 수는?

357 ＋ 302 ＝ 659 (개) (또는 302＋357＝659)

❷ 지난달과 이번 달에 팔린 풀의 수는?

262 ＋ 430 ＝ 692 (개) (또는 430＋262
＝692)

❸ 자와 풀 중 더 많이 팔린 것은?

659 ＜ 692 이므로 더 많이 팔린 것은 풀 입니다.

답 풀

문제가 어려웠나요?
☐ 어려워요. o.o
☐ 적당해요. ^-^
☐ 쉬워요. >.<

문장제 실력 쌓기

* 세 수의 덧셈과 뺄셈
* 계산 결과의 크기 비교

정답과 해설 3쪽

문제를 읽고 '연습하기'에서 했던 것처럼 밑줄을 그어 가며 문제를 풀어 보세요.

1 지하철에 706명이 타고 있었습니다.
첫 번째 역에서 312명이 내리고, 두 번째 역에서 119명이 탔습니다.
지금 지하철에 타고 있는 사람은 몇 명인가요?

❶ 첫 번째 역에서 내리고 남은 사람 수는?
⑩ (처음 지하철에 타고 있던 사람 수)－(첫 번째 역에서 내린 사람 수)
＝706－312＝394(명)

❷ 지금 지하철에 타고 있는 사람 수는?
⑩ (첫 번째 역에서 내리고 남은 사람 수)＋(두 번째 역에서 탄 사람 수)
＝394＋119＝513(명)

답 513명

2 선미는 친구들과 함께 영화를 보려고 영화관에 갔습니다. 관객 수가 오른쪽과 같을 때, 1관과 2관 중 관객이 더 많은 곳은 어느 관인가요?

	남자	여자
1관	246명	139명
2관	107명	285명

❶ 1관의 관객 수는?
⑩ (1관의 남자 관객 수)＋(1관의 여자 관객 수)＝246＋139＝385(명)

❷ 2관의 관객 수는?
⑩ (2관의 남자 관객 수)＋(2관의 여자 관객 수)＝107＋285＝392(명)

❸ 1관과 2관 중 관객이 더 많은 곳은?
⑩ 385＜392이므로 관객이 더 많은 곳은 2관입니다.

답 2관

3 어느 놀이공원의 어제 입장객은 428명이고, 오늘 입장객은 어제보다 109명 더 적습니다. 이 놀이공원의 어제와 오늘 입장객은 모두 몇 명인가요?

❶ 오늘 입장객 수는?
⑩ (어제 입장객 수)－109
＝428－109＝319(명)

❷ 어제와 오늘 입장객 수는?
⑩ (어제 입장객 수)＋(오늘 입장객 수)
＝428＋319＝747(명)

답 747명

4 어느 과일 가게에서 어제와 오늘 판매한 사과와 배의 수입니다. 사과와 배 중 더 많이 팔린 것은 무엇인가요?

	사과	배
어제	290개	225개
오늘	116개	186개

❶ 어제와 오늘 팔린 사과의 수는?
⑩ (어제 팔린 사과의 수)＋(오늘 팔린 사과의 수)
＝290＋116＝406(개)

❷ 어제와 오늘 팔린 배의 수는?
⑩ (어제 팔린 배의 수)＋(오늘 팔린 배의 수)＝225＋186＝411(개)

❸ 사과와 배 중 더 많이 팔린 것은?
⑩ 406＜411이므로 더 많이 팔린 것은 배입니다.

답 배

문장제 연습하기

* 바르게 계산한 값 구하기

왼쪽 1 번과 같이 문제에 색칠하고 밑줄을 그어 가며 문제를 풀어 보세요.

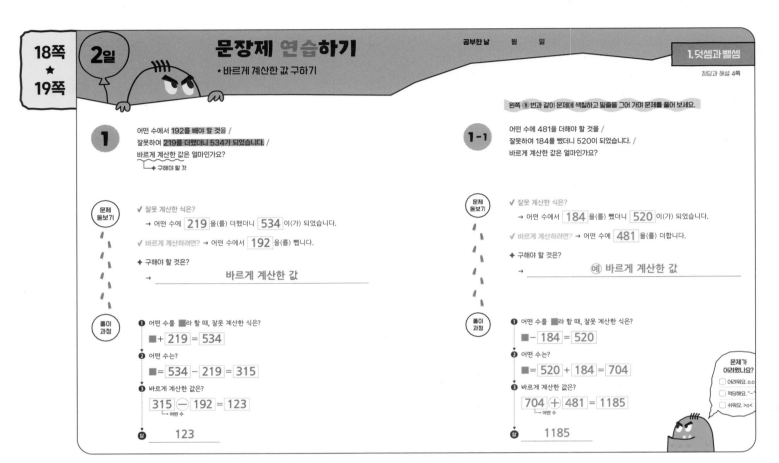

1

어떤 수에서 192를 빼야 할 것을 /
잘못하여 219를 더했더니 534가 되었습니다. /
바르게 계산한 값은 얼마인가요?
└→ 구해야 할 것

문제
돌보기

✓ 잘못 계산한 식은?
→ 어떤 수에 219 을(를) 더했더니 534 이(가) 되었습니다.

✓ 바르게 계산하려면? → 어떤 수에서 192 을(를) 뺍니다.

✦ 구해야 할 것은?
→ _____바르게 계산한 값_____

풀이
과정

❶ 어떤 수를 ■라 할 때, 잘못 계산한 식은?
■ + 219 = 534

❷ 어떤 수는?
■ = 534 − 219 = 315

❸ 바르게 계산한 값은?
315 ⊖ 192 = 123
    └ 어떤 수

답 _____123_____

1-1

어떤 수에 481을 더해야 할 것을 /
잘못하여 184를 뺐더니 520이 되었습니다. /
바르게 계산한 값은 얼마인가요?

문제
돌보기

✓ 잘못 계산한 식은?
→ 어떤 수에서 184 을(를) 뺐더니 520 이(가) 되었습니다.

✓ 바르게 계산하려면? → 어떤 수에 481 을(를) 더합니다.

✦ 구해야 할 것은?
→ ____예 바르게 계산한 값____

풀이
과정

❶ 어떤 수를 ■라 할 때, 잘못 계산한 식은?
■ − 184 = 520

❷ 어떤 수는?
■ = 520 + 184 = 704

❸ 바르게 계산한 값은?
704 ⊕ 481 = 1185
    └ 어떤 수

답 _____1185_____

문제가
어려웠나요?
☐ 어려워요. o.o
☐ 적당해요. ˝-˝
☐ 쉬워요. >o<

문장제 연습하기

* ☐ 안에 들어갈 수 있는 수 구하기

왼쪽 2 번과 같이 문제에 색칠하고 밑줄을 그어 가며 문제를 풀어 보세요.

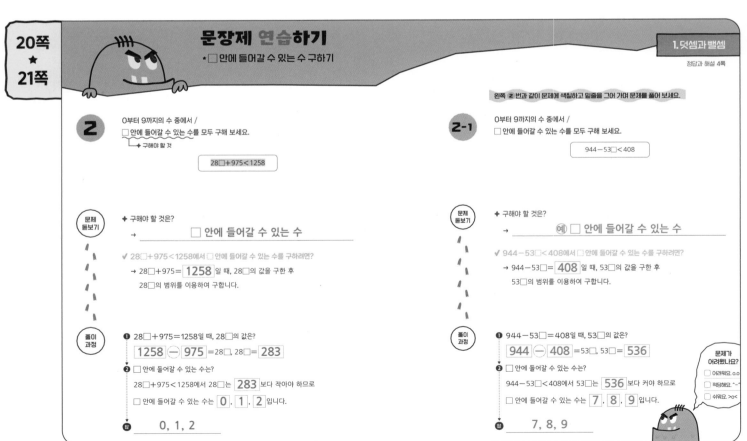

2

0부터 9까지의 수 중에서 /
☐ 안에 들어갈 수 있는 수를 모두 구해 보세요.
└→ 구해야 할 것

28☐ + 975 < 1258

문제
돌보기

✦ 구해야 할 것은?
→ _____☐ 안에 들어갈 수 있는 수_____

✓ 28☐ + 975 < 1258에서 ☐ 안에 들어갈 수 있는 수를 구하려면?
→ 28☐ + 975 = 1258 일 때, 28☐의 값을 구한 후
28☐의 범위를 이용하여 구합니다.

풀이
과정

❶ 28☐ + 975 = 1258일 때, 28☐의 값은?
1258 ⊖ 975 = 28☐, 28☐ = 283

❷ ☐ 안에 들어갈 수 있는 수는?
28☐ + 975 < 1258에서 28☐는 283 보다 작아야 하므로
☐ 안에 들어갈 수 있는 수는 0 , 1 , 2 입니다.

답 _____0, 1, 2_____

2-1

0부터 9까지의 수 중에서 /
☐ 안에 들어갈 수 있는 수를 모두 구해 보세요.

944 − 53☐ < 408

문제
돌보기

✦ 구해야 할 것은?
→ ____예 ☐ 안에 들어갈 수 있는 수____

✓ 944 − 53☐ < 408에서 ☐ 안에 들어갈 수 있는 수를 구하려면?
→ 944 − 53☐ = 408 일 때, 53☐의 값을 구한 후
53☐의 범위를 이용하여 구합니다.

풀이
과정

❶ 944 − 53☐ = 408일 때, 53☐의 값은?
944 ⊖ 408 = 53☐, 53☐ = 536

❷ ☐ 안에 들어갈 수 있는 수는?
944 − 53☐ < 408에서 53☐는 536 보다 커야 하므로
☐ 안에 들어갈 수 있는 수는 7 , 8 , 9 입니다.

답 _____7, 8, 9_____

문제가
어려웠나요?
☐ 어려워요. o.o
☐ 적당해요. ˝-˝
☐ 쉬워요. >o<

문장제 실력 쌓기

* 바르게 계산한 값 구하기
* □안에 들어갈 수 있는 수 구하기

정답과 해설 5쪽

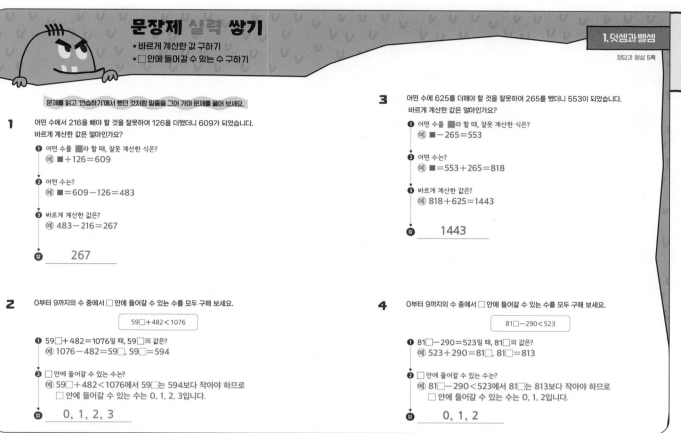

문제를 읽고 '연습하기'에서 했던 것처럼 밑줄을 그어 가며 문제를 풀어 보세요.

1 어떤 수에서 216을 빼야 할 것을 잘못하여 126을 더했더니 609가 되었습니다.
바르게 계산한 값은 얼마인가요?

❶ 어떤 수를 ■라 할 때, 잘못 계산한 식은?
예) ■+126=609

❷ 어떤 수는?
예) ■=609-126=483

❸ 바르게 계산한 값은?
예) 483-216=267

답 ___267___

3 어떤 수에 625를 더해야 할 것을 잘못하여 265를 뺐더니 553이 되었습니다.
바르게 계산한 값은 얼마인가요?

❶ 어떤 수를 ■라 할 때, 잘못 계산한 식은?
예) ■-265=553

❷ 어떤 수는?
예) ■=553+265=818

❸ 바르게 계산한 값은?
예) 818+625=1443

답 ___1443___

2 0부터 9까지의 수 중에서 □ 안에 들어갈 수 있는 수를 모두 구해 보세요.

$$59\square+482<1076$$

❶ 59□+482=1076일 때, 59□의 값은?
예) 1076-482=59□, 59□=594

❷ □ 안에 들어갈 수 있는 수는?
예) 59□+482<1076에서 59□는 594보다 작아야 하므로
□ 안에 들어갈 수 있는 수는 0, 1, 2, 3입니다.

답 ___0, 1, 2, 3___

4 0부터 9까지의 수 중에서 □ 안에 들어갈 수 있는 수를 모두 구해 보세요.

$$81\square-290<523$$

❶ 81□-290=523일 때, 81□의 값은?
예) 523+290=81□, 81□=813

❷ □ 안에 들어갈 수 있는 수는?
예) 81□-290<523에서 81□는 813보다 작아야 하므로
□ 안에 들어갈 수 있는 수는 0, 1, 2입니다.

답 ___0, 1, 2___

3일 # 문장제 연습하기

* 처음의 수 구하기

공부한 날   월   일

정답과 해설 5쪽

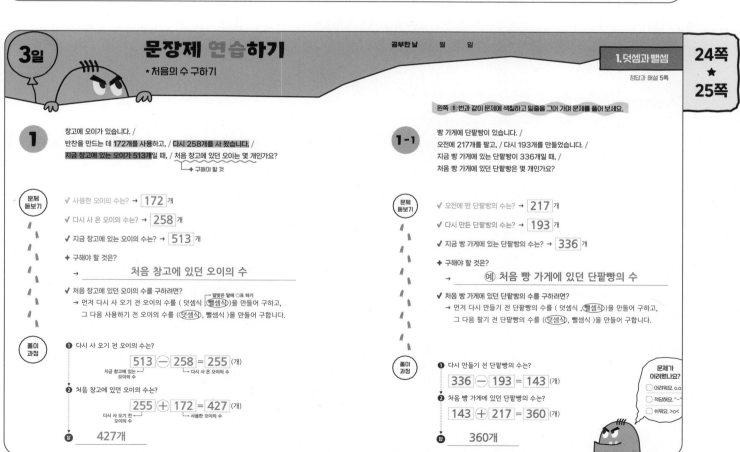

1 창고에 오이가 있습니다. /
반찬을 만드는 데 **172개를 사용**하고, / 다시 258개를 사 왔습니다. /
지금 창고에 있는 오이가 513개일 때, / 처음 창고에 있던 오이는 몇 개인가요?
↳ 구해야 할 것

문제 돋보기

✓ 사용한 오이의 수는? → [172] 개

✓ 다시 사 온 오이의 수는? → [258] 개

✓ 지금 창고에 있는 오이의 수는? → [513] 개

+ 구해야 할 것은?
→ ___처음 창고에 있던 오이의 수___

✓ 처음 창고에 있던 오이의 수를 구하려면?
→ 먼저 다시 사 오기 전 오이의 수를 (덧셈식, (뺄셈식))을 만들어 구하고,
그 다음 사용하기 전 오이의 수를 ((덧셈식), 뺄셈식)을 만들어 구합니다.

풀이 과정

❶ 다시 사 오기 전 오이의 수는?
[513] - [258] = [255] (개)
지금 창고에 있는 / 다시 사 온 오이의 수
오이의 수

❷ 처음 창고에 있던 오이의 수는?
[255] + [172] = [427] (개)
다시 사 오기 전 / 사용한 오이의 수
오이의 수

답 ___427개___

1-1 빵 가게에 단팥빵이 있습니다. /
오전에 217개를 팔고, / 다시 193개를 만들었습니다. /
지금 빵 가게에 있는 단팥빵이 336개일 때, /
처음 빵 가게에 있던 단팥빵은 몇 개인가요?

왼쪽 1번과 같이 문제에 색칠하고 밑줄을 그어 가며 문제를 풀어 보세요.

문제 돋보기

✓ 오전에 판 단팥빵의 수는? → [217] 개

✓ 다시 만든 단팥빵의 수는? → [193] 개

✓ 지금 빵 가게에 있는 단팥빵의 수는? → [336] 개

+ 구해야 할 것은?
→ 예) 처음 빵 가게에 있던 단팥빵의 수

✓ 처음 빵 가게에 있던 단팥빵의 수를 구하려면?
→ 먼저 다시 만들기 전 단팥빵의 수를 (덧셈식, (뺄셈식))을 만들어 구하고,
그 다음 팔기 전 단팥빵의 수를 ((덧셈식), 뺄셈식)을 만들어 구합니다.

풀이 과정

❶ 다시 만들기 전 단팥빵의 수는?
[336] - [193] = [143] (개)

❷ 처음 빵 가게에 있던 단팥빵의 수는?
[143] + [217] = [360] (개)

답 ___360개___

문제가
어려웠나요?
□ 어려워요. o.o
□ 적당해요. ^-^
□ 쉬워요. >.<

문장제 연습하기
★ 옮겨야 하는 수 구하기

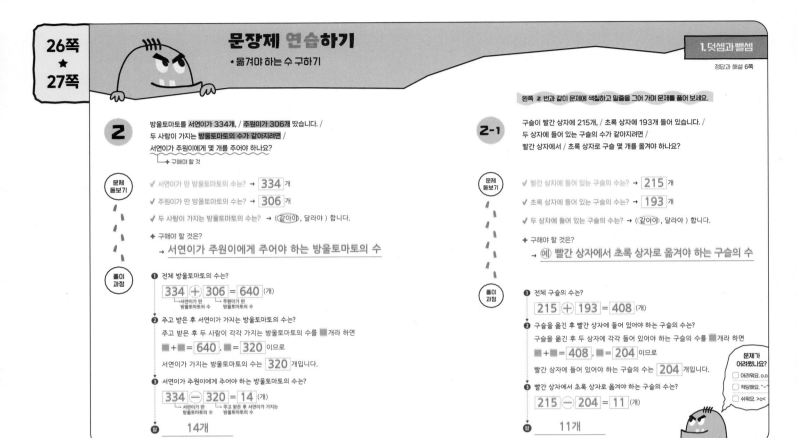

2

방울토마토를 서연이가 334개, / 주원이가 306개 땄습니다. /
두 사람이 가지는 방울토마토의 수가 같아지려면 /
서연이가 주원이에게 몇 개를 주어야 하나요?
└→ 구해야 할 것

문제 돌보기

✔ 서연이가 딴 방울토마토의 수는? → **334** 개

✔ 주원이가 딴 방울토마토의 수는? → **306** 개

✔ 두 사람이 가지는 방울토마토의 수는? → (**같아야**, 달라야) 합니다.

✦ 구해야 할 것은?
→ 서연이가 주원이에게 주어야 하는 방울토마토의 수

풀이 과정

❶ 전체 방울토마토의 수는?
334 ➕ **306** = **640** (개)
└서연이가 딴   └주원이가 딴
  방울토마토의 수   방울토마토의 수

❷ 주고 받은 후 서연이가 가지는 방울토마토의 수는?
주고 받은 후 두 사람이 각각 가지는 방울토마토의 수를 ■개라 하면
■＋■ = **640**, ■ = **320** 이므로
서연이가 가지는 방울토마토의 수는 **320** 개입니다.

❸ 서연이가 주원이에게 주어야 하는 방울토마토의 수는?
334 ➖ **320** = **14** (개)
└서연이가 딴   └주고 받은 후 서연이가 가지는
  방울토마토의 수   방울토마토의 수

답 **14개**

왼쪽 **2** 번과 같이 문제에 색칠하고 밑줄을 그어 가며 문제를 풀어 보세요.

2-1

구슬이 빨간 상자에 215개, / 초록 상자에 193개 들어 있습니다. /
두 상자에 들어 있는 구슬의 수가 같아지려면 /
빨간 상자에서 / 초록 상자로 구슬 몇 개를 옮겨야 하나요?

문제 돌보기

✔ 빨간 상자에 들어 있는 구슬의 수는? → **215** 개

✔ 초록 상자에 들어 있는 구슬의 수는? → **193** 개

✔ 두 상자에 들어 있는 구슬의 수는? → (**같아야**, 달라야) 합니다.

✦ 구해야 할 것은?
→ **예** 빨간 상자에서 초록 상자로 옮겨야 하는 구슬의 수

풀이 과정

❶ 전체 구슬의 수는?
215 ➕ **193** = **408** (개)

❷ 구슬을 옮긴 후 빨간 상자에 들어 있어야 하는 구슬의 수는?
구슬을 옮긴 후 두 상자에 각각 들어 있어야 하는 구슬의 수를 ■개라 하면
■＋■ = **408**, ■ = **204** 이므로
빨간 상자에 들어 있어야 하는 구슬의 수는 **204** 개입니다.

❸ 빨간 상자에서 초록 상자로 옮겨야 하는 구슬의 수는?
215 ➖ **204** = **11** (개)

답 **11개**

문제가
어려웠나요?
☐ 어려워요. o.o
☐ 적당해요. ^-^
☐ 쉬워요. >.o<

문장제 실력 쌓기
★ 처음의 수 구하기
★ 옮겨야 하는 수 구하기

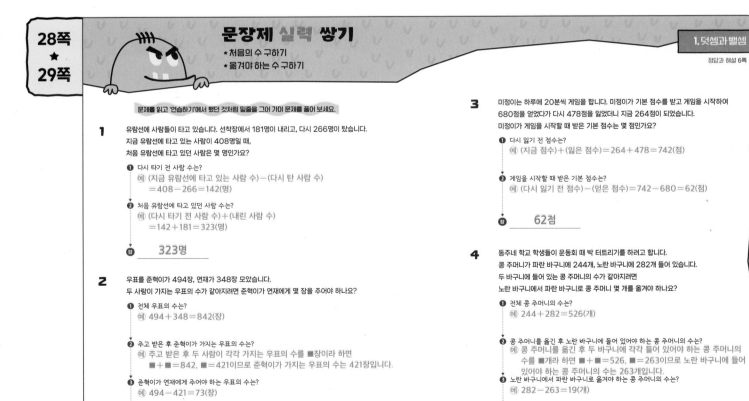

문제를 읽고 '연습하기'에서 했던 것처럼 밑줄을 그어 가며 문제를 풀어 보세요.

1
유람선에 사람들이 타고 있습니다. 선착장에서 181명이 내리고, 다시 266명이 탔습니다.
지금 유람선에 타고 있는 사람이 408명일 때,
처음 유람선에 타고 있던 사람은 몇 명인가요?

❶ 다시 타기 전 사람 수는?
예 (지금 유람선에 타고 있는 사람 수)－(다시 탄 사람 수)
＝408－266＝142(명)

❷ 처음 유람선에 타고 있던 사람 수는?
예 (다시 타기 전 사람 수)＋(내린 사람 수)
＝142＋181＝323(명)

답 **323명**

2
우표를 준혁이가 494장, 연재가 348장 모았습니다.
두 사람이 가지는 우표의 수가 같아지려면 준혁이가 연재에게 몇 장을 주어야 하나요?

❶ 전체 우표의 수는?
예 494＋348＝842(장)

❷ 주고 받은 후 준혁이가 가지는 우표의 수는?
예 주고 받은 후 두 사람이 각각 가지는 우표의 수를 ■장이라 하면
■＋■＝842, ■＝421이므로 준혁이가 가지는 우표의 수는 421장입니다.

❸ 준혁이가 연재에게 주어야 하는 우표의 수는?
예 494－421＝73(장)

답 **73장**

3
미정이는 하루에 20분씩 게임을 합니다. 미정이가 기본 점수를 받고 게임을 시작하여
680점을 얻었다가 다시 478점을 잃었더니 지금 264점이 되었습니다.
미정이가 게임을 시작할 때 받은 기본 점수는 몇 점인가요?

❶ 다시 잃기 전 점수는?
예 (지금 점수)＋(잃은 점수)＝264＋478＝742(점)

❷ 게임을 시작할 때 받은 기본 점수는?
예 (다시 잃기 전 점수)－(얻은 점수)＝742－680＝62(점)

답 **62점**

4
동주네 학교 학생들이 운동회 때 박 터트리기를 하려고 합니다.
콩 주머니가 파란 바구니에 244개, 노란 바구니에 282개 들어 있습니다.
두 바구니에 들어 있는 콩 주머니의 수가 같아지려면
노란 바구니에서 파란 바구니로 콩 주머니 몇 개를 옮겨야 하나요?

❶ 전체 콩 주머니의 수는?
예 244＋282＝526(개)

❷ 콩 주머니를 옮긴 후 노란 바구니에 들어 있어야 하는 콩 주머니의 수는?
예 콩 주머니를 옮긴 후 두 바구니에 각각 들어 있어야 하는 콩 주머니의
수를 ■개라 하면 ■＋■＝526, ■＝263이므로 노란 바구니에 들어
있어야 하는 콩 주머니의 수는 263개입니다.

❸ 노란 바구니에서 파란 바구니로 옮겨야 하는 콩 주머니의 수는?
예 282－263＝19(개)

답 **19개**

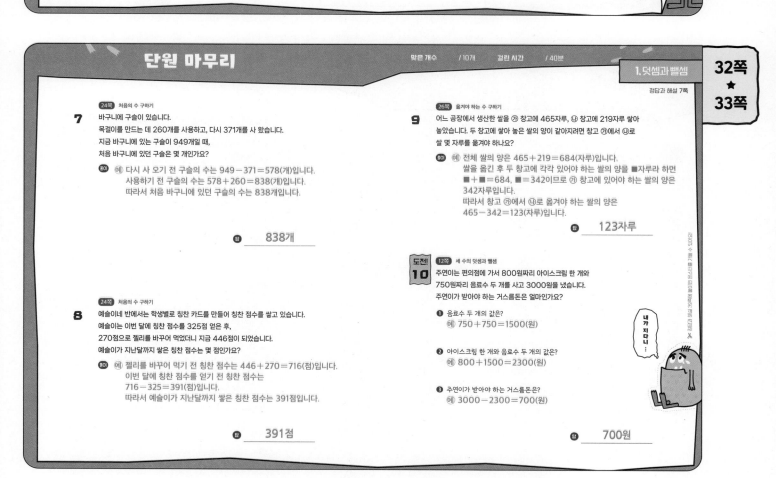

12쪽 세 수의 덧셈과 뺄셈

1 공연장에 640명이 있었습니다. 1부 공연에서 151명이 나가고, 2부 공연에서 249명이 들어왔습니다. 지금 공연장에 있는 사람은 몇 명인가요?

(풀이) (예) 1부 공연에서 나가고 남은 사람 수는 640−151=489(명)입니다.
따라서 지금 공연장에 있는 사람 수는
489+249=738(명)입니다.

답 738명

14쪽 계산 결과의 크기 비교

2 어느 채소 가게에서 지난주와 이번 주에 판매한 감자와 양파의 수입니다. 감자와 양파 중 더 많이 팔린 것은 무엇인가요?

	감자	양파
지난주	346개	295개
이번 주	138개	210개

(풀이) (예) (지난주와 이번 주에 팔린 감자의 수)=346+138=484(개)
(지난주와 이번 주에 팔린 양파의 수)=295+210=505(개)
⇨ 484<505이므로 더 많이 팔린 것은 양파입니다.

답 양파

18쪽 바르게 계산한 값 구하기

3 어떤 수에서 245를 빼야 할 것을 잘못하여 425를 더했더니 908이 되었습니다. 바르게 계산한 값은 얼마인가요?

(풀이) (예) 어떤 수를 ■라 하면 ■+425=908
⇨ 908−425=■, ■=483입니다.
따라서 바르게 계산한 값은 483−245=238입니다.

답 238

14쪽 계산 결과의 크기 비교

4 병우네 학교에서 전시회를 하는데 사탕 516개와 초콜릿 752개를 준비했습니다. 그중 사탕 207개와 초콜릿 381개를 먹었습니다. 사탕과 초콜릿 중 더 적게 남은 것은 무엇인가요?

(풀이) (예) (남은 사탕의 수)=516−207=309(개)
(남은 초콜릿의 수)=752−381=371(개)
⇨ 309<371이므로 더 적게 남은 것은 사탕입니다.

답 사탕

20쪽 □ 안에 들어갈 수 있는 수 구하기

5 0부터 9까지의 수 중에서 □ 안에 들어갈 수 있는 가장 큰 수를 구해 보세요.

24□+361<605

(풀이) (예) 24□+361=605일 때, 605−361=24□, 24□=244입니다.
24□+361<605에서 24□는 244보다 작아야 하므로
□ 안에 들어갈 수 있는 가장 큰 수는 3입니다.

답 3

20쪽 □ 안에 들어갈 수 있는 수 구하기

6 0부터 9까지의 수 중에서 □ 안에 들어갈 수 있는 수를 모두 구해 보세요.

745−31□<428

(풀이) (예) 745−31□=428일 때, 745−428=31□, 31□=317입니다.
745−31□<428에서 31□는 317보다 커야 하므로
□ 안에 들어갈 수 있는 수는 8, 9입니다.

답 8, 9

24쪽 처음의 수 구하기

7 바구니에 구슬이 있습니다.
목걸이를 만드는 데 260개를 사용하고, 다시 371개를 사 왔습니다.
지금 바구니에 있는 구슬이 949개일 때,
처음 바구니에 있던 구슬은 몇 개인가요?

(풀이) (예) 다시 사 오기 전 구슬의 수는 949−371=578(개)입니다.
사용하기 전 구슬의 수는 578+260=838(개)입니다.
따라서 처음 바구니에 있던 구슬의 수는 838개입니다.

답 838개

24쪽 처음의 수 구하기

8 예슬이네 반에서는 학생별로 칭찬 카드를 만들어 칭찬 점수를 쌓고 있습니다.
예슬이는 이번 달에 칭찬 점수를 325점 얻은 후,
270점으로 젤리를 바꾸어 먹었더니 지금 446점이 되었습니다.
예슬이가 지난달까지 쌓은 칭찬 점수는 몇 점인가요?

(풀이) (예) 젤리를 바꾸어 먹기 전 칭찬 점수는 446+270=716(점)입니다.
이번 달에 칭찬 점수를 얻기 전 칭찬 점수는
716−325=391(점)입니다.
따라서 예슬이가 지난달까지 쌓은 칭찬 점수는 391점입니다.

답 391점

26쪽 옮겨야 하는 수 구하기

9 어느 공장에서 생산한 쌀을 ㉮ 창고에 465자루, ㉯ 창고에 219자루 쌓아 놓았습니다. 두 창고에 쌓아 놓은 쌀의 양이 같아지려면 창고 ㉮에서 ㉯로 쌀 몇 자루를 옮겨야 하나요?

(풀이) (예) 전체 쌀의 양은 465+219=684(자루)입니다.
쌀을 옮긴 후 두 창고에 각각 있어야 하는 쌀의 양을 ■자루라 하면
■+■=684, ■=342이므로 ㉮ 창고에 있어야 하는 쌀의 양은 342자루입니다.
따라서 창고 ㉮에서 ㉯로 옮겨야 하는 쌀의 양은
465−342=123(자루)입니다.

답 123자루

도전! 10 **12쪽** 세 수의 덧셈과 뺄셈

주연이는 편의점에 가서 800원짜리 아이스크림 한 개와 750원짜리 음료수 두 개를 사고 3000원을 냈습니다. 주연이가 받아야 하는 거스름돈은 얼마인가요?

❶ 음료수 두 개의 값은?
(예) 750+750=1500(원)

❷ 아이스크림 한 개와 음료수 두 개의 값은?
(예) 800+1500=2300(원)

❸ 주연이가 받아야 하는 거스름돈은?
(예) 3000−2300=700(원)

답 700원

내가 지다니…

2. 평면도형

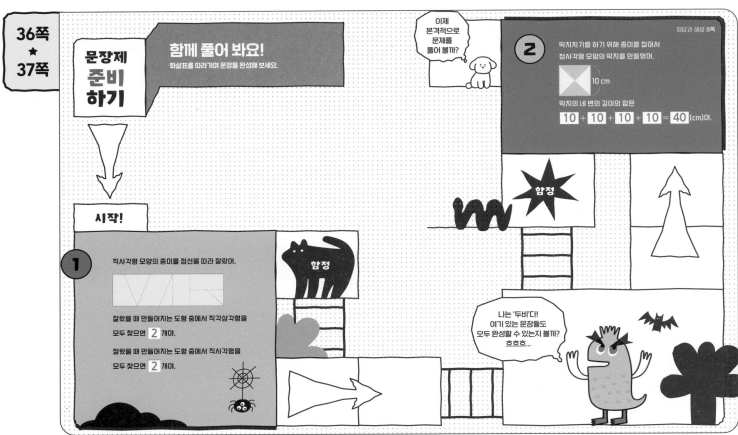

5일

문장제 연습하기

*찾을 수 있는 각의 수 구하기

공부한 날   월   일

2. 평면도형

정답과 해설 8쪽

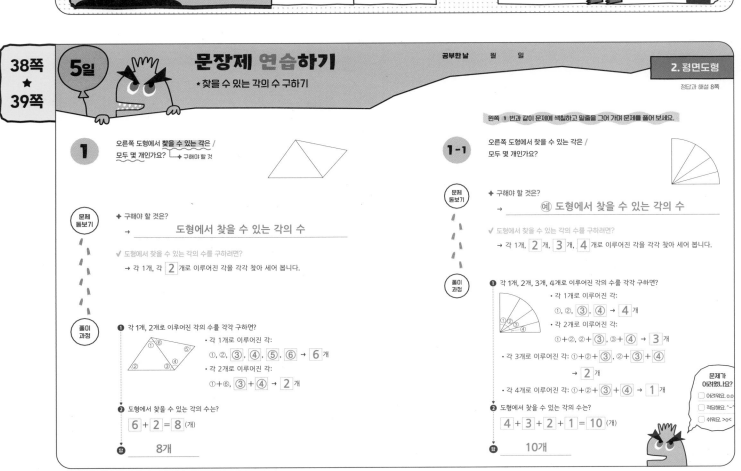

8

문장제 연습하기
*크고 작은 도형의 수 구하기

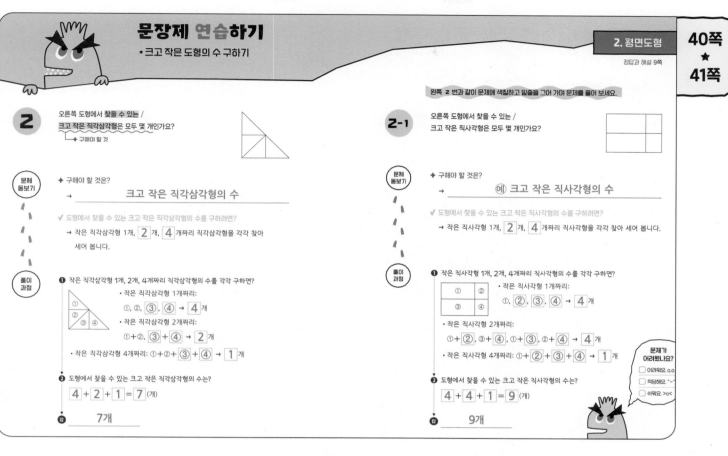

2 오른쪽 도형에서 찾을 수 있는 /
크고 작은 직각삼각형은 모두 몇 개인가요?
└→ 구해야 할 것

문제 돋보기

✦ 구해야 할 것은?
→ _____ 크고 작은 직각삼각형의 수 _____

✓ 도형에서 찾을 수 있는 크고 작은 직각삼각형의 수를 구하려면?
→ 작은 직각삼각형 1개, 2 개, 4 개짜리 직각삼각형을 각각 찾아
세어 봅니다.

풀이 과정

❶ 작은 직각삼각형 1개, 2개, 4개짜리 직각삼각형의 수를 각각 구하면?
• 작은 직각삼각형 1개짜리:
①, ②, ③, ④ → 4 개
• 작은 직각삼각형 2개짜리:
①+②, ③+④ → 2 개
• 작은 직각삼각형 4개짜리: ①+②+③+④ → 1 개

❷ 도형에서 찾을 수 있는 크고 작은 직각삼각형의 수는?
4 + 2 + 1 = 7 (개)

답 ___ 7개 ___

왼쪽 2 번과 같이 문제에 색칠하고 밑줄을 그어 가며 문제를 풀어 보세요.

2-1 오른쪽 도형에서 찾을 수 있는 /
크고 작은 직사각형은 모두 몇 개인가요?

문제 돋보기

✦ 구해야 할 것은?
→ (예) 크고 작은 직사각형의 수

✓ 도형에서 찾을 수 있는 크고 작은 직사각형의 수를 구하려면?
→ 작은 직사각형 1개, 2 개, 4 개짜리 직사각형을 각각 찾아 세어 봅니다.

풀이 과정

❶ 작은 직사각형 1개, 2개, 4개짜리 직사각형의 수를 각각 구하면?
• 작은 직사각형 1개짜리:
①, ②, ③, ④ → 4 개
• 작은 직사각형 2개짜리:
①+②, ③+④, ①+③, ②+④ → 4 개
• 작은 직사각형 4개짜리: ①+②+③+④ → 1 개

❷ 도형에서 찾을 수 있는 크고 작은 직사각형의 수는?
4 + 4 + 1 = 9 (개)

답 ___ 9개 ___

문제가 어려웠나요?
☐ 어려워요. o.o
☐ 적당해요. ^-~
☐ 쉬워요. >o<

문장제 실력 쌓기
★찾을 수 있는 각의 수 구하기
★크고 작은 도형의 수 구하기

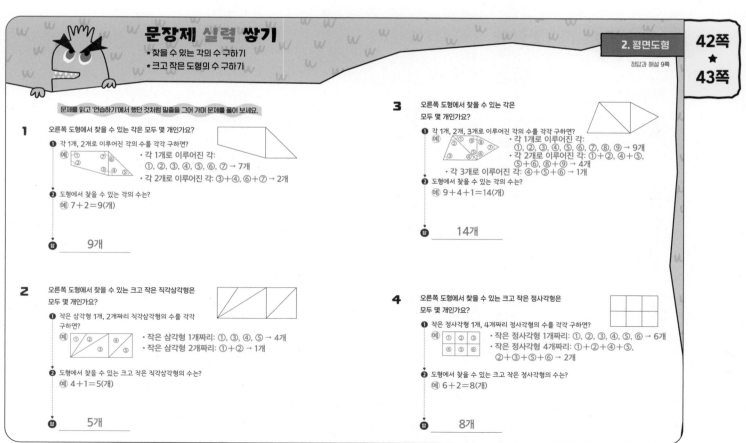

문제를 읽고 '연습하기'에서 했던 것처럼 밑줄을 그어 가며 문제를 풀어 보세요.

1 오른쪽 도형에서 찾을 수 있는 각은 모두 몇 개인가요?
❶ 각 1개, 2개로 이루어진 각의 수를 각각 구하면?
(예) • 각 1개로 이루어진 각:
①, ②, ③, ④, ⑤, ⑥, ⑦ → 7개
• 각 2개로 이루어진 각: ③+④, ⑥+⑦ → 2개
❷ 도형에서 찾을 수 있는 각의 수는?
(예) 7+2=9(개)

답 ___ 9개 ___

2 오른쪽 도형에서 찾을 수 있는 크고 작은 직각삼각형은 모두 몇 개인가요?
❶ 작은 삼각형 1개, 2개짜리 직각삼각형의 수를 각각 구하면?
(예) • 작은 삼각형 1개짜리: ①, ③, ④, ⑤ → 4개
• 작은 삼각형 2개짜리: ①+② → 1개
❷ 도형에서 찾을 수 있는 크고 작은 직각삼각형의 수는?
(예) 4+1=5(개)

답 ___ 5개 ___

3 오른쪽 도형에서 찾을 수 있는 각은 모두 몇 개인가요?
❶ 각 1개, 2개, 3개로 이루어진 각의 수를 각각 구하면?
• 각 1개로 이루어진 각:
①, ②, ③, ④, ⑤, ⑥, ⑦, ⑧, ⑨ → 9개
• 각 2개로 이루어진 각: ①+②, ④+⑤,
⑤+⑥, ⑧+⑨ → 4개
• 각 3개로 이루어진 각: ④+⑤+⑥ → 1개
❷ 도형에서 찾을 수 있는 각의 수는?
(예) 9+4+1=14(개)

답 ___ 14개 ___

4 오른쪽 도형에서 찾을 수 있는 크고 작은 정사각형은 모두 몇 개인가요?
❶ 작은 정사각형 1개, 4개짜리 정사각형의 수를 각각 구하면?
(예) • 작은 정사각형 1개짜리: ①, ②, ③, ④, ⑤, ⑥ → 6개
• 작은 정사각형 4개짜리: ①+②+④+⑤,
②+③+⑤+⑥ → 2개
❷ 도형에서 찾을 수 있는 크고 작은 정사각형의 수는?
(예) 6+2=8(개)

답 ___ 8개 ___

6일

문장제 연습하기

＊이어 붙여 만든 사각형의
네 변의 길이의 합 구하기

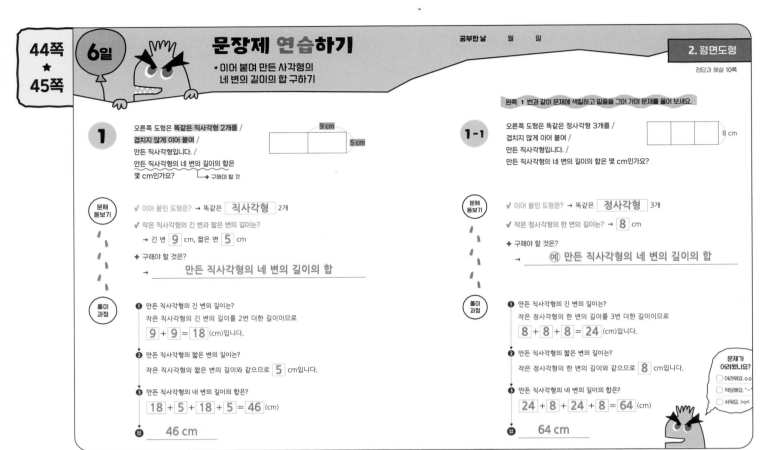

1 오른쪽 도형은 똑같은 직사각형 2개를 / 겹치지 않게 이어 붙여 / 만든 직사각형입니다. / 만든 직사각형의 네 변의 길이의 합은 몇 cm인가요? ← 구해야 할 것

문제 돌보기

✓ 이어 붙인 도형은? → 똑같은 **직사각형** 2개

✓ 작은 직사각형의 긴 변과 짧은 변의 길이는?
  → 긴 변 **9** cm, 짧은 변 **5** cm

✦ 구해야 할 것은?
  → **만든 직사각형의 네 변의 길이의 합**

풀이 과정

❶ 만든 직사각형의 긴 변의 길이는?
  작은 직사각형의 긴 변의 길이를 2번 더한 길이이므로
  9 + **9** = **18** (cm)입니다.

❷ 만든 직사각형의 짧은 변의 길이는?
  작은 직사각형의 짧은 변의 길이와 같으므로 **5** cm입니다.

❸ 만든 직사각형의 네 변의 길이의 합은?
  18 + **5** + **18** + **5** = **46** (cm)

답 **46 cm**

왼쪽 **1** 번과 같이 문제에 색칠하고 밑줄을 그어 가며 문제를 풀어 보세요.

1-1 오른쪽 도형은 똑같은 정사각형 3개를 / 겹치지 않게 이어 붙여 / 만든 직사각형입니다. / 만든 직사각형의 네 변의 길이의 합은 몇 cm인가요?

문제 돌보기

✓ 이어 붙인 도형은? → 똑같은 **정사각형** 3개

✓ 작은 정사각형의 한 변의 길이는? → **8** cm

✦ 구해야 할 것은?
  → 예 **만든 직사각형의 네 변의 길이의 합**

풀이 과정

❶ 만든 직사각형의 긴 변의 길이는?
  작은 정사각형의 한 변의 길이를 3번 더한 길이이므로
  8 + **8** + **8** = **24** (cm)입니다.

❷ 만든 직사각형의 짧은 변의 길이는?
  작은 정사각형의 한 변의 길이와 같으므로 **8** cm입니다.

❸ 만든 직사각형의 네 변의 길이의 합은?
  24 + **8** + **24** + **8** = **64** (cm)

답 **64 cm**

문제가 어려웠나요?
☐ 어려워요. o.o
☐ 적당해요. ˆ-ˆ
☐ 쉬워요. >o<

문장제 연습하기

＊이어 붙여 만든 도형에서
선분의 길이 구하기

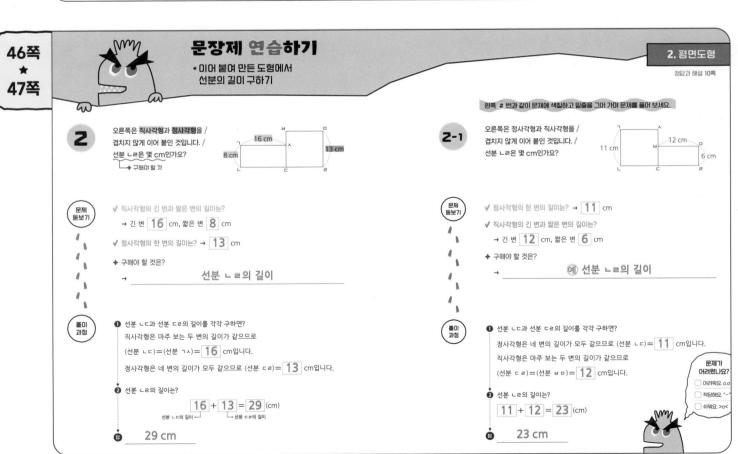

2 오른쪽은 직사각형과 정사각형을 / 겹치지 않게 이어 붙인 것입니다. / 선분 ㄴㄹ은 몇 cm인가요? ← 구해야 할 것

문제 돌보기

✓ 직사각형의 긴 변과 짧은 변의 길이는?
  → 긴 변 **16** cm, 짧은 변 **8** cm

✓ 정사각형의 한 변의 길이는? → **13** cm

✦ 구해야 할 것은?
  → **선분 ㄴㄹ의 길이**

풀이 과정

❶ 선분 ㄴㄷ과 선분 ㄷㄹ의 길이를 각각 구하면?
  직사각형은 마주 보는 두 변의 길이가 같으므로
  (선분 ㄴㄷ)=(선분 ㄱㅅ)= **16** cm입니다.
  정사각형은 네 변의 길이가 모두 같으므로 (선분 ㄷㄹ)= **13** cm입니다.

❷ 선분 ㄴㄹ의 길이는?
  16 + **13** = **29** (cm)
  선분 ㄴㄷ의 길이   선분 ㄷㄹ의 길이

답 **29 cm**

왼쪽 **2** 번과 같이 문제에 색칠하고 밑줄을 그어 가며 문제를 풀어 보세요.

2-1 오른쪽은 정사각형과 직사각형을 / 겹치지 않게 이어 붙인 것입니다. / 선분 ㄴㄹ은 몇 cm인가요?

문제 돌보기

✓ 정사각형의 한 변의 길이는? → **11** cm

✓ 직사각형의 긴 변과 짧은 변의 길이는?
  → 긴 변 **12** cm, 짧은 변 **6** cm

✦ 구해야 할 것은?
  → 예 **선분 ㄴㄹ의 길이**

풀이 과정

❶ 선분 ㄴㄷ과 선분 ㄷㄹ의 길이를 각각 구하면?
  정사각형은 네 변의 길이가 모두 같으므로 (선분 ㄴㄷ)= **11** cm입니다.
  직사각형은 마주 보는 두 변의 길이가 같으므로
  (선분 ㄷㄹ)=(선분 ㅂㅁ)= **12** cm입니다.

❷ 선분 ㄴㄹ의 길이는?
  11 + **12** = **23** (cm)

답 **23 cm**

문제가 어려웠나요?
☐ 어려워요. o.o
☐ 적당해요. ˆ-ˆ
☐ 쉬워요. >o<

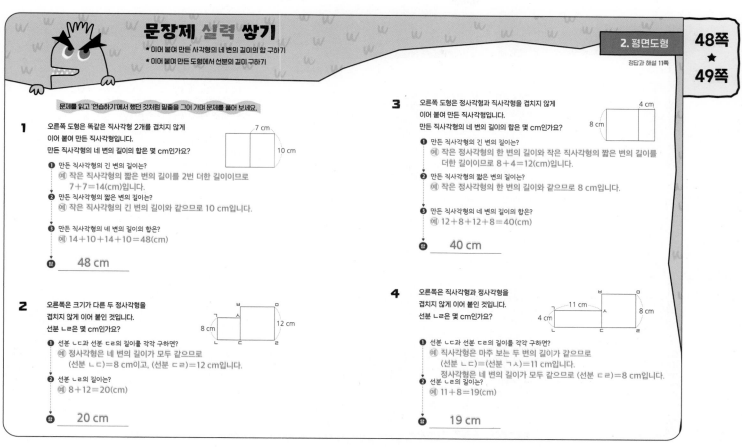

문장제 실력 쌓기

* 이어 붙여 만든 사각형의 네 변의 길이의 합 구하기
* 이어 붙여 만든 도형에서 선분의 길이 구하기

정답과 해설 11쪽

문제를 읽고 '연습하기'에서 했던 것처럼 밑줄을 그어 가며 문제를 풀어 보세요.

1 오른쪽 도형은 똑같은 직사각형 2개를 겹치지 않게
이어 붙여 만든 직사각형입니다.
만든 직사각형의 네 변의 길이의 합은 몇 cm인가요?

❶ 만든 직사각형의 긴 변의 길이는?
예) 작은 직사각형의 짧은 변의 길이를 2번 더한 길이이므로
7+7=14(cm)입니다.

❷ 만든 직사각형의 짧은 변의 길이는?
예) 작은 직사각형의 긴 변의 길이와 같으므로 10 cm입니다.

❸ 만든 직사각형의 네 변의 길이의 합은?
예) 14+10+14+10=48(cm)

답 ___48 cm___

2 오른쪽은 크기가 다른 두 정사각형을
겹치지 않게 이어 붙인 것입니다.
선분 ㄴㄹ은 몇 cm인가요?

❶ 선분 ㄴㄷ과 선분 ㄷㄹ의 길이를 각각 구하면?
예) 정사각형은 네 변의 길이가 모두 같으므로
(선분 ㄴㄷ)=8 cm이고, (선분 ㄷㄹ)=12 cm입니다.

❷ 선분 ㄴㄹ의 길이는?
예) 8+12=20(cm)

답 ___20 cm___

3 오른쪽 도형은 정사각형과 직사각형을 겹치지 않게
이어 붙여 만든 직사각형입니다.
만든 직사각형의 네 변의 길이의 합은 몇 cm인가요?

❶ 만든 직사각형의 긴 변의 길이는?
예) 작은 정사각형의 한 변의 길이와 작은 직사각형의 짧은 변의 길이를
더한 길이이므로 8+4=12(cm)입니다.

❷ 만든 직사각형의 짧은 변의 길이는?
예) 작은 정사각형의 한 변의 길이와 같으므로 8 cm입니다.

❸ 만든 직사각형의 네 변의 길이의 합은?
예) 12+8+12+8=40(cm)

답 ___40 cm___

4 오른쪽은 직사각형과 정사각형을
겹치지 않게 이어 붙인 것입니다.
선분 ㄴㄹ은 몇 cm인가요?

❶ 선분 ㄴㄷ과 선분 ㄷㄹ의 길이를 각각 구하면?
예) 직사각형은 마주 보는 두 변의 길이가 같으므로
(선분 ㄴㄷ)=(선분 ㄱㅅ)=11 cm입니다.
정사각형은 네 변의 길이가 모두 같으므로 (선분 ㄷㄹ)=8 cm입니다.

❷ 선분 ㄴㄹ의 길이는?
예) 11+8=19(cm)

답 ___19 cm___

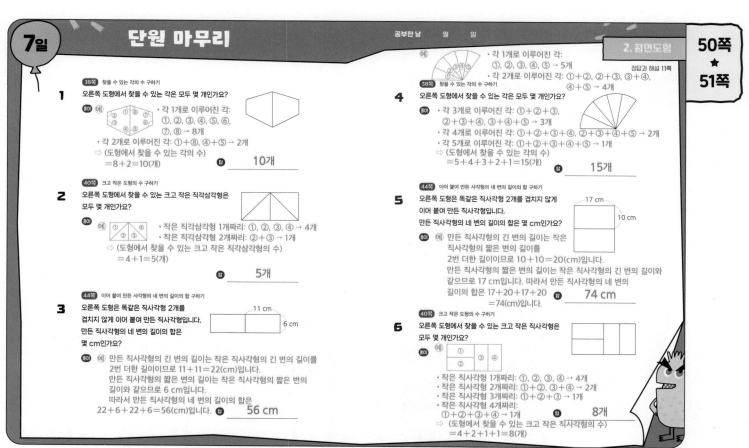

7일 ## 단원 마무리

공부한 날   월   일

정답과 해설 11쪽

1 (38쪽) 찾을 수 있는 각의 수 구하기

오른쪽 도형에서 찾을 수 있는 각은 모두 몇 개인가요?

풀이 예) · 각 1개로 이루어진 각:
①, ②, ③, ④, ⑤, ⑥,
⑦, ⑧ → 8개
· 각 2개로 이루어진 각: ①+⑧, ④+⑤ → 2개
⇨ (도형에서 찾을 수 있는 각의 수)
=8+2=10(개)

답 ___10개___

2 (40쪽) 크고 작은 도형의 수 구하기

오른쪽 도형에서 찾을 수 있는 크고 작은 직각삼각형은
모두 몇 개인가요?

풀이 예) · 작은 직각삼각형 1개짜리: ①, ②, ③, ④ → 4개
· 작은 직각삼각형 2개짜리: ②+③ → 1개
⇨ (도형에서 찾을 수 있는 크고 작은 직각삼각형의 수)
=4+1=5(개)

답 ___5개___

3 (44쪽) 이어 붙여 만든 사각형의 네 변의 길이의 합 구하기

오른쪽 도형은 똑같은 직사각형 2개를
겹치지 않게 이어 붙여 만든 직사각형입니다.
만든 직사각형의 네 변의 길이의 합은
몇 cm인가요?

풀이 예) 만든 직사각형의 긴 변의 길이는 작은 직사각형의 긴 변의 길이를
2번 더한 길이이므로 11+11=22(cm)입니다.
만든 직사각형의 짧은 변의 길이는 작은 직사각형의 짧은 변의
길이와 같으므로 6 cm입니다.
따라서 만든 직사각형의 네 변의 길이의 합은
22+6+22+6=56(cm)입니다.

답 ___56 cm___

4 (38쪽) 찾을 수 있는 각의 수 구하기

오른쪽 도형에서 찾을 수 있는 각은 모두 몇 개인가요?

풀이 예) · 각 1개로 이루어진 각:
①, ②, ③, ④, ⑤ → 5개
· 각 2개로 이루어진 각: ①+②, ②+③, ③+④,
④+⑤ → 4개
· 각 3개로 이루어진 각: ①+②+③,
②+③+④, ③+④+⑤ → 3개
· 각 4개로 이루어진 각: ①+②+③+④, ②+③+④+⑤ → 2개
· 각 5개로 이루어진 각: ①+②+③+④+⑤ → 1개
⇨ (도형에서 찾을 수 있는 각의 수)
=5+4+3+2+1=15(개)

답 ___15개___

5 (44쪽) 이어 붙여 만든 사각형의 네 변의 길이의 합 구하기

오른쪽 도형은 똑같은 직사각형 2개를 겹치지 않게
이어 붙여 만든 직사각형입니다.
만든 직사각형의 네 변의 길이의 합은 몇 cm인가요?

풀이 예) 만든 직사각형의 긴 변의 길이는 작은
직사각형의 짧은 변의 길이를
2번 더한 길이이므로 10+10=20(cm)입니다.
만든 직사각형의 짧은 변의 길이는 작은 직사각형의 긴 변의 길이와
같으므로 17 cm입니다. 따라서 만든 직사각형의 네 변의
길이의 합은 17+20+17+20

답 ___74 cm___

=74(cm)입니다.

6 (40쪽) 크고 작은 도형의 수 구하기

오른쪽 도형에서 찾을 수 있는 크고 작은 직사각형은
모두 몇 개인가요?

풀이 예) · 작은 직사각형 1개짜리: ①, ②, ③, ④ → 4개
· 작은 직사각형 2개짜리: ①+②, ③+④ → 2개
· 작은 직사각형 3개짜리: ①+②+③ → 1개
· 작은 직사각형 4개짜리:
①+②+③+④ → 1개
⇨ (도형에서 찾을 수 있는 크고 작은 직사각형의 수)
=4+2+1+1=8(개)

답 ___8개___

52쪽
★
53쪽

단원 마무리

맞은 개수 / 107개   걸린 시간 / 40분

2. 평면도형

정답과 해설 12쪽

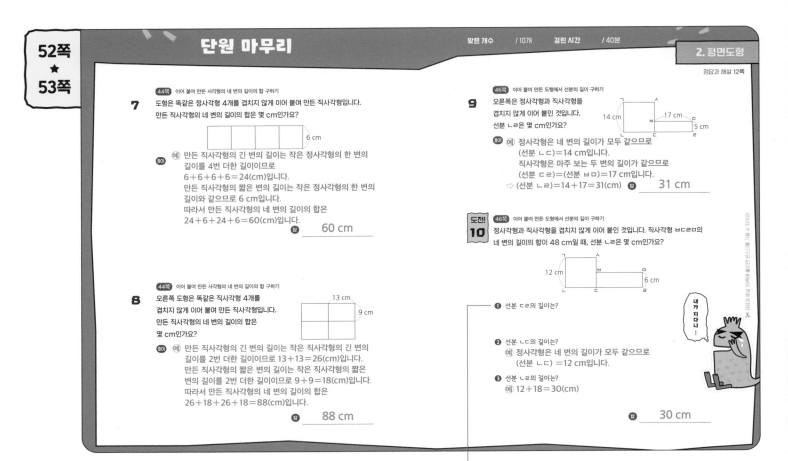

7 44쪽 이어 붙여 만든 사각형의 네 변의 길이의 합 구하기

도형은 똑같은 정사각형 4개를 겹치지 않게 이어 붙여 만든 직사각형입니다.
만든 직사각형의 네 변의 길이의 합은 몇 cm인가요?

6 cm

풀이 예 만든 직사각형의 긴 변의 길이는 작은 정사각형의 한 변의
길이를 4번 더한 길이이므로
6+6+6+6=24(cm)입니다.
만든 직사각형의 짧은 변의 길이는 작은 정사각형의 한 변의
길이와 같으므로 6 cm입니다.
따라서 만든 직사각형의 네 변의 길이의 합은
24+6+24+6=60(cm)입니다.

답 **60 cm**

8 44쪽 이어 붙여 만든 사각형의 네 변의 길이의 합 구하기

오른쪽 도형은 똑같은 직사각형 4개를
겹치지 않게 이어 붙여 만든 직사각형입니다.
만든 직사각형의 네 변의 길이의 합은
몇 cm인가요?

13 cm
9 cm

풀이 예 만든 직사각형의 긴 변의 길이는 작은 직사각형의 긴 변의
길이를 2번 더한 길이이므로 13+13=26(cm)입니다.
만든 직사각형의 짧은 변의 길이는 작은 직사각형의 짧은
변의 길이를 2번 더한 길이이므로 9+9=18(cm)입니다.
따라서 만든 직사각형의 네 변의 길이의 합은
26+18+26+18=88(cm)입니다.

답 **88 cm**

9 46쪽 이어 붙여 만든 도형에서 선분의 길이 구하기

오른쪽은 정사각형과 직사각형을
겹치지 않게 이어 붙인 것입니다.
선분 ㄴㄹ은 몇 cm인가요?

14 cm
17 cm
5 cm

풀이 예 정사각형은 네 변의 길이가 모두 같으므로
(선분 ㄴㄷ)=14 cm입니다.
직사각형은 마주 보는 두 변의 길이가 같으므로
(선분 ㄷㄹ)=(선분 ㅂㅁ)=17 cm입니다.
➡ (선분 ㄴㄹ)=14+17=31(cm) 답 **31 cm**

10 도전! 46쪽 이어 붙여 만든 도형에서 선분의 길이 구하기

정사각형과 직사각형을 겹치지 않게 이어 붙인 것입니다. 직사각형 ㅂㄷㄹㅁ의
네 변의 길이의 합이 48 cm일 때, 선분 ㄴㄹ은 몇 cm인가요?

12 cm
6 cm

내가 지다니…

❶ 선분 ㄷㄹ의 길이는?

❷ 선분 ㄴㄷ의 길이는?
예 정사각형은 네 변의 길이가 모두 같으므로
(선분 ㄴㄷ)=12 cm입니다.

❸ 선분 ㄴㄹ의 길이는?
예 12+18=30(cm)

답 **30 cm**

예 (선분 ㄷㄹ)+6+(선분 ㅂㅁ)+6=48(cm)이므로
(선분 ㄷㄹ)+(선분 ㅂㅁ)=36(cm)입니다.
직사각형은 마주 보는 두 변의 길이가 같으므로
18+18=36에서 (선분 ㄷㄹ)=(선분 ㅂㅁ)=18 cm입니다.

3. 나눗셈

함께 풀어 봐요!
화살표를 따라가며 문장을 완성해 보세요.

문장제 준비하기

시작!

1 사탕 8개를 4명에게 똑같이 나누어 주면 한 명에게 $8 ÷ 4 = 2$ (개)씩 줄 수 있어.

내 이름은 '코코'다! 여길 지나가려면 문장을 모두 완성해야 해.

조금만 더 힘내자!

정답과 해설 13쪽

56쪽 ★ 57쪽

3 팔찌 한 개를 만드는 데 구슬 9개가 필요해. 구슬 45개로 팔찌를 $45 ÷ 9 = 5$ (개) 만들 수 있어.

함정

2 야구공 12개를 한 상자에 3개씩 담으면 상자는 $12 ÷ 3 = 4$ (개) 필요해.

8일 **문장제 연습하기**
★ 덧셈 또는 뺄셈하고 나눗셈하기

공부한 날   월   일

3. 나눗셈
정답과 해설 13쪽

58쪽 ★ 59쪽

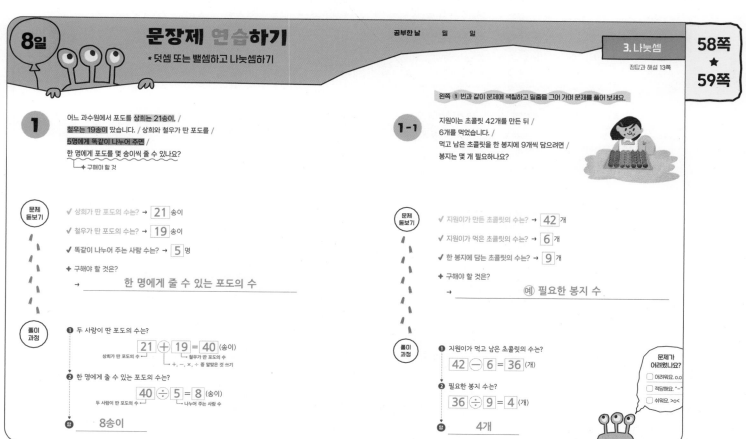

1 어느 과수원에서 포도를 상희는 21송이, / 철우는 19송이 땄습니다. / 상희와 철우가 딴 포도를 / 5명에게 똑같이 나누어 주면 / 한 명에게 포도를 몇 송이씩 줄 수 있나요?
→ 구해야 할 것

문제 돌보기

✓ 상희가 딴 포도의 수는? → 21 송이

✓ 철우가 딴 포도의 수는? → 19 송이

✓ 똑같이 나누어 주는 사람 수는? → 5 명

+ 구해야 할 것은?
→ 한 명에게 줄 수 있는 포도의 수

풀이 과정

❶ 두 사람이 딴 포도의 수는?
$21 ⊕ 19 = 40$ (송이)
상희가 딴 포도의 수   철우가 딴 포도의 수
+, −, ×, ÷ 중 알맞은 것 쓰기

❷ 한 명에게 줄 수 있는 포도의 수는?
$40 ÷ 5 = 8$ (송이)
두 사람이 딴 포도의 수   나누어 주는 사람 수

답 8송이

왼쪽 1 번과 같이 문제에 색칠하고 밑줄을 그어 가며 문제를 풀어 보세요.

1-1 지원이는 초콜릿 42개를 만든 뒤 / 6개를 먹었습니다. / 먹고 남은 초콜릿을 한 봉지에 9개씩 담으려면 / 봉지는 몇 개 필요하나요?

문제 돌보기

✓ 지원이가 만든 초콜릿의 수는? → 42 개

✓ 지원이가 먹은 초콜릿의 수는? → 6 개

✓ 한 봉지에 담는 초콜릿의 수는? → 9 개

+ 구해야 할 것은?
→ (예) 필요한 봉지 수

풀이 과정

❶ 지원이가 먹고 남은 초콜릿의 수는?
$42 ⊖ 6 = 36$ (개)

❷ 필요한 봉지 수는?
$36 ÷ 9 = 4$ (개)

답 4개

문제가 어려웠나요?
☐ 어려워요. o.o
☐ 적당해요. ^-^
☐ 쉬워요. >o<

13

문장제 연습하기

*나눗셈 결과의 합(차) 구하기

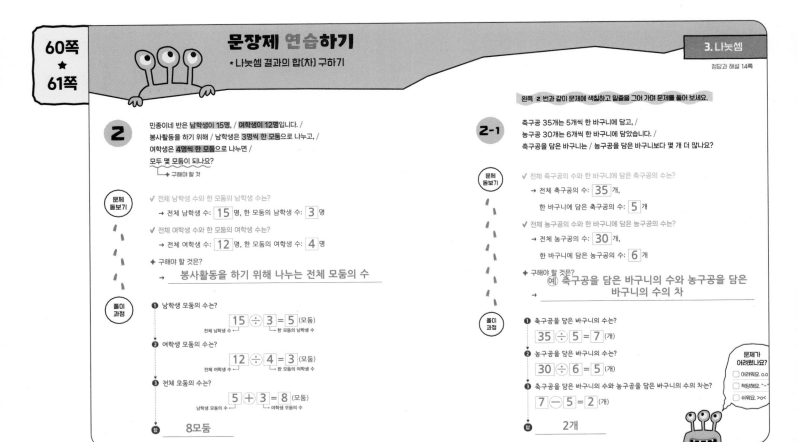

2 민종이네 반은 남학생이 15명, / 여학생이 12명입니다. /
봉사활동을 하기 위해 / 남학생은 3명씩 한 모둠으로 나누고, /
여학생은 4명씩 한 모둠으로 나누면 /
모두 몇 모둠이 되나요?
　　　　　↳ 구해야 할 것

문제 돌보기

✓ 전체 남학생 수와 한 모둠의 남학생 수는?
→ 전체 남학생 수: 15 명, 한 모둠의 남학생 수: 3 명

✓ 전체 여학생 수와 한 모둠의 여학생 수는?
→ 전체 여학생 수: 12 명, 한 모둠의 여학생 수: 4 명

✦ 구해야 할 것은?
→ 봉사활동을 하기 위해 나누는 전체 모둠의 수

풀이 과정

❶ 남학생 모둠의 수는?
15 ÷ 3 = 5 (모둠)
전체 남학생 수 ┘　└ 한 모둠의 남학생 수

❷ 여학생 모둠의 수는?
12 ÷ 4 = 3 (모둠)
전체 여학생 수 ┘　└ 한 모둠의 여학생 수

❸ 전체 모둠의 수는?
5 + 3 = 8 (모둠)
남학생 모둠의 수 ┘　└ 여학생 모둠의 수

답 8모둠

왼쪽 **2** 번과 같이 문제에 색칠하고 밑줄을 그어 가며 문제를 풀어 보세요.

2-1 축구공 35개는 5개씩 한 바구니에 담고, /
농구공 30개는 6개씩 한 바구니에 담았습니다. /
축구공을 담은 바구니는 / 농구공을 담은 바구니보다 몇 개 더 많나요?

문제 돌보기

✓ 전체 축구공의 수와 한 바구니에 담은 축구공의 수는?
→ 전체 축구공의 수: 35 개,
한 바구니에 담은 축구공의 수: 5 개

✓ 전체 농구공의 수와 한 바구니에 담은 농구공의 수는?
→ 전체 농구공의 수: 30 개,
한 바구니에 담은 농구공의 수: 6 개

✦ 구해야 할 것은?
→ 예 축구공을 담은 바구니의 수와 농구공을 담은 바구니의 수의 차

풀이 과정

❶ 축구공을 담은 바구니의 수는?
35 ÷ 5 = 7 (개)

❷ 농구공을 담은 바구니의 수는?
30 ÷ 6 = 5 (개)

❸ 축구공을 담은 바구니의 수와 농구공을 담은 바구니의 수의 차는?
7 − 5 = 2 (개)

답 2개

문제가 어려웠나요?
☐ 어려워요. o.o
☐ 적당해요. ˘-˘
☐ 쉬워요. >o<

문장제 실력 쌓기

*덧셈 또는 뺄셈하고 나눗셈하기
*나눗셈 결과의 합(차) 구하기

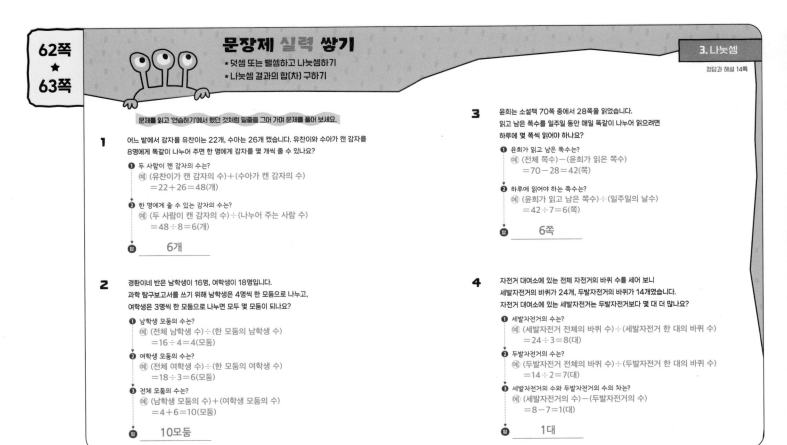

문제를 읽고 '연습하기'에서 했던 것처럼 밑줄을 그어 가며 문제를 풀어 보세요.

1 어느 밭에서 감자를 유찬이는 22개, 수아는 26개 캤습니다. 유찬이와 수아가 캔 감자를
8명에게 똑같이 나누어 주면 한 명에게 감자를 몇 개씩 줄 수 있나요?

❶ 두 사람이 캔 감자의 수는?
예 (유찬이가 캔 감자의 수)+(수아가 캔 감자의 수)
=22+26=48(개)

❷ 한 명에게 줄 수 있는 감자의 수는?
예 (두 사람이 캔 감자의 수)÷(나누어 주는 사람 수)
=48÷8=6(개)

답 6개

2 경환이네 반은 남학생이 16명, 여학생이 18명입니다.
과학 탐구보고서를 쓰기 위해 남학생은 4명씩 한 모둠으로 나누고,
여학생은 3명씩 한 모둠으로 나누면 모두 몇 모둠이 되나요?

❶ 남학생 모둠의 수는?
예 (전체 남학생 수)÷(한 모둠의 남학생 수)
=16÷4=4(모둠)

❷ 여학생 모둠의 수는?
예 (전체 여학생 수)÷(한 모둠의 여학생 수)
=18÷3=6(모둠)

❸ 전체 모둠의 수는?
예 (남학생 모둠의 수)+(여학생 모둠의 수)
=4+6=10(모둠)

답 10모둠

3 윤희는 소설책 70쪽 중에서 28쪽을 읽었습니다.
읽고 남은 쪽수를 일주일 동안 매일 똑같이 나누어 읽으려면
하루에 몇 쪽씩 읽어야 하나요?

❶ 윤희가 읽고 남은 쪽수는?
예 (전체 쪽수)-(윤희가 읽은 쪽수)
=70-28=42(쪽)

❷ 하루에 읽어야 하는 쪽수는?
예 (윤희가 읽고 남은 쪽수)÷(일주일의 날수)
=42÷7=6(쪽)

답 6쪽

4 자전거 대여소에 있는 전체 자전거의 바퀴 수를 세어 보니
세발자전거의 바퀴가 24개, 두발자전거의 바퀴가 14개였습니다.
자전거 대여소에 있는 세발자전거는 두발자전거보다 몇 대 더 많나요?

❶ 세발자전거의 수는?
예 (세발자전거 전체의 바퀴 수)÷(세발자전거 한 대의 바퀴 수)
=24÷3=8(대)

❷ 두발자전거의 수는?
예 (두발자전거 전체의 바퀴 수)÷(두발자전거 한 대의 바퀴 수)
=14÷2=7(대)

❸ 세발자전거의 수와 두발자전거의 수의 차는?
예 (세발자전거의 수)-(두발자전거의 수)
=8-7=1(대)

답 1대

9일

문장제 연습하기

* 수 카드로 나눗셈식 만들기

공부한 날   월   일

3. 나눗셈

정답과 해설 15쪽

64쪽
★
65쪽

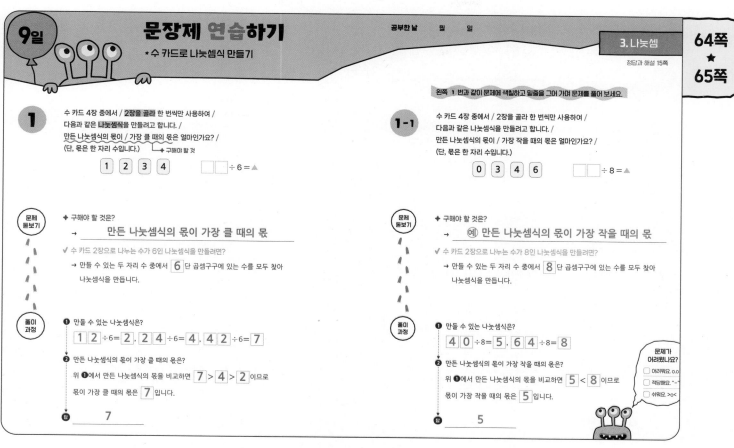

1 수 카드 4장 중에서 / 2장을 골라 한 번씩만 사용하여 / 다음과 같은 **나눗셈식**을 만들려고 합니다. / 만든 나눗셈식의 몫이 / 가장 클 때의 몫은 얼마인가요? / (단, 몫은 한 자리 수입니다.) ←구해야 할 것

1 2 3 4   □□ ÷ 6 = ▲

문제 돋보기

♦ 구해야 할 것은?
→ __만든 나눗셈식의 몫이 가장 클 때의 몫__

✔ 수 카드 2장으로 나누는 수가 6인 나눗셈식을 만들려면?
→ 만들 수 있는 두 자리 수 중에서 **6** 단 곱셈구구에 있는 수를 모두 찾아 나눗셈식을 만듭니다.

풀이 과정

❶ 만들 수 있는 나눗셈식은?
1 2 ÷ 6 = **2** , **2 4** ÷ 6 = **4** , **4 2** ÷ 6 = **7**

❷ 만든 나눗셈식의 몫이 가장 클 때의 몫은?
위 ❶에서 만든 나눗셈식의 몫을 비교하면 **7** > **4** > **2** 이므로 몫이 가장 클 때의 몫은 **7** 입니다.

답 ___7___

왼쪽 **1** 번과 같이 문제에 색칠하고 밑줄을 그어 가며 문제를 풀어 보세요.

1-1 수 카드 4장 중에서 / 2장을 골라 한 번씩만 사용하여 / 다음과 같은 나눗셈식을 만들려고 합니다. / 만든 나눗셈식의 몫이 / 가장 작을 때의 몫은 얼마인가요? / (단, 몫은 한 자리 수입니다.)

0 3 4 6   □□ ÷ 8 = ▲

문제 돋보기

♦ 구해야 할 것은?
→ ㉐ __만든 나눗셈식의 몫이 가장 작을 때의 몫__

✔ 수 카드 2장으로 나누는 수가 8인 나눗셈식을 만들려면?
→ 만들 수 있는 두 자리 수 중에서 **8** 단 곱셈구구에 있는 수를 모두 찾아 나눗셈식을 만듭니다.

풀이 과정

❶ 만들 수 있는 나눗셈식은?
4 0 ÷ 8 = **5** , **6 4** ÷ 8 = **8**

❷ 만든 나눗셈식의 몫이 가장 작을 때의 몫은?
위 ❶에서 만든 나눗셈식의 몫을 비교하면 **5** < **8** 이므로 몫이 가장 작을 때의 몫은 **5** 입니다.

답 ___5___

문제가 어려웠나요?
☐ 어려워요. o.o
☐ 적당해요. ^-~
☐ 쉬워요. >o<

문장제 연습하기

* 남는 수[부족한 수]를 이용하여 개수 구하기

3. 나눗셈

정답과 해설 15쪽

66쪽
★
67쪽

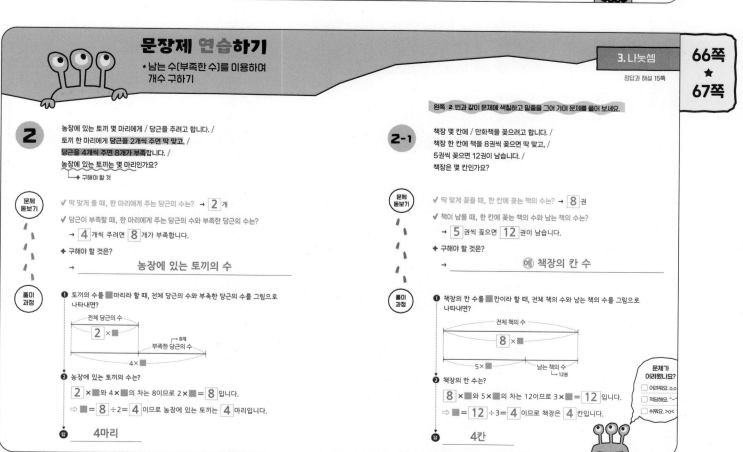

2 농장에 있는 토끼 몇 마리에게 / 당근을 주려고 합니다. / 토끼 한 마리에게 당근을 2개씩 주면 딱 맞고, / **당근을 4개씩 주면 8개가 부족합니다.** / 농장에 있는 토끼는 몇 마리인가요?
←구해야 할 것

문제 돋보기

✔ 딱 맞게 줄 때, 한 마리에게 주는 당근의 수는? → **2** 개

✔ 당근이 부족할 때, 한 마리에게 주는 당근의 수와 부족한 당근의 수는?
→ **4** 개씩 주려면 **8** 개가 부족합니다.

♦ 구해야 할 것은?
→ __농장에 있는 토끼의 수__

풀이 과정

❶ 토끼의 수를 ■ 마리라 할 때, 전체 당근의 수와 부족한 당근의 수를 그림으로 나타내면?

전체 당근의 수
2 × ■
8개
부족한 당근의 수
4 × ■

❷ 농장에 있는 토끼의 수는?
2 × ■ 와 4 × ■ 의 차는 8이므로 2 × ■ = **8** 입니다.
⇨ ■ = **8** ÷ 2 = **4** 이므로 농장에 있는 토끼는 **4** 마리입니다.

답 ___4마리___

왼쪽 **2** 번과 같이 문제에 색칠하고 밑줄을 그어 가며 문제를 풀어 보세요.

2-1 책장 몇 칸에 / 만화책을 꽂으려고 합니다. / 책장 한 칸에 책을 8권씩 꽂으면 딱 맞고, / 5권씩 꽂으면 12권이 남습니다. / 책장은 몇 칸인가요?

문제 돋보기

✔ 딱 맞게 꽂을 때, 한 칸에 꽂는 책의 수는? → **8** 권

✔ 책이 남을 때, 한 칸에 꽂는 책의 수와 남는 책의 수는?
→ **5** 권씩 꽂으면 **12** 권이 남습니다.

♦ 구해야 할 것은?
→ ㉐ __책장의 칸 수__

풀이 과정

❶ 책장의 칸 수를 ■ 칸이라 할 때, 전체 책의 수와 남는 책의 수를 그림으로 나타내면?

전체 책의 수
8 × ■
5 × ■
남는 책의 수
12권

❷ 책장의 칸 수는?
8 × ■ 와 5 × ■ 의 차는 12이므로 3 × ■ = **12** 입니다.
⇨ ■ = **12** ÷ 3 = **4** 이므로 책장은 **4** 칸입니다.

답 ___4칸___

문제가 어려웠나요?
☐ 어려워요. o.o
☐ 적당해요. ^-~
☐ 쉬워요. >o<

문장제 실력 쌓기

★수 카드로 나눗셈식 만들기
★남는 수(부족한 수)를 이용하여 개수 구하기

문제를 읽고 '연습하기'에서 했던 것처럼 밑줄을 그어 가며 문제를 풀어 보세요.

1 수 카드 4장 중에서 2장을 골라 한 번씩만 사용하여 다음과 같은 나눗셈식을 만들려고 합니다. 만든 나눗셈식의 몫이 가장 클 때의 몫은 얼마인가요? (단, 몫은 한 자리 수입니다.)

1 4 5 7   □□÷9=▲

❶ 만들 수 있는 나눗셈식은?
(예) 45÷9=5, 54÷9=6

❷ 만든 나눗셈식의 몫이 가장 클 때의 몫은?
(예) 위 ❶에서 만든 나눗셈식의 몫을 비교하면 5<6이므로 몫이 가장 클 때의 몫은 6입니다.

답   6

2 동물원에 있는 펭귄 몇 마리에게 물고기를 주려고 합니다. 펭귄 한 마리에게 물고기를 3마리씩 주면 딱 맞고, 물고기를 5마리씩 주면 14마리가 부족합니다. 동물원에 있는 펭귄은 몇 마리인가요?

❶ 펭귄의 수를 ■마리라 할 때, 전체 물고기의 수와 부족한 물고기의 수를 그림으로 나타내면?
(예)
전체 물고기의 수
3 × ■
5 × ■
→ 14마리 부족한 물고기의 수

❷ 동물원에 있는 펭귄의 수는?
(예) 3 × ■와 5 × ■의 차는 14이므로 2 × ■=14입니다.
⇨ ■=14÷2=7이므로 동물원에 있는 펭귄은 7마리입니다.

답   7마리

3 수 카드 4장 중에서 2장을 골라 한 번씩만 사용하여 다음과 같은 나눗셈식을 만들려고 합니다. 만든 나눗셈식의 몫이 가장 작을 때의 몫은 얼마인가요? (단, 몫은 한 자리 수입니다.)

0 1 2 3   □□÷4=▲

❶ 만들 수 있는 나눗셈식은?
(예) 12÷4=3, 20÷4=5, 32÷4=8

❷ 만든 나눗셈식의 몫이 가장 작을 때의 몫은?
(예) 위 ❶에서 만든 나눗셈식의 몫을 비교하면 3<5<8이므로 몫이 가장 작을 때의 몫은 3입니다.

답   3

4 배를 상자 몇 개에 나누어 담으려고 합니다. 상자 한 개에 배를 9개씩 담으면 딱 맞고, 6개씩 담으면 15개가 남습니다. 상자는 몇 개인가요?

❶ 상자 수를 ■라 할 때, 전체 배의 수와 남는 배의 수를 그림으로 나타내면?
(예)
전체 배의 수
9 × ■
6 × ■
남는 배의 수
→ 15개

❷ 상자 수는?
(예) 9 × ■와 6 × ■의 차는 15이므로 3 × ■=15입니다.
⇨ ■=15÷3=5이므로 상자는 5개입니다.

답   5개

70쪽
★
71쪽

10일

공부한 날   월   일

3. 나눗셈

정답과 해설 16쪽

단원 마무리

1 (58쪽) 덧셈 또는 뺄셈하고 나눗셈하기
어느 과수원에서 감을 오전에는 23개, 오후에는 25개 땄습니다. 오전과 오후에 딴 감을 봉지에 똑같이 나누어 담았더니 모두 8봉지였습니다. 한 봉지에 감을 몇 개씩 담았나요?

풀이 (예) (오전과 오후에 딴 감의 수)=23+25=48(개)
⇨ (한 봉지에 담은 감의 수)=48÷8=6(개)

답   6개

2 (58쪽) 덧셈 또는 뺄셈하고 나눗셈하기
아름이는 수학 문제 82문제 중에서 19문제를 풀었습니다. 풀고 남은 수학 문제를 일주일 동안 매일 똑같이 나누어 풀려면 하루에 몇 문제씩 풀어야 하나요?

풀이 (예) (풀고 남은 수학 문제의 수)=82-19=63(문제)
⇨ (하루에 풀어야 하는 수학 문제의 수)
=63÷7=9(문제)

답   9문제

3 (60쪽) 나눗셈 결과의 합(차) 구하기
재현이네 농장에서는 돼지와 오리를 키웁니다. 돼지와 오리의 다리 수를 각각 세어 보니 돼지의 다리는 28개, 오리의 다리는 16개였습니다. 농장에서 키우는 돼지와 오리는 모두 몇 마리인가요?

풀이 (예) 돼지의 수는 28÷4=7(마리)이고, 오리의 수는 16÷2=8(마리)입니다.
따라서 농장에서 키우는 돼지와 오리는 모두 7+8=15(마리)입니다.

답   15마리

4 (60쪽) 나눗셈 결과의 합(차) 구하기
승민이는 63쪽짜리 책을 7일 동안, 윤석이는 40쪽짜리 책을 5일 동안 매일 같은 쪽수만큼 읽으려고 합니다. 하루 동안 승민이가 읽는 쪽수는 윤석이가 읽는 쪽수보다 몇 쪽 더 많나요?

풀이 (예) (승민이가 하루 동안 읽는 쪽수)=63÷7=9(쪽)
(윤석이가 하루 동안 읽는 쪽수)=40÷5=8(쪽)
⇨ 하루 동안 승민이가 읽는 쪽수는 윤석이가 읽는 쪽수보다 9-8=1(쪽) 더 많습니다.

답   1쪽

5 (64쪽) 수 카드로 나눗셈식 만들기
수 카드 4장 중에서 2장을 골라 한 번씩만 사용하여 다음과 같은 나눗셈식을 만들려고 합니다. 만든 나눗셈식의 몫이 가장 클 때의 몫은 얼마인가요? (단, 몫은 한 자리 수입니다.)

0 1 2 3   □□÷5=▲

풀이 (예) 만들 수 있는 나눗셈식은 10÷5=2, 20÷5=4, 30÷5=6입니다.
따라서 만든 나눗셈식의 몫을 비교하면 6>4>2이므로 몫이 가장 클 때의 몫은 6입니다.

답   6

6 (60쪽) 나눗셈 결과의 합(차) 구하기
고구마 72개는 한 접시에 9개씩 담고, 옥수수 42개는 한 접시에 7개씩 담았습니다. 고구마와 옥수수 중 어느 것을 담은 접시가 몇 접시 더 많나요?

풀이 (예) (고구마를 담은 접시의 수)=72÷9=8(접시)
(옥수수를 담은 접시의 수)=42÷7=6(접시)
⇨ 8>6이므로 고구마를 담은 접시가 8-6=2(접시) 더 많습니다.

답   고구마 , 2접시

7 [64쪽] 수 카드로 나눗셈식 만들기

수 카드 4장 중에서 2장을 골라 한 번씩만 사용하여 다음과 같은 나눗셈식을 만들려고 합니다. 만든 나눗셈식의 몫이 가장 작을 때의 몫은 얼마인가요? (단, 몫은 한 자리 수입니다.)

[1] [3] [5] [6]   □□÷7=▲

[풀이] 예 만들 수 있는 나눗셈식은 35÷7=5, 56÷7=8, 63÷7=9입니다.
따라서 만든 나눗셈식의 몫을 비교하면 5<8<9이므로 몫이 가장 작을 때의 몫은 5입니다.

[답] 5

8 [66쪽] 남는 수(부족한 수)를 이용하여 개수 구하기

동물원에 있는 다람쥐 몇 마리에게 도토리를 주려고 합니다. 다람쥐 한 마리에게 도토리를 4개씩 주면 딱 맞고, 도토리를 7개씩 주면 18개가 부족합니다. 동물원에 있는 다람쥐는 몇 마리인가요?

[풀이] 예 다람쥐의 수를 ■마리라 할 때, 전체 도토리의 수와 부족한 도토리의 수를 그림으로 나타냅니다.

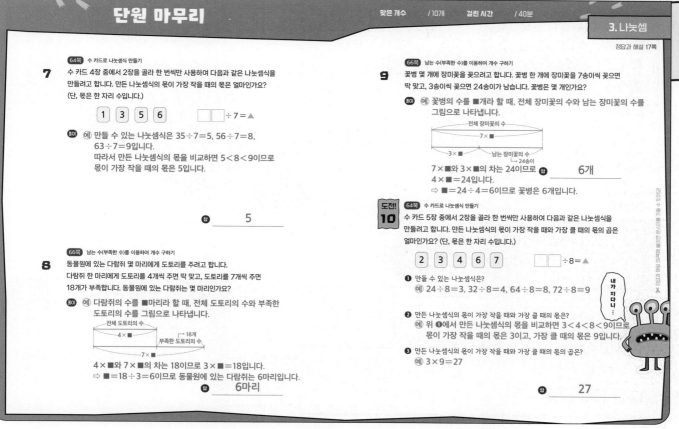

4×■와 7×■의 차는 18이므로 3×■=18입니다.
⇨ ■=18÷3=6이므로 동물원에 있는 다람쥐는 6마리입니다.

[답] 6마리

9 [66쪽] 남는 수(부족한 수)를 이용하여 개수 구하기

꽃병 몇 개에 장미꽃을 꽂으려고 합니다. 꽃병 한 개에 장미꽃을 7송이씩 꽂으면 딱 맞고, 3송이씩 꽂으면 24송이가 남습니다. 꽃병은 몇 개인가요?

[풀이] 예 꽃병의 수를 ■개라 할 때, 전체 장미꽃의 수와 남는 장미꽃의 수를 그림으로 나타냅니다.

7×■와 3×■의 차는 24이므로 4×■=24입니다.
⇨ ■=24÷4=6이므로 꽃병은 6개입니다.

[답] 6개

도전! 10 [64쪽] 수 카드로 나눗셈식 만들기

수 카드 5장 중에서 2장을 골라 한 번씩만 사용하여 다음과 같은 나눗셈식을 만들려고 합니다. 만든 나눗셈식의 몫이 가장 작을 때와 가장 클 때의 몫의 곱은 얼마인가요? (단, 몫은 한 자리 수입니다.)

[2] [3] [4] [6] [7]   □□÷8=▲

❶ 만들 수 있는 나눗셈식은?
예 24÷8=3, 32÷8=4, 64÷8=8, 72÷8=9

❷ 만든 나눗셈식의 몫이 가장 작을 때와 가장 클 때의 몫은?
예 위 ❶에서 만든 나눗셈식의 몫을 비교하면 3<4<8<9이므로 몫이 가장 작을 때의 몫은 3이고, 가장 클 때의 몫은 9입니다.

❸ 만든 나눗셈식의 몫이 가장 작을 때와 가장 클 때의 몫의 곱은?
예 3×9=27

[답] 27

내가 지다니...

4. 곱셈

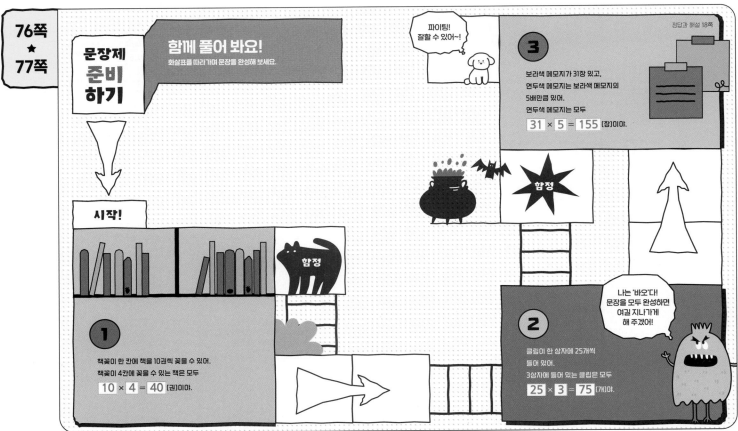

문장제
준비
하기

함께 풀어 봐요!
화살표를 따라가며 문장을 완성해 보세요.

파이팅!
잘할 수 있어~!

정답과 해설 18쪽

③

보라색 메모지가 31장 있고,
연두색 메모지는 보라색 메모지의
5배만큼 있어.
연두색 메모지는 모두

$31 \times 5 = 155$ (장)이야.

시작!

함정

함정

①

책꽂이 한 칸에 책을 10권씩 꽂을 수 있어.
책꽂이 4칸에 꽂을 수 있는 책은 모두

$10 \times 4 = 40$ (권)이야.

나는 '바오'다!
문장을 모두 완성하면
여길 지나가게
해 주겠어!

②

클립이 한 상자에 25개씩
들어 있어.
3상자에 들어 있는 클립은 모두

$25 \times 3 = 75$ (개)야.

11일

문장제 연습하기

＊덧셈 또는 뺄셈하고 곱셈하기

공부한 날   월   일

4. 곱셈

정답과 해설 18쪽

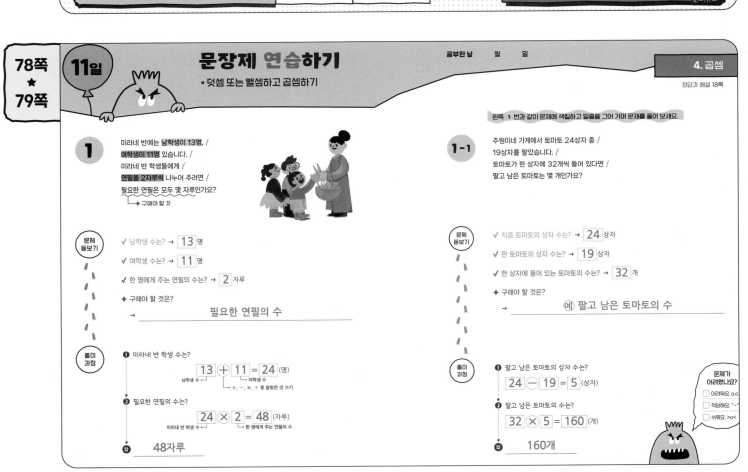

왼쪽 **1** 번과 같이 문제에 색칠하고 밑줄을 그어 가며 문제를 풀어 보세요.

①

미라네 반에는 **남학생이 13명,** /
여학생이 11명 있습니다. /
미라네 반 학생들에게 /
연필을 2자루씩 나누어 주려면 /
필요한 연필은 모두 몇 자루인가요?
└→ 구해야 할 것

문제
돌보기

✓ 남학생 수는? → 13 명

✓ 여학생 수는? → 11 명

✓ 한 명에게 주는 연필의 수는? → 2 자루

✦ 구해야 할 것은?
→ _____필요한 연필의 수_____

풀이
과정

❶ 미라네 반 학생 수는?
$13 \oplus 11 = 24$ (명)
남학생 수   여학생 수
└→ +, −, ×, ÷ 중 알맞은 것 쓰기

❷ 필요한 연필의 수는?
$24 \times 2 = 48$ (자루)
미라네 반 학생 수   └→ 한 명에게 주는 연필의 수

답   48자루

1-1

주원이네 가게에서 토마토 24상자 중 /
19상자를 팔았습니다. /
토마토 한 상자에 32개씩 들어 있다면 /
팔고 남은 토마토는 몇 개인가요?

문제
돌보기

✓ 처음 토마토의 상자 수는? → 24 상자

✓ 판 토마토의 상자 수는? → 19 상자

✓ 한 상자에 들어 있는 토마토의 수는? → 32 개

✦ 구해야 할 것은?
→ _____예) 팔고 남은 토마토의 수_____

풀이
과정

❶ 팔고 남은 토마토의 상자 수는?
$24 \ominus 19 = 5$ (상자)

❷ 팔고 남은 토마토의 수는?
$32 \times 5 = 160$ (개)

답   160개

문제가
어려웠나요?
☐ 어려워요. o.o
☐ 적당해요. "-"
☐ 쉬워요. >o<

문장제 연습하기
* 곱셈 결과의 합(차) 구하기

정답과 해설 19쪽

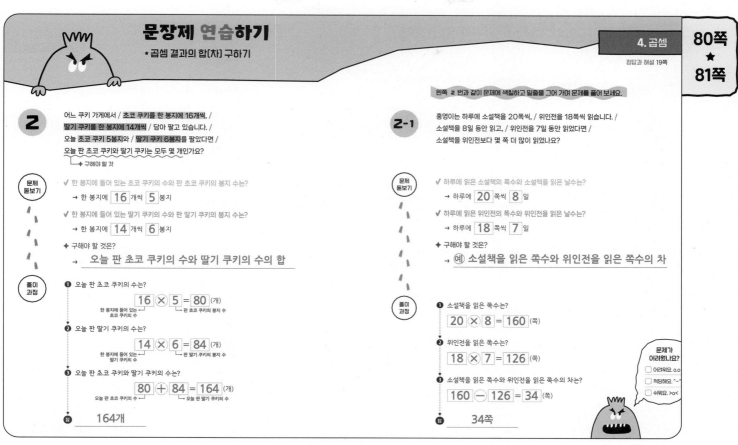

2 어느 쿠키 가게에서 / 초코 쿠키를 한 봉지에 16개씩, / 딸기 쿠키를 한 봉지에 14개씩 / 담아 팔고 있습니다. / 오늘 초코 쿠키 5봉지와 / 딸기 쿠키 6봉지를 팔았다면 / 오늘 판 초코 쿠키와 딸기 쿠키는 모두 몇 개인가요?
→ 구해야 할 것

문제 돌보기

✓ 한 봉지에 들어 있는 초코 쿠키의 수와 판 초코 쿠키의 봉지 수는?
→ 한 봉지에 **16** 개씩 **5** 봉지

✓ 한 봉지에 들어 있는 딸기 쿠키의 수와 판 딸기 쿠키의 봉지 수는?
→ 한 봉지에 **14** 개씩 **6** 봉지

✦ 구해야 할 것은?
→ 오늘 판 초코 쿠키의 수와 딸기 쿠키의 수의 합

풀이 과정

❶ 오늘 판 초코 쿠키의 수는?
16 ✕ **5** = **80** (개)
한 봉지에 들어 있는 초코 쿠키의 수 / 판 초코 쿠키의 봉지 수

❷ 오늘 판 딸기 쿠키의 수는?
14 ✕ **6** = **84** (개)
한 봉지에 들어 있는 딸기 쿠키의 수 / 판 딸기 쿠키의 봉지 수

❸ 오늘 판 초코 쿠키와 딸기 쿠키의 수는?
80 ➕ **84** = **164** (개)
오늘 판 초코 쿠키의 수 / 오늘 판 딸기 쿠키의 수

답 **164개**

2-1 왼쪽 2번과 같이 문제에 색칠하고 밑줄을 그어 가며 문제를 풀어 보세요.

홍영이는 하루에 소설책을 20쪽씩, / 위인전을 18쪽씩 읽습니다. / 소설책을 8일 동안 읽고, / 위인전을 7일 동안 읽었다면 / 소설책을 위인전보다 몇 쪽 더 많이 읽었나요?

문제 돌보기

✓ 하루에 읽은 소설책의 쪽수와 소설책을 읽은 날수는?
→ 하루에 **20** 쪽씩 **8** 일

✓ 하루에 읽은 위인전의 쪽수와 위인전을 읽은 날수는?
→ 하루에 **18** 쪽씩 **7** 일

✦ 구해야 할 것은?
→ 예 소설책을 읽은 쪽수와 위인전을 읽은 쪽수의 차

풀이 과정

❶ 소설책을 읽은 쪽수는?
20 ✕ **8** = **160** (쪽)

❷ 위인전을 읽은 쪽수는?
18 ✕ **7** = **126** (쪽)

❸ 소설책을 읽은 쪽수와 위인전을 읽은 쪽수의 차는?
160 ➖ **126** = **34** (쪽)

답 **34쪽**

문제가 어려웠나요?
☐ 어려워요. o.o
☐ 적당해요. ^-^
☐ 쉬워요. >o<

문장제 실력 쌓기
* 덧셈 또는 뺄셈하고 곱셈하기
* 곱셈 결과의 합(차) 구하기

정답과 해설 19쪽

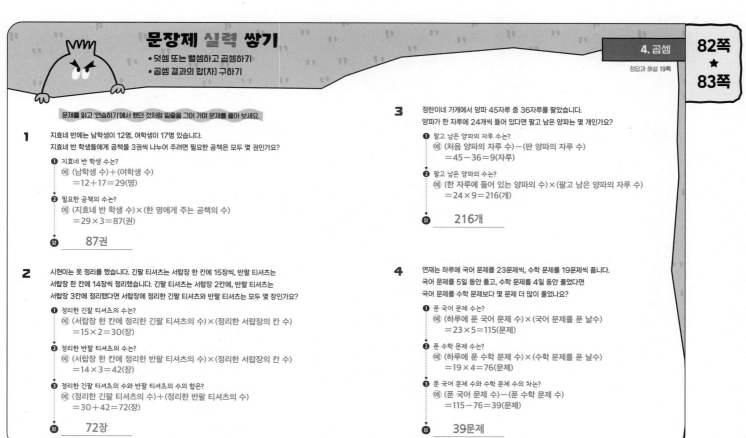

문제를 읽고 '연습하기'에서 했던 것처럼 밑줄을 그어 가며 문제를 풀어 보세요.

1 지효네 반에는 남학생이 12명, 여학생이 17명 있습니다. 지효네 반 학생들에게 공책을 3권씩 나누어 주려면 필요한 공책은 모두 몇 권인가요?

❶ 지효네 반 학생 수는?
예 (남학생 수)＋(여학생 수)
＝12＋17＝29(명)

❷ 필요한 공책의 수는?
예 (지효네 반 학생 수)✕(한 명에게 주는 공책의 수)
＝29✕3＝87(권)

답 **87권**

2 시현이는 옷 정리를 했습니다. 긴팔 티셔츠는 서랍장 한 칸에 15장씩, 반팔 티셔츠는 서랍장 한 칸에 14장씩 정리했습니다. 긴팔 티셔츠는 서랍장 2칸에, 반팔 티셔츠는 서랍장 3칸에 정리했다면 서랍장에 정리한 긴팔 티셔츠와 반팔 티셔츠는 모두 몇 장인가요?

❶ 정리한 긴팔 티셔츠의 수는?
예 (서랍장 한 칸에 정리한 긴팔 티셔츠의 수)✕(정리한 서랍장의 칸 수)
＝15✕2＝30(장)

❷ 정리한 반팔 티셔츠의 수는?
예 (서랍장 한 칸에 정리한 반팔 티셔츠의 수)✕(정리한 서랍장의 칸 수)
＝14✕3＝42(장)

❸ 정리한 긴팔 티셔츠의 수와 반팔 티셔츠의 수의 합은?
예 (정리한 긴팔 티셔츠의 수)＋(정리한 반팔 티셔츠의 수)
＝30＋42＝72(장)

답 **72장**

3 정란이네 가게에서 양파 45자루 중 36자루를 팔았습니다. 양파가 한 자루에 24개씩 들어 있다면 팔고 남은 양파는 몇 개인가요?

❶ 팔고 남은 양파의 자루 수는?
예 (처음 양파의 자루 수)－(판 양파의 자루 수)
＝45－36＝9(자루)

❷ 팔고 남은 양파의 수는?
예 (한 자루에 들어 있는 양파의 수)✕(팔고 남은 양파의 자루 수)
＝24✕9＝216(개)

답 **216개**

4 연재는 하루에 국어 문제를 23문제씩, 수학 문제를 19문제씩 풉니다. 국어 문제를 5일 동안 풀고, 수학 문제를 4일 동안 풀었다면 국어 문제를 수학 문제보다 몇 문제 더 많이 풀었나요?

❶ 푼 국어 문제 수는?
예 (하루에 푼 국어 문제 수)✕(국어 문제를 푼 날수)
＝23✕5＝115(문제)

❷ 푼 수학 문제 수는?
예 (하루에 푼 수학 문제 수)✕(수학 문제를 푼 날수)
＝19✕4＝76(문제)

❸ 푼 국어 문제 수와 수학 문제 수의 차는?
예 (푼 국어 문제 수)－(푼 수학 문제 수)
＝115－76＝39(문제)

답 **39문제**

문장제 연습하기

* 바르게 계산한 값 구하기

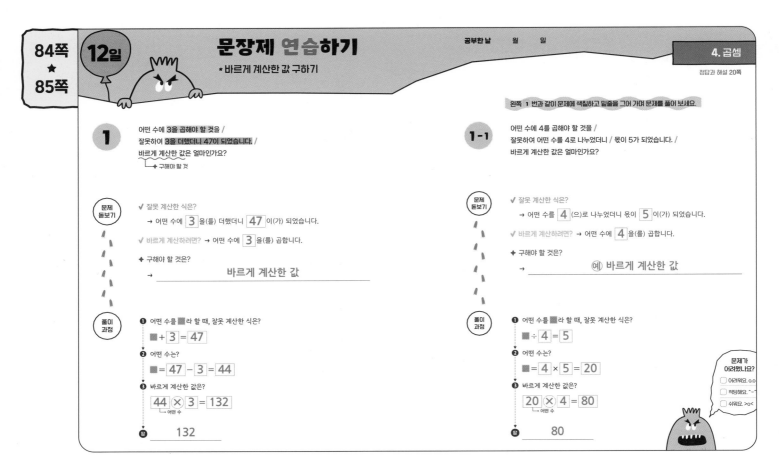

1

어떤 수에 3을 곱해야 할 것을 /
잘못하여 3을 더했더니 47이 되었습니다. /
바르게 계산한 값은 얼마인가요?
└→ 구해야 할 것

문제 돌보기

✔ 잘못 계산한 식은?
→ 어떤 수에 [3]을(를) 더했더니 [47]이(가) 되었습니다.

✔ 바르게 계산하려면? → 어떤 수에 [3]을(를) 곱합니다.

✦ 구해야 할 것은?
→ _____바르게 계산한 값_____

풀이 과정

❶ 어떤 수를 ■라 할 때, 잘못 계산한 식은?
　■ + [3] = [47]

❷ 어떤 수는?
　■ = [47] − [3] = [44]

❸ 바르게 계산한 값은?
　[44] ⊗ [3] = [132]
　　└ 어떤 수

답 _____132_____

1-1

어떤 수에 4를 곱해야 할 것을 /
잘못하여 어떤 수를 4로 나누었더니 몫이 5가 되었습니다. /
바르게 계산한 값은 얼마인가요?

왼쪽 1 번과 같이 문제에 색칠하고 밑줄을 그어 가며 문제를 풀어 보세요.

문제 돌보기

✔ 잘못 계산한 식은?
→ 어떤 수를 [4](으)로 나누었더니 몫이 [5]이(가) 되었습니다.

✔ 바르게 계산하려면? → 어떤 수에 [4]을(를) 곱합니다.

✦ 구해야 할 것은?
→ _____예 바르게 계산한 값_____

풀이 과정

❶ 어떤 수를 ■라 할 때, 잘못 계산한 식은?
　■ ÷ [4] = [5]

❷ 어떤 수는?
　■ = [4] × [5] = [20]

❸ 바르게 계산한 값은?
　[20] ⊗ [4] = [80]
　　└ 어떤 수

답 _____80_____

문제가 어려웠나요?
☐ 어려워요. o.o
☐ 적당해요. ^-^
☐ 쉬워요. >o<

문장제 연습하기

* 곱이 가장 큰[작은] 곱셈식 만들기

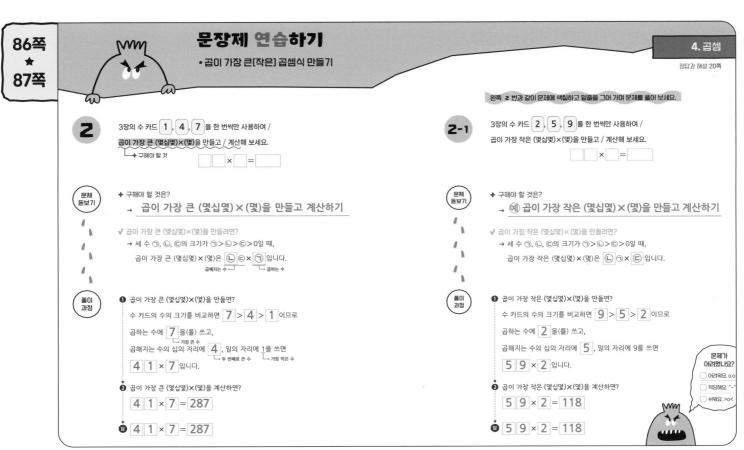

2

3장의 수 카드 [1], [4], [7]을 한 번씩만 사용하여 /
곱이 가장 큰 (몇십몇)×(몇)을 만들고 / 계산해 보세요.
└→ 구해야 할 것　　□□ × □ = □

문제 돌보기

✦ 구해야 할 것은?
→ 곱이 가장 큰 (몇십몇) × (몇)을 만들고 계산하기

✔ 곱이 가장 큰 (몇십몇)×(몇)을 만들려면?
→ 세 수 ㉠, ㉡, ㉢의 크기가 ㉠>㉡>㉢>0일 때,
곱이 가장 큰 (몇십몇) × (몇)은 ㉡㉢×㉠ 입니다.
　　　　└ 곱해지는 수　└ 곱하는 수

풀이 과정

❶ 곱이 가장 큰 (몇십몇)×(몇)을 만들면?
수 카드의 수의 크기를 비교하면 [7]>[4]>[1] 이므로
곱하는 수에 [7]을(를) 쓰고,
　　└ 가장 큰 수
곱해지는 수의 십의 자리에 [4], 일의 자리에 1을 쓰면
└ 두 번째로 큰 수　└ 가장 작은 수
[4][1] × [7] 입니다.

❷ 곱이 가장 큰 (몇십몇)×(몇)을 계산하면?
[4][1] × [7] = [287]

답 [4][1] × [7] = [287]

2-1

3장의 수 카드 [2], [5], [9]를 한 번씩만 사용하여 /
곱이 가장 작은 (몇십몇)×(몇)을 만들고 / 계산해 보세요.
□□ × □ = □

왼쪽 2 번과 같이 문제에 색칠하고 밑줄을 그어 가며 문제를 풀어 보세요.

문제 돌보기

✦ 구해야 할 것은?
→ 예 곱이 가장 작은 (몇십몇) × (몇)을 만들고 계산하기

✔ 곱이 가장 작은 (몇십몇)×(몇)을 만들려면?
→ 세 수 ㉠, ㉡, ㉢의 크기가 ㉠>㉡>㉢>0일 때,
곱이 가장 작은 (몇십몇) × (몇)은 ㉡㉠×㉢ 입니다.

풀이 과정

❶ 곱이 가장 작은 (몇십몇)×(몇)을 만들면?
수 카드의 수의 크기를 비교하면 [9]>[5]>[2] 이므로
곱하는 수에 [2]을(를) 쓰고,
곱해지는 수의 십의 자리에 [5], 일의 자리에 9를 쓰면
[5][9] × [2] 입니다.

❷ 곱이 가장 작은 (몇십몇)×(몇)을 계산하면?
[5][9] × [2] = [118]

답 [5][9] × [2] = [118]

문제가 어려웠나요?
☐ 어려워요. o.o
☐ 적당해요. ^-^
☐ 쉬워요. >o<

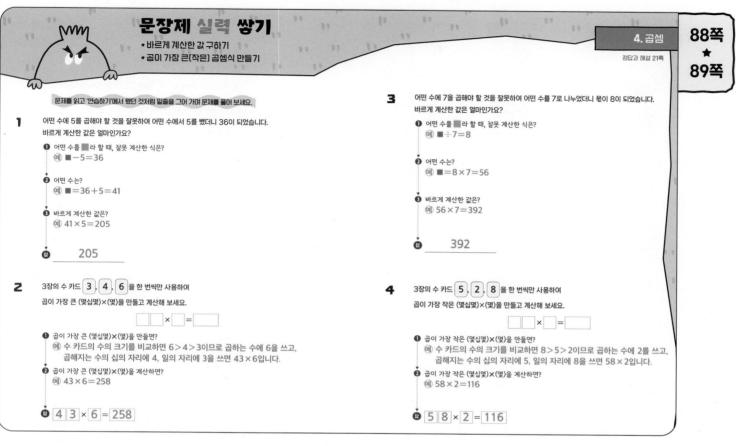

문장제 실력 쌓기

* 바르게 계산한 값 구하기
* 곱이 가장 큰(작은) 곱셈식 만들기

문제를 읽고 '연습하기'에서 했던 것처럼 밑줄을 그어 가며 문제를 풀어 보세요.

1 어떤 수에 5를 곱해야 할 것을 잘못하여 어떤 수에서 5를 뺐더니 36이 되었습니다.
바르게 계산한 값은 얼마인가요?

❶ 어떤 수를 ■라 할 때, 잘못 계산한 식은?
(예) ■−5=36

❷ 어떤 수는?
(예) ■=36+5=41

❸ 바르게 계산한 값은?
(예) 41×5=205

답 _____205_____

2 3장의 수 카드 ③, ④, ⑥을 한 번씩만 사용하여
곱이 가장 큰 (몇십몇)×(몇)을 만들고 계산해 보세요.

☐☐ × ☐ = ☐

❶ 곱이 가장 큰 (몇십몇)×(몇)을 만들면?
(예) 수 카드의 수의 크기를 비교하면 6>4>3이므로 곱하는 수에 6을 쓰고,
곱해지는 수의 십의 자리에 4, 일의 자리에 3을 쓰면 43×6입니다.

❷ 곱이 가장 큰 (몇십몇)×(몇)을 계산하면?
(예) 43×6=258

답 ④③ × ⑥ = 258

3 어떤 수에 7을 곱해야 할 것을 잘못하여 어떤 수를 7로 나누었더니 몫이 8이 되었습니다.
바르게 계산한 값은 얼마인가요?

❶ 어떤 수를 ■라 할 때, 잘못 계산한 식은?
(예) ■÷7=8

❷ 어떤 수는?
(예) ■=8×7=56

❸ 바르게 계산한 값은?
(예) 56×7=392

답 _____392_____

4 3장의 수 카드 ⑤, ②, ⑧을 한 번씩만 사용하여
곱이 가장 작은 (몇십몇)×(몇)을 만들고 계산해 보세요.

☐☐ × ☐ = ☐

❶ 곱이 가장 작은 (몇십몇)×(몇)을 만들면?
(예) 수 카드의 수의 크기를 비교하면 8>5>2이므로 곱하는 수에 2를 쓰고,
곱해지는 수의 십의 자리에 5, 일의 자리에 8을 쓰면 58×2입니다.

❷ 곱이 가장 작은 (몇십몇)×(몇)을 계산하면?
(예) 58×2=116

답 ⑤⑧ × ② = 116

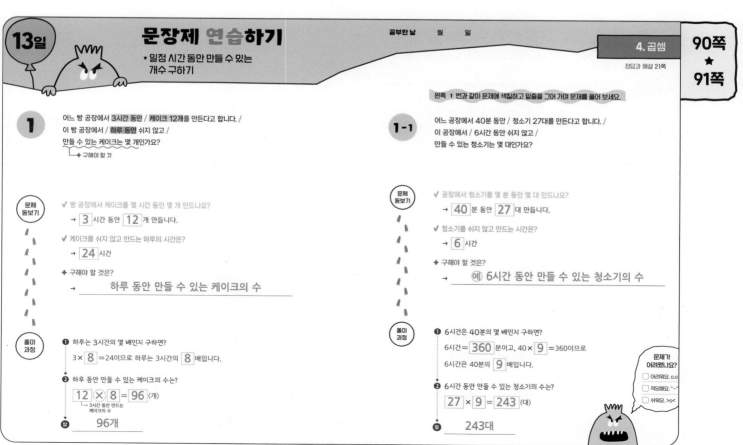

13일 ## 문장제 연습하기

* 일정 시간 동안 만들 수 있는
개수 구하기

1 어느 빵 공장에서 **3시간 동안** / 케이크 12개를 만든다고 합니다. /
이 빵 공장에서 / **하루 동안 쉬지 않고** /
만들 수 있는 케이크는 몇 개인가요?
└→ 구해야 할 것

문제
돋보기

✔ 빵 공장에서 케이크를 몇 시간 동안 몇 개 만드나요?
→ ③ 시간 동안 ⑫ 개 만듭니다.

✔ 케이크를 쉬지 않고 만드는 하루의 시간은?
→ 24 시간

✦ 구해야 할 것은?
→ _____하루 동안 만들 수 있는 케이크의 수_____

풀이
과정

❶ 하루는 3시간의 몇 배인지 구하면?
3× 8 =24이므로 하루는 3시간의 8 배입니다.

❷ 하루 동안 만들 수 있는 케이크의 수는?
12 × 8 = 96 (개)
└ 3시간 동안 만드는
케이크의 수

답 _____96개_____

1-1 어느 공장에서 **40분 동안** / 청소기 27대를 만든다고 합니다. /
이 공장에서 / **6시간 동안 쉬지 않고** /
만들 수 있는 청소기는 몇 대인가요?

왼쪽 **1** 번과 같이 문제에 색칠하고 밑줄을 그어 가며 문제를 풀어 보세요.

문제
돋보기

✔ 공장에서 청소기를 몇 분 동안 몇 대 만드나요?
→ 40 분 동안 27 대 만듭니다.

✔ 청소기를 쉬지 않고 만드는 시간은?
→ 6 시간

✦ 구해야 할 것은? (예) 6시간 동안 만들 수 있는 청소기의 수

풀이
과정

❶ 6시간은 40분의 몇 배인지 구하면?
6시간= 360 분이고, 40× 9 =360이므로
6시간은 40분의 9 배입니다.

❷ 6시간 동안 만들 수 있는 청소기의 수는?
27 × 9 = 243 (대)

답 _____243대_____

문제가
어려웠나요?
☐ 어려워요. o.o
☐ 적당해요. ^-^
☐ 쉬워요. >o<

문장제 연습하기

*도로의 길이 구하기

2
곧게 뻗은 도로의 한쪽에 / 처음부터 끝까지 /
나무 25그루를 / 6 m 간격으로 심었습니다. /
이 도로의 길이는 몇 m인가요? /
(단, 나무의 두께는 생각하지 않습니다.)
→ 구해야 할 것

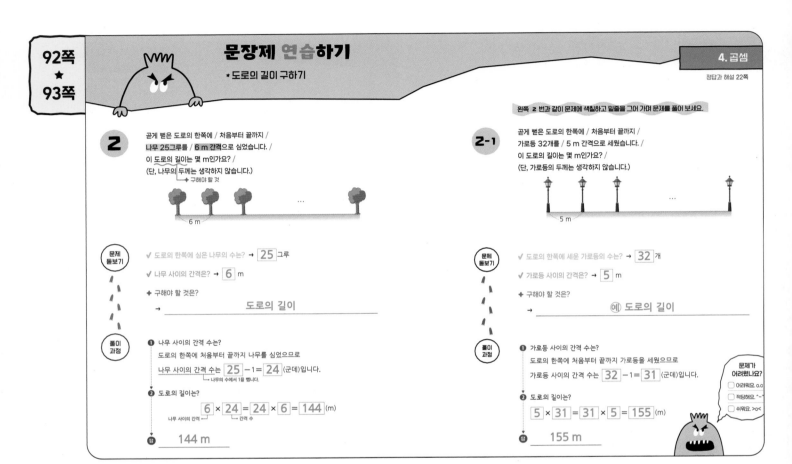

6 m

문제 돋보기

✔ 도로의 한쪽에 심은 나무의 수는? → 25 그루

✔ 나무 사이의 간격은? → 6 m

✦ 구해야 할 것은?
→ ___도로의 길이___

풀이 과정

❶ 나무 사이의 간격 수는?
도로의 한쪽에 처음부터 끝까지 나무를 심었으므로
나무 사이의 간격 수는 25 − 1 = 24 (군데)입니다.
└ 나무의 수에서 1을 뺍니다.

❷ 도로의 길이는?
6 × 24 = 24 × 6 = 144 (m)
나무 사이의 간격 간격 수

답 __144 m__

왼쪽 **2**번과 같이 문제에 색칠하고 밑줄을 그어 가며 문제를 풀어 보세요.

2-1
곧게 뻗은 도로의 한쪽에 / 처음부터 끝까지 /
가로등 32개를 / 5 m 간격으로 세웠습니다. /
이 도로의 길이는 몇 m인가요? /
(단, 가로등의 두께는 생각하지 않습니다.)

5 m

문제 돋보기

✔ 도로의 한쪽에 세운 가로등의 수는? → 32 개

✔ 가로등 사이의 간격은? → 5 m

✦ 구해야 할 것은?
→ ___예 도로의 길이___

풀이 과정

❶ 가로등 사이의 간격 수는?
도로의 한쪽에 처음부터 끝까지 가로등을 세웠으므로
가로등 사이의 간격 수는 32 − 1 = 31 (군데)입니다.

❷ 도로의 길이는?
5 × 31 = 31 × 5 = 155 (m)

답 __155 m__

문제가
어려웠나요?
☐ 어려워요. o.o
☐ 적당해요. ˆ-ˆ
☐ 쉬워요. >o<

문장제 실력 쌓기

*일정 시간 동안 만들 수 있는 개수 구하기
*도로의 길이 구하기

문제를 읽고 '연습하기'에서 했던 것처럼 밑줄을 그어 가며 문제를 풀어 보세요.

1
어느 자동차 공장에서 4시간 동안 자동차 13대를 만든다고 합니다.
이 자동차 공장에서 하루 동안 쉬지 않고 만들 수 있는 자동차는 몇 대인가요?

❶ 하루는 4시간의 몇 배인지 구하면?
예 하루는 24시간이고, 4 × 6 = 24이므로
하루는 4시간의 6배입니다.

❷ 하루 동안 만들 수 있는 자동차의 수는?
예 (4시간 동안 만드는 자동차의 수) × 6
= 13 × 6 = 78(대)

답 __78대__

2
곧게 뻗은 도로의 한쪽에 처음부터 끝까지 나무 28그루를 5 m 간격으로 심었습니다.
이 도로의 길이는 몇 m인가요?
(단, 나무의 두께는 생각하지 않습니다.)

❶ 나무 사이의 간격 수는?
예 도로의 한쪽에 처음부터 끝까지 나무를 심었으므로
나무 사이의 간격 수는 28 − 1 = 27(군데)입니다.

❷ 도로의 길이는?
예 (나무 사이의 간격) × (간격 수) = 5 × 27 = 27 × 5 = 135(m)

답 __135 m__

3
호두과자 틀을 이용하여 8분 동안 40개의 호두과자를 만들 수 있습니다.
이 호두과자 틀로 1시간 4분 동안 쉬지 않고 만들 수 있는 호두과자는 몇 개인가요?

❶ 1시간 4분은 8분의 몇 배인지 구하면?
예 1시간 4분은 64분이고, 8 × 8 = 64이므로
1시간 4분은 8분의 8배입니다.

❷ 1시간 4분 동안 만들 수 있는 호두과자의 수는?
예 (8분 동안 만드는 호두과자의 수) × 8
= 40 × 8 = 320(개)

답 __320개__

4
곧게 뻗은 도로의 양쪽에 처음부터 끝까지 가로등 58개를 6 m 간격으로 세웠습니다.
이 도로의 길이는 몇 m인가요?
(단, 가로등의 두께는 생각하지 않습니다.)

❶ 도로의 한쪽에 세운 가로등의 수는?
예 29 + 29 = 58이므로 도로의 한쪽에 세운 가로등의 수는 29개입니다.

❷ 가로등 사이의 간격 수는?
예 도로의 한쪽에 처음부터 끝까지 가로등을 세웠으므로
가로등 사이의 간격 수는 29 − 1 = 28(군데)입니다.

❸ 도로의 길이는?
예 (가로등 사이의 간격) × (간격 수) = 6 × 28 = 28 × 6 = 168(m)

답 __168 m__

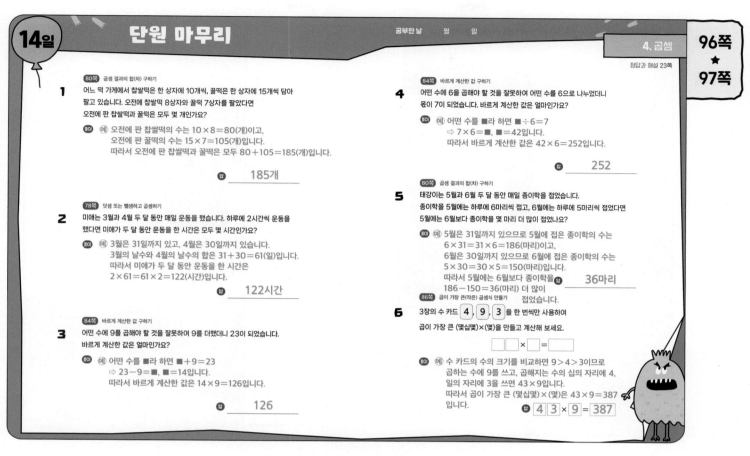

1 (80쪽) 곱셈 결과의 합(차) 구하기

어느 떡 가게에서 찹쌀떡은 한 상자에 10개씩, 꿀떡은 한 상자에 15개씩 담아
팔고 있습니다. 오전에 찹쌀떡 8상자와 꿀떡 7상자를 팔았다면
오전에 판 찹쌀떡과 꿀떡은 모두 몇 개인가요?

풀이 (예) 오전에 판 찹쌀떡의 수는 10×8=80(개)이고,
오전에 판 꿀떡의 수는 15×7=105(개)입니다.
따라서 오전에 판 찹쌀떡과 꿀떡은 모두 80+105=185(개)입니다.

답 185개

2 (78쪽) 덧셈 또는 뺄셈하고 곱셈하기

미애는 3월과 4월 두 달 동안 매일 운동을 했습니다. 하루에 2시간씩 운동을
했다면 미애가 두 달 동안 운동을 한 시간은 모두 몇 시간인가요?

풀이 (예) 3월은 31일까지 있고, 4월은 30일까지 있습니다.
3월의 날수와 4월의 날수의 합은 31+30=61(일)입니다.
따라서 미애가 두 달 동안 운동을 한 시간은
2×61=61×2=122(시간)입니다.

답 122시간

3 (84쪽) 바르게 계산한 값 구하기

어떤 수에 9를 곱해야 할 것을 잘못하여 9를 더했더니 23이 되었습니다.
바르게 계산한 값은 얼마인가요?

풀이 (예) 어떤 수를 ■라 하면 ■+9=23
⇨ 23-9=■, ■=14입니다.
따라서 바르게 계산한 값은 14×9=126입니다.

답 126

4 (84쪽) 바르게 계산한 값 구하기

어떤 수에 6을 곱해야 할 것을 잘못하여 어떤 수를 6으로 나누었더니
몫이 7이 되었습니다. 바르게 계산한 값은 얼마인가요?

풀이 (예) 어떤 수를 ■라 하면 ■÷6=7
⇨ 7×6=■, ■=42입니다.
따라서 바르게 계산한 값은 42×6=252입니다.

답 252

5 (80쪽) 곱셈 결과의 합(차) 구하기

태강이는 5월과 6월 두 달 동안 매일 종이학을 접었습니다.
종이학을 5월에는 하루에 6마리씩 접고, 6월에는 하루에 5마리씩 접었다면
5월에는 6월보다 종이학을 몇 마리 더 많이 접었나요?

풀이 (예) 5월은 31일까지 있으므로 5월에 접은 종이학의 수는
6×31=31×6=186(마리)이고,
6월은 30일까지 있으므로 6월에 접은 종이학의 수는
5×30=30×5=150(마리)입니다.
따라서 5월에는 6월보다 종이학을 **답** 36마리
186-150=36(마리) 더 많이
접었습니다.

6 (86쪽) 곱이 가장 큰(작은) 곱셈식 만들기

3장의 수 카드 4 , 9 , 3 을 한 번씩만 사용하여
곱이 가장 큰 (몇십몇)×(몇)을 만들고 계산해 보세요.

☐☐ × ☐ = ☐

풀이 (예) 수 카드의 수의 크기를 비교하면 9>4>3이므로
곱하는 수에 9를 쓰고, 곱해지는 수의 십의 자리에 4,
일의 자리에 3을 쓰면 43×9입니다.
따라서 곱이 가장 큰 (몇십몇)×(몇)은 43×9=387
입니다. **답** 4 3 × 9 = 387

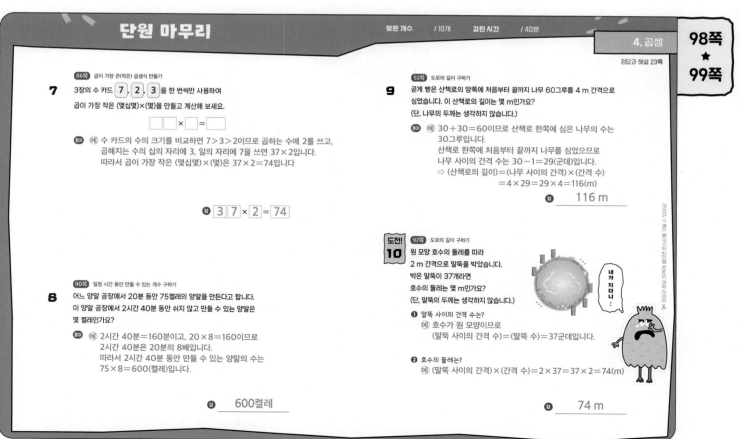

7 (86쪽) 곱이 가장 큰(작은) 곱셈식 만들기

3장의 수 카드 7 , 2 , 3 을 한 번씩만 사용하여
곱이 가장 작은 (몇십몇)×(몇)을 만들고 계산해 보세요.

☐☐ × ☐ = ☐

풀이 (예) 수 카드의 수의 크기를 비교하면 7>3>2이므로 곱하는 수에 2를 쓰고,
곱해지는 수의 십의 자리에 3, 일의 자리에 7을 쓰면 37×2입니다.
따라서 곱이 가장 작은 (몇십몇)×(몇)은 37×2=74입니다

답 3 7 × 2 = 74

8 (90쪽) 일정 시간 동안 만들 수 있는 개수 구하기

어느 양말 공장에서 20분 동안 75켤레의 양말을 만든다고 합니다.
이 양말 공장에서 2시간 40분 동안 쉬지 않고 만들 수 있는 양말은
몇 켤레인가요?

풀이 (예) 2시간 40분=160분이고, 20×8=160이므로
2시간 40분은 20분의 8배입니다.
따라서 2시간 40분 동안 만들 수 있는 양말의 수는
75×8=600(켤레)입니다.

답 600켤레

9 (92쪽) 도로의 길이 구하기

곧게 뻗은 산책로의 양쪽에 처음부터 끝까지 나무 60그루를 4 m 간격으로
심었습니다. 이 산책로의 길이는 몇 m인가요?
(단, 나무의 두께는 생각하지 않습니다.)

풀이 (예) 30+30=60이므로 산책로에 한쪽에 심은 나무의 수는
30그루입니다.
산책로 한쪽에 처음부터 끝까지 나무를 심었으므로
나무 사이의 간격 수는 30-1=29(군데)입니다.
⇨ (산책로의 길이)=(나무 사이의 간격)×(간격 수)
=4×29=29×4=116(m)

답 116 m

도전! 10 (92쪽) 도로의 길이 구하기

원 모양 호수의 둘레를 따라
2 m 간격으로 말뚝을 박았습니다.
박은 말뚝이 37개라면
호수의 둘레는 몇 m인가요?
(단, 말뚝의 두께는 생각하지 않습니다.)

내가지다니!

❶ 말뚝 사이의 간격 수는?
(예) 호수가 원 모양이므로
(말뚝 사이의 간격 수)=(말뚝 수)=37군데입니다.

❷ 호수의 둘레는?
(예) (말뚝 사이의 간격)×(간격 수)=2×37=37×2=74(m)

답 74 m

5. 길이와 시간

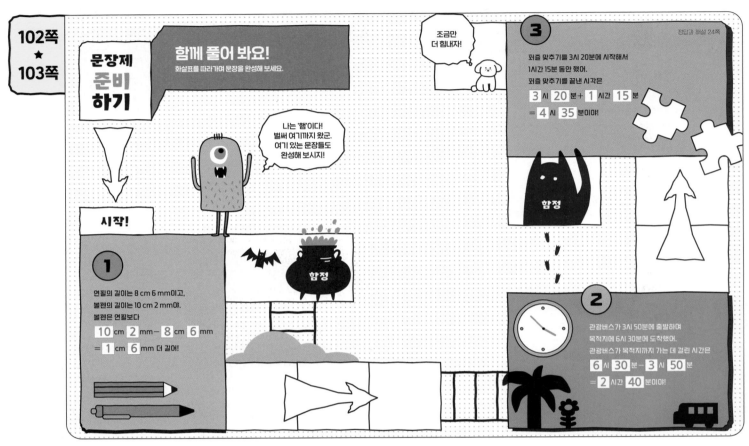

문장제 준비하기

함께 풀어 봐요!
화살표를 따라가며 문장을 완성해 보세요.

나는 '함'이군!
벌써 여기까지 왔군.
여기 있는 문장들도
완성해 보시지!

시작!

조금만
더 힘내자!

①
연필의 길이는 8 cm 6 mm이고,
볼펜의 길이는 10 cm 2 mm야.
볼펜은 연필보다
10 cm 2 mm − 8 cm 6 mm
= 1 cm 6 mm 더 길어!

②
관광버스가 3시 50분에 출발하여
목적지에 6시 30분에 도착했어.
관광버스가 목적지까지 가는 데 걸린 시간은
6 시 30 분 − 3 시 50 분
= 2 시간 40 분이야!

③
정답과 해설 24쪽
퍼즐 맞추기를 3시 20분에 시작해서
1시간 15분 동안 했어.
퍼즐 맞추기를 끝낸 시각은
3 시 20 분 + 1 시간 15 분
= 4 시 35 분이야!

함정

함정

15일

문장제 연습하기

공부한 날   월   일

5. 길이와 시간
정답과 해설 24쪽

* 겹쳐진 부분이 있는
전체 길이(거리) 구하기

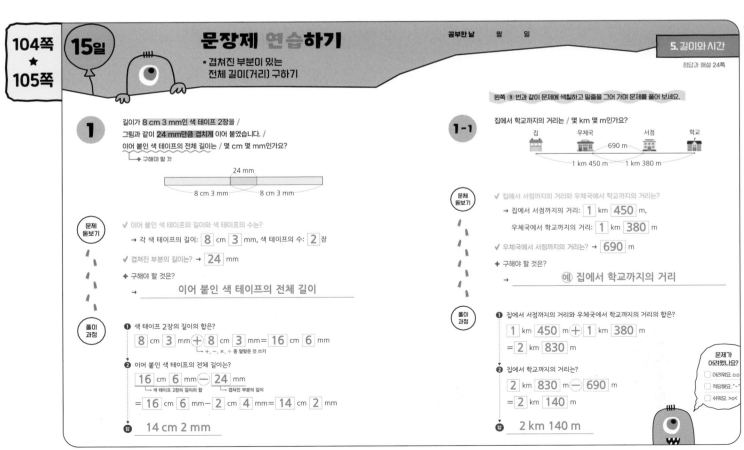

①
길이가 8 cm 3 mm인 색 테이프 2장을 /
그림과 같이 24 mm만큼 겹치게 이어 붙였습니다. /
이어 붙인 색 테이프의 전체 길이는 / 몇 cm 몇 mm인가요?

↳ 구해야 할 것

24 mm

8 cm 3 mm   8 cm 3 mm

문제 돌보기
✓ 이어 붙인 색 테이프의 길이와 색 테이프의 수는?
→ 각 색 테이프의 길이: 8 cm 3 mm, 색 테이프의 수: 2 장
✓ 겹쳐진 부분의 길이는? 24 mm
✦ 구해야 할 것은?
→ 이어 붙인 색 테이프의 전체 길이

풀이 과정
❶ 색 테이프 2장의 길이의 합은?
8 cm 3 mm + 8 cm 3 mm = 16 cm 6 mm
↳ +, −, ×, ÷ 중 알맞은 것 쓰기
❷ 이어 붙인 색 테이프의 전체 길이는?
16 cm 6 mm − 24 mm
↳ 색 테이프 2장의 길이의 합   ↳ 겹쳐진 부분의 길이
= 16 cm 6 mm − 2 cm 4 mm = 14 cm 2 mm

답 14 cm 2 mm

1-1
집에서 학교까지의 거리는 / 몇 km 몇 m인가요?

집   우체국   서점   학교
690 m
1 km 450 m   1 km 380 m

왼쪽 ① 번과 같이 문제에 색칠하고 밑줄을 그어 가며 문제를 풀어 보세요.

문제 돌보기
✓ 집에서 서점까지의 거리와 우체국에서 학교까지의 거리는?
→ 집에서 서점까지의 거리: 1 km 450 m,
우체국에서 학교까지의 거리: 1 km 380 m
✓ 우체국에서 서점까지의 거리는? → 690 m
✦ 구해야 할 것은?
→ 예 집에서 학교까지의 거리

풀이 과정
❶ 집에서 서점까지의 거리와 우체국에서 학교까지의 거리의 합은?
1 km 450 m + 1 km 380 m
= 2 km 830 m
❷ 집에서 학교까지의 거리는?
2 km 830 m − 690 m
= 2 km 140 m

답 2 km 140 m

문제가 어려웠나요?
☐ 어려워요. o.o
☐ 적당해요. ˘-˘
☐ 쉬워요. >.<

문장제 연습하기

* 두 사람 사이의 거리 구하기

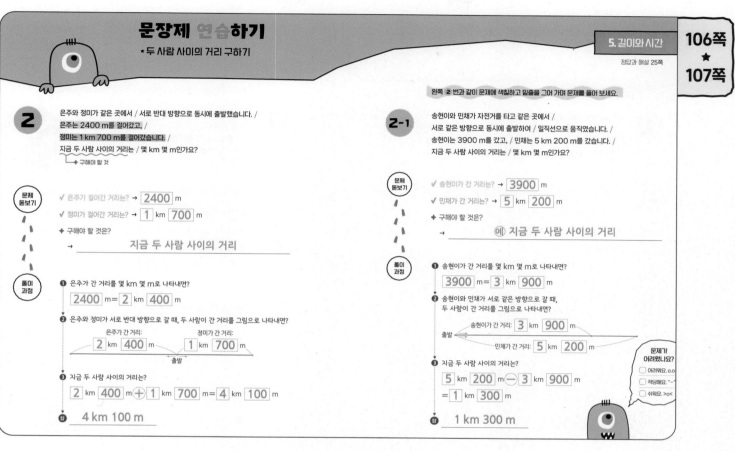

2 은주와 정미가 같은 곳에서 / 서로 반대 방향으로 동시에 출발했습니다. / 은주는 2400 m를 걸어갔고, / 정미는 1 km 700 m를 걸어갔습니다. / 지금 두 사람 사이의 거리는 / 몇 km 몇 m인가요?
⌐ 구해야 할 것

문제 돌보기

✓ 은주가 걸어간 거리는? → 2400 m

✓ 정미가 걸어간 거리는? → 1 km 700 m

✦ 구해야 할 것?
→ 지금 두 사람 사이의 거리

풀이 과정

❶ 은주가 간 거리를 몇 km 몇 m로 나타내면?
2400 m= 2 km 400 m

❷ 은주와 정미가 서로 반대 방향으로 갈 때, 두 사람이 간 거리를 그림으로 나타내면?
은주가 간 거리: 2 km 400 m   정미가 간 거리: 1 km 700 m   출발

❸ 지금 두 사람 사이의 거리는?
2 km 400 m ⊕ 1 km 700 m= 4 km 100 m

답 **4 km 100 m**

왼쪽 **2** 번과 같이 문제에 색칠하고 밑줄을 그어 가며 문제를 풀어 보세요.

2-1 송현이와 민채가 자전거를 타고 같은 곳에서 / 서로 같은 방향으로 동시에 출발하여 / 일직선으로 움직였습니다. / 송현이는 3900 m를 갔고, 민채는 5 km 200 m를 갔습니다. / 지금 두 사람 사이의 거리는 / 몇 km 몇 m인가요?

문제 돌보기

✓ 송현이가 간 거리는? → 3900 m

✓ 민채가 간 거리는? → 5 km 200 m

✦ 구해야 할 것은?
→ 예 지금 두 사람 사이의 거리

풀이 과정

❶ 송현이가 간 거리를 몇 km 몇 m로 나타내면?
3900 m= 3 km 900 m

❷ 송현이와 민채가 서로 같은 방향으로 갈 때, 두 사람이 간 거리를 그림으로 나타내면?
송현이가 간 거리: 3 km 900 m   출발   민채가 간 거리: 5 km 200 m

❸ 지금 두 사람 사이의 거리는?
5 km 200 m ⊖ 3 km 900 m
= 1 km 300 m

답 **1 km 300 m**

문제가 어려웠나요?
☐ 어려워요. o.o
☐ 적당해요. ^-~
☐ 쉬워요. >o<

문장제 실력 쌓기

* 겹쳐진 부분이 있는 전체 길이(거리) 구하기
* 두 사람 사이의 거리 구하기

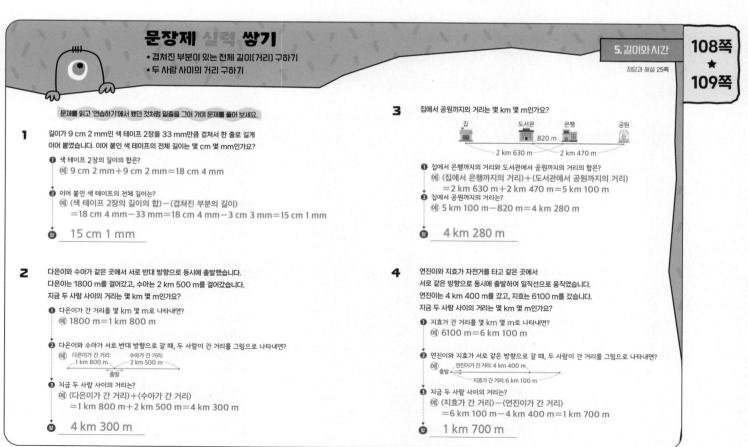

문제를 읽고 '연습하기'에서 했던 것처럼 밑줄을 그어 가며 문제를 풀어 보세요.

1 길이가 9 cm 2 mm인 색 테이프 2장을 33 mm만큼 겹쳐서 한 줄로 길게 이어 붙였습니다. 이어 붙인 색 테이프의 전체 길이는 몇 cm 몇 mm인가요?

❶ 색 테이프 2장의 길이의 합은?
예 9 cm 2 mm+9 cm 2 mm=18 cm 4 mm

❷ 이어 붙인 색 테이프의 전체 길이는?
예 (색 테이프 2장의 길이의 합)−(겹쳐진 부분의 길이)
=18 cm 4 mm−33 mm=18 cm 4 mm−3 cm 3 mm=15 cm 1 mm

답 **15 cm 1 mm**

2 다은이와 수아가 같은 곳에서 서로 반대 방향으로 동시에 출발했습니다. 다은이는 1800 m를 걸어갔고, 수아는 2 km 500 m를 걸어갔습니다. 지금 두 사람 사이의 거리는 몇 km 몇 m인가요?

❶ 다은이가 간 거리를 몇 km 몇 m로 나타내면?
예 1800 m=1 km 800 m

❷ 다은이와 수아가 서로 반대 방향으로 갈 때, 두 사람이 간 거리를 그림으로 나타내면?
예 다은이가 간 거리: 1 km 800 m   수아가 간 거리: 2 km 500 m   출발

❸ 지금 두 사람 사이의 거리는?
예 (다은이가 간 거리)+(수아가 간 거리)
=1 km 800 m+2 km 500 m=4 km 300 m

답 **4 km 300 m**

3 집에서 공원까지의 거리는 몇 km 몇 m인가요?
집   도서관   은행   공원
820 m
2 km 630 m   2 km 470 m

❶ 집에서 은행까지의 거리와 도서관에서 공원까지의 거리의 합은?
예 (집에서 은행까지의 거리)+(도서관에서 공원까지의 거리)
=2 km 630 m+2 km 470 m=5 km 100 m

❷ 집에서 공원까지의 거리는?
예 5 km 100 m−820 m=4 km 280 m

답 **4 km 280 m**

4 연진이와 지효가 자전거를 타고 같은 곳에서 서로 같은 방향으로 동시에 출발하여 일직선으로 움직였습니다. 연진이는 4 km 400 m를 갔고, 지효는 6100 m를 갔습니다. 지금 두 사람 사이의 거리는 몇 km 몇 m인가요?

❶ 지효가 간 거리를 몇 km 몇 m로 나타내면?
예 6100 m=6 km 100 m

❷ 연진이와 지효가 서로 같은 방향으로 갈 때, 두 사람이 간 거리를 그림으로 나타내면?
예 연진이가 간 거리: 4 km 400 m   출발   지효가 간 거리: 6 km 100 m

❸ 지금 두 사람 사이의 거리는?
예 (지효가 간 거리)−(연진이가 간 거리)
=6 km 100 m−4 km 400 m=1 km 700 m

답 **1 km 700 m**

문장제 연습하기
★ 시간의 덧셈과 뺄셈

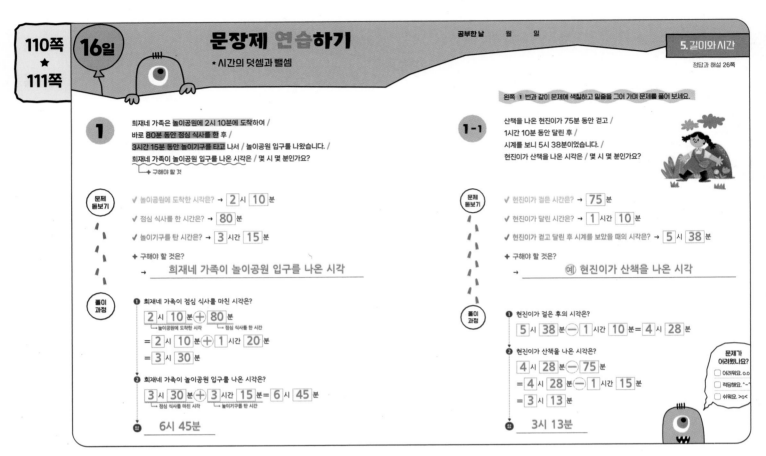

1

희재네 가족은 놀이공원에 2시 10분에 도착하여 /
바로 80분 동안 점심 식사를 한 후 /
3시간 15분 동안 놀이기구를 타고 나서 / 놀이공원 입구를 나왔습니다. /
희재네 가족이 놀이공원 입구를 나온 시각은 / 몇 시 몇 분인가요?
└→ 구해야 할 것

문제 돌보기

✓ 놀이공원에 도착한 시각은? → 2 시 10 분

✓ 점심 식사를 한 시간은? → 80 분

✓ 놀이기구를 탄 시간은? → 3 시간 15 분

✤ 구해야 할 것은?
→ 희재네 가족이 놀이공원 입구를 나온 시각

풀이 과정

❶ 희재네 가족이 점심 식사를 마친 시각은?
2 시 10 분 ⊕ 80 분
└ 놀이공원에 도착한 시각 └ 점심 식사를 한 시간
= 2 시 10 분 ⊕ 1 시간 20 분
= 3 시 30 분

❷ 희재네 가족이 놀이공원 입구를 나온 시각은?
3 시 30 분 ⊕ 3 시간 15 분 = 6 시 45 분
└ 점심 식사를 마친 시각 └ 놀이기구를 탄 시간

답 6시 45분

왼쪽 **1** 번과 같이 문제에 색칠하고 밑줄을 그어 가며 문제를 풀어 보세요.

1-1

산책을 나온 현진이가 75분 동안 걷고 /
1시간 10분 동안 달린 후 /
시계를 보니 5시 38분이었습니다. /
현진이가 산책을 나온 시각은 / 몇 시 몇 분인가요?

문제 돌보기

✓ 현진이가 걸은 시간은? → 75 분

✓ 현진이가 달린 시간은? → 1 시간 10 분

✓ 현진이가 걷고 달린 후 시계를 보았을 때의 시각은? → 5 시 38 분

✤ 구해야 할 것은?
→ 예 현진이가 산책을 나온 시각

풀이 과정

❶ 현진이가 걸은 후의 시각은?
5 시 38 분 ⊖ 1 시간 10 분 = 4 시 28 분

❷ 현진이가 산책을 나온 시각은?
4 시 28 분 ⊖ 75 분
= 4 시 28 분 ⊖ 1 시간 15 분
= 3 시 13 분

답 3시 13분

문제가 어려웠나요?
☐ 어려워요. o.o
☐ 적당해요. ^-^
☐ 쉬워요. >o<

문장제 연습하기
★ 낮과 밤의 길이 구하기

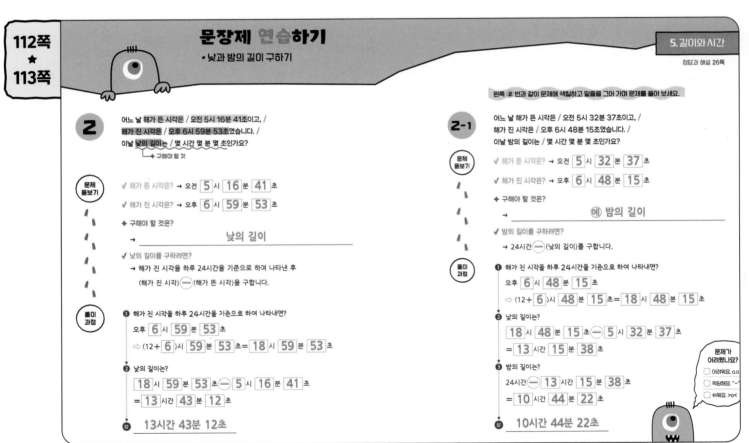

2

어느 날 해가 뜬 시각은 / 오전 5시 16분 41초이고, /
해가 진 시각은 / 오후 6시 59분 53초였습니다. /
이날 낮의 길이는 / 몇 시간 몇 분 몇 초인가요?
└→ 구해야 할 것

문제 돌보기

✓ 해가 뜬 시각은? → 오전 5 시 16 분 41 초

✓ 해가 진 시각은? → 오후 6 시 59 분 53 초

✤ 구해야 할 것은?
→ 낮의 길이

✓ 낮의 길이를 구하려면?
→ 해가 진 시각을 하루 24시간을 기준으로 하여 나타낸 후
(해가 진 시각) ⊖ (해가 뜬 시각)을 구합니다.

풀이 과정

❶ 해가 진 시각을 하루 24시간을 기준으로 하여 나타내면?
오후 6 시 59 분 53 초
⇨ (12+ 6)시 59 분 53 초 = 18 시 59 분 53 초

❷ 낮의 길이는?
18 시 59 분 53 초 ⊖ 5 시 16 분 41 초
= 13 시간 43 분 12 초

답 13시간 43분 12초

왼쪽 **2** 번과 같이 문제에 색칠하고 밑줄을 그어 가며 문제를 풀어 보세요.

2-1

어느 날 해가 뜬 시각은 / 오전 5시 32분 37초이고, /
해가 진 시각은 / 오후 6시 48분 15초였습니다. /
이날 밤의 길이는 / 몇 시간 몇 분 몇 초인가요?

문제 돌보기

✓ 해가 뜬 시각은? → 오전 5 시 32 분 37 초

✓ 해가 진 시각은? → 오후 6 시 48 분 15 초

✤ 구해야 할 것은?
→ 예 밤의 길이

✓ 밤의 길이를 구하려면?
→ 24시간 ⊖ (낮의 길이)를 구합니다.

풀이 과정

❶ 해가 진 시각을 하루 24시간을 기준으로 하여 나타내면?
오후 6 시 48 분 15 초
⇨ (12+ 6)시 48 분 15 초 = 18 시 48 분 15 초

❷ 낮의 길이는?
18 시 48 분 15 초 ⊖ 5 시 32 분 37 초
= 13 시간 15 분 38 초

❸ 밤의 길이는?
24시간 ⊖ 13 시간 15 분 38 초
= 10 시간 44 분 22 초

답 10시간 44분 22초

문제가 어려웠나요?
☐ 어려워요. o.o
☐ 적당해요. ^-^
☐ 쉬워요. >o<

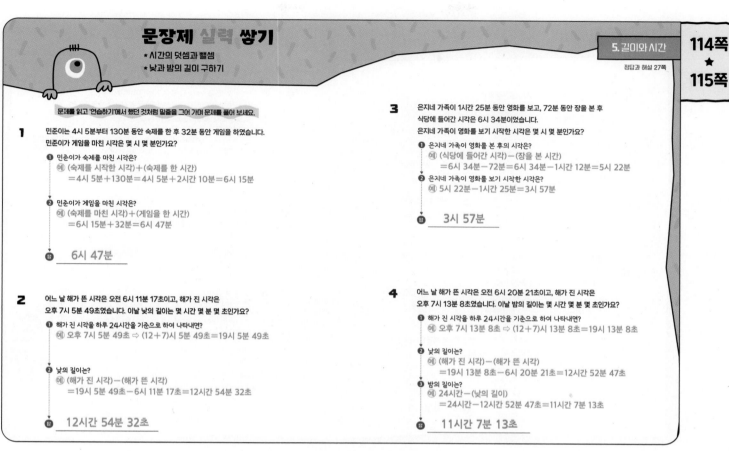

문장제 실력 쌓기
* 시간의 덧셈과 뺄셈
* 낮과 밤의 길이 구하기

5. 길이와 시간

114쪽 ★ 115쪽

정답과 해설 27쪽

문제를 읽고 '연습하기'에서 했던 것처럼 밑줄을 그어 가며 문제를 풀어 보세요.

1 민준이는 4시 5분부터 130분 동안 숙제를 한 후 32분 동안 게임을 하였습니다.
민준이가 게임을 마친 시각은 몇 시 몇 분인가요?

❶ 민준이가 숙제를 마친 시각은?
예 (숙제를 시작한 시각)+(숙제를 한 시간)
=4시 5분+130분=4시 5분+2시간 10분=6시 15분

❷ 민준이가 게임을 마친 시각은?
예 (숙제를 마친 시각)+(게임을 한 시간)
=6시 15분+32분=6시 47분

답 __6시 47분__

2 어느 날 해가 뜬 시각은 오전 6시 11분 17초이고, 해가 진 시각은
오후 7시 5분 49초였습니다. 이날 낮의 길이는 몇 시간 몇 분 몇 초인가요?

❶ 해가 진 시각을 하루 24시간을 기준으로 하여 나타내면?
예 오후 7시 5분 49초 ⇨ (12+7)시 5분 49초=19시 5분 49초

❷ 낮의 길이는?
예 (해가 진 시각)−(해가 뜬 시각)
=19시 5분 49초−6시 11분 17초=12시간 54분 32초

답 __12시간 54분 32초__

3 은지네 가족이 1시간 25분 동안 영화를 보고, 72분 동안 장을 본 후
식당에 들어간 시각은 6시 34분이었습니다.
은지네 가족이 영화를 보기 시작한 시각은 몇 시 몇 분인가요?

❶ 은지네 가족이 영화를 본 후의 시각은?
예 (식당에 들어간 시각)−(장을 본 시간)
=6시 34분−72분=6시 34분−1시간 12분=5시 22분

❷ 은지네 가족이 영화를 보기 시작한 시각은?
예 5시 22분−1시간 25분=3시 57분

답 __3시 57분__

4 어느 날 해가 뜬 시각은 오전 6시 20분 21초이고, 해가 진 시각은
오후 7시 13분 8초였습니다. 이날 밤의 길이는 몇 시간 몇 분 몇 초인가요?

❶ 해가 진 시각을 하루 24시간을 기준으로 하여 나타내면?
예 오후 7시 13분 8초 ⇨ (12+7)시 13분 8초=19시 13분 8초

❷ 낮의 길이는?
예 (해가 진 시각)−(해가 뜬 시각)
=19시 13분 8초−6시 20분 21초=12시간 52분 47초

❸ 밤의 길이는?
예 24시간−(낮의 길이)
=24시간−12시간 52분 47초=11시간 7분 13초

답 __11시간 7분 13초__

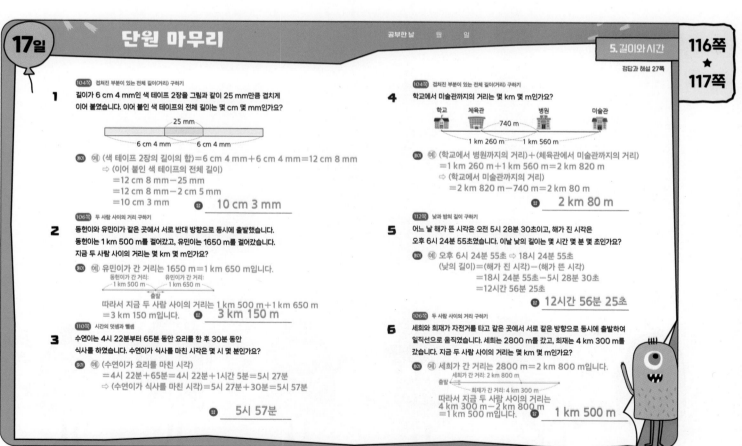

1 104쪽 겹쳐진 부분이 있는 전체 길이(거리) 구하기
길이가 6 cm 4 mm인 색 테이프 2장을 그림과 같이 25 mm만큼 겹치게
이어 붙였습니다. 이어 붙인 색 테이프의 전체 길이는 몇 cm 몇 mm인가요?

25 mm
6 cm 4 mm   6 cm 4 mm

풀이 (색 테이프 2장의 길이의 합)=6 cm 4 mm+6 cm 4 mm=12 cm 8 mm
⇨ (이어 붙인 색 테이프의 전체 길이)
=12 cm 8 mm−25 mm
=12 cm 8 mm−2 cm 5 mm
=10 cm 3 mm

답 __10 cm 3 mm__

2 106쪽 두 사람 사이의 거리 구하기
동헌이와 유민이가 같은 곳에서 서로 반대 방향으로 동시에 출발했습니다.
동헌이는 1 km 500 m를 걸어갔고, 유민이는 1650 m를 걸어갔습니다.
지금 두 사람 사이의 거리는 몇 km 몇 m인가요?

풀이 유민이가 간 거리는 1650 m=1 km 650 m입니다.

동헌이가 간 거리   유민이가 간 거리
1 km 500 m   1 km 650 m
출발

따라서 지금 두 사람 사이의 거리는 1 km 500 m+1 km 650 m
=3 km 150 m입니다.

답 __3 km 150 m__

3 110쪽 시간의 덧셈과 뺄셈
수연이는 4시 22분부터 65분 동안 요리를 한 후 30분 동안
식사를 하였습니다. 수연이가 식사를 마친 시각은 몇 시 몇 분인가요?

풀이 예 (수연이가 요리를 마친 시각)
=4시 22분+65분=4시 22분+1시간 5분=5시 27분
⇨ (수연이가 식사를 마친 시각)=5시 27분+30분=5시 57분

답 __5시 57분__

4 104쪽 겹쳐진 부분이 있는 전체 길이(거리) 구하기
학교에서 미술관까지의 거리는 몇 km 몇 m인가요?

학교   체육관   병원   미술관
740 m
1 km 260 m   1 km 560 m

풀이 예 (학교에서 병원까지의 거리)+(체육관에서 미술관까지의 거리)
=1 km 260 m+1 km 560 m=2 km 820 m
⇨ (학교에서 미술관까지의 거리)
=2 km 820 m−740 m=2 km 80 m

답 __2 km 80 m__

5 112쪽 낮과 밤의 길이 구하기
어느 날 해가 뜬 시각은 오전 5시 28분 30초이고, 해가 진 시각은
오후 6시 24분 55초였습니다. 이날 낮의 길이는 몇 시간 몇 분 몇 초인가요?

풀이 예 오후 6시 24분 55초 ⇨ 18시 24분 55초
(낮의 길이)=(해가 진 시각)−(해가 뜬 시각)
=18시 24분 55초−5시 28분 30초
=12시간 56분 25초

답 __12시간 56분 25초__

6 106쪽 두 사람 사이의 거리 구하기
세희와 희재가 자전거를 타고 같은 곳에서 서로 같은 방향으로 동시에 출발하여
일직선으로 움직였습니다. 세희는 2800 m를 갔고, 희재는 4 km 300 m를
갔습니다. 지금 두 사람 사이의 거리는 몇 km 몇 m인가요?

풀이 예 세희가 간 거리는 2800 m=2 km 800 m입니다.

세희가 간 거리: 2 km 800 m
희재가 간 거리: 4 km 300 m
출발

따라서 지금 두 사람 사이의 거리는
4 km 300 m−2 km 800 m
=1 km 500 m입니다.

답 __1 km 500 m__

단원 마무리

7 (110쪽) 시간의 덧셈과 뺄셈

도서관에 온 준서가 70분 동안 만화책을 보고,
1시간 34분 동안 소설책을 읽은 후 시계를 보니 12시 29분이었습니다.
준서가 도서관에 온 시각은 몇 시 몇 분인가요?

풀이 예 (준서가 만화책을 본 후의 시각)=12시 29분−1시간 34분
　　　　　　　　　　　　　　　　　=10시 55분
　　⇨ (준서가 도서관에 온 시각)=10시 55분−70분
　　　　　　　　　　　　　　　　=10시 55분−1시간 10분
　　　　　　　　　　　　　　　　=9시 45분

답　　　　9시 45분

8 (104쪽) 겹쳐진 부분이 있는 전체 길이(거리) 구하기

집에서 체육관까지의 거리는 4 km 460 m입니다.
놀이터에서 경찰서까지의 거리는 몇 m인가요?

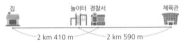

풀이 예 (집에서 경찰서까지의 거리)+(놀이터에서 체육관까지의 거리)
　　　=2 km 410 m+2 km 590 m=5 km
　　⇨ (놀이터에서 경찰서까지의 거리)
　　　=5 km−4 km 460 m=540 m

답　　　　540 m

9 (112쪽) 낮과 밤의 길이 구하기

어느 날 해가 뜬 시각은 오전 5시 40분 28초이고, 해가 진 시각은
오후 6시 39분 15초였습니다. 이날 밤의 길이는 몇 시간 몇 분 몇 초인가요?

풀이 예 오후 6시 39분 15초 ⇨ 18시 39분 15초
　　　(낮의 길이)=(해가 진 시각)−(해가 뜬 시각)
　　　　　　　　=18시 39분 15초−5시 40분 28초=12시간 58분 47초
　　⇨ (밤의 길이)=24시간−(낮의 길이)
　　　　　　　　=24시간−12시간 58분 47초
　　　　　　　　=11시간 1분 13초

답　　11시간 1분 13초

도전! 10 (112쪽) 낮과 밤의 길이 구하기

어느 날 서울과 대전에서 각각 해가 뜬 시각과 해가 진 시각을 나타낸 표입니다.
서울과 대전 중 어느 도시의 밤의 길이가 몇 분 몇 초 더 긴가요?

도시	해가 뜬 시각	해가 진 시각
서울	오전 5시 37분 20초	오후 7시 24분 8초
대전	오전 5시 42분 31초	오후 7시 19분 12초

❶ 서울의 밤의 길이는?
예 오후 7시 24분 8초 ⇨ 19시 24분 8초
　(서울의 낮의 길이)=19시 24분 8초−5시 37분 20초=13시간 46분 48초
　⇨ (서울의 밤의 길이)=24시간−13시간 46분 48초=10시간 13분 12초

❷ 대전의 밤의 길이는?
예 오후 7시 19분 12초 ⇨ 19시 19분 12초
　(대전의 낮의 길이)=19시 19분 12초−5시 42분 31초=13시간 36분 41초
　⇨ (대전의 밤의 길이)=24시간−13시간 36분 41초=10시간 23분 19초

❸ 서울과 대전 중 어느 도시의 밤의 길이가 몇 분 몇 초 더 긴지 구하면?
예 10시간 13분 12초<10시간 23분 19초이므로
　대전의 밤의 길이가 10시간 23분 19초−10시간 13분 12초=10분 7초
　더 깁니다.

내가 지다니...

답　　대전　　　10분 7초

6. 분수와 소수

122쪽 ★ 123쪽

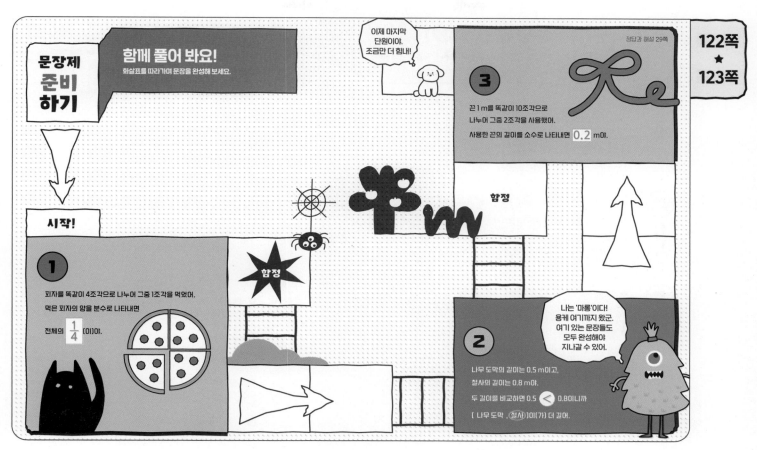

함께 풀어 봐요!
화살표를 따라가며 문장을 완성해 보세요.

문장제 준비 하기

시작!

1 피자를 똑같이 4조각으로 나누어 그중 1조각을 먹었어. 먹은 피자의 양을 분수로 나타내면 전체의 $\frac{1}{4}$ (이)야.

이제 마지막 단원이야. 조금만 더 힘내!

정답과 해설 29쪽

3 끈 1 m를 똑같이 10조각으로 나누어 그중 2조각을 사용했어. 사용한 끈의 길이를 소수로 나타내면 0.2 m야.

함정

나는 '마롱'이다! 용케 여기까지 왔군. 여기 있는 문장들도 모두 완성해야 지나갈 수 있어.

2 나무 도막의 길이는 0.5 m이고, 철사의 길이는 0.8 m야. 두 길이를 비교하면 0.5 < 0.8 이니까 [나무 도막 , 철사]이(가) 더 길어.

124쪽 ★ 125쪽

18일 문장제 연습하기
★ 전체의 얼마만큼인지 구하기

공부한 날   월   일

6. 분수와 소수
정답과 해설 29쪽

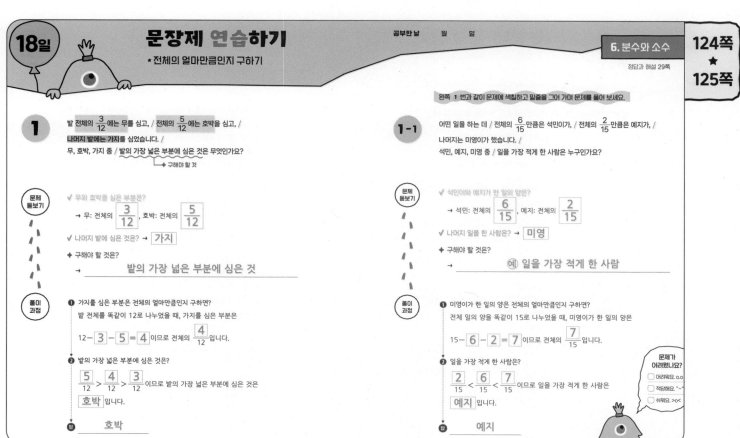

1 밭 전체의 $\frac{3}{12}$에는 무를 심고, / 전체의 $\frac{5}{12}$에는 호박을 심고, / 나머지 밭에는 가지를 심었습니다. / 무, 호박, 가지 중 / 밭의 가장 넓은 부분에 심은 것은 무엇인가요?
→ 구해야 할 것

문제 돌보기
✓ 무와 호박을 심은 부분은?
→ 무: 전체의 $\frac{3}{12}$, 호박: 전체의 $\frac{5}{12}$

✓ 나머지 밭에 심은 것은? → 가지

✚ 구해야 할 것은?
→ 밭의 가장 넓은 부분에 심은 것

풀이 과정
❶ 가지를 심은 부분은 전체의 얼마만큼인지 구하면?
밭 전체를 똑같이 12로 나누었을 때, 가지를 심은 부분은
$12 - 3 - 5 = 4$ 이므로 전체의 $\frac{4}{12}$입니다.

❷ 밭의 가장 넓은 부분에 심은 것은?
$\frac{5}{12} > \frac{4}{12} > \frac{3}{12}$ 이므로 밭의 가장 넓은 부분에 심은 것은
호박 입니다.

답   호박

1-1 어떤 일을 하는 데 / 전체의 $\frac{6}{15}$만큼은 석민이가, / 전체의 $\frac{2}{15}$만큼은 예지가, / 나머지는 미영이가 했습니다. / 석민, 예지, 미영 중 / 일을 가장 적게 한 사람은 누구인가요?

왼쪽 **1** 번과 같이 문제에 색칠하고 밑줄을 그어 가며 문제를 풀어 보세요.

문제 돌보기
✓ 석민이와 예지가 한 일의 양은?
→ 석민: 전체의 $\frac{6}{15}$, 예지: 전체의 $\frac{2}{15}$

✓ 나머지 일을 한 사람은? → 미영

✚ 구해야 할 것은?
→ 예 일을 가장 적게 한 사람

풀이 과정
❶ 미영이가 한 일의 양은 전체의 얼마만큼인지 구하면?
전체 일의 양을 똑같이 15로 나누었을 때, 미영이가 한 일의 양은
$15 - 6 - 2 = 7$ 이므로 전체의 $\frac{7}{15}$입니다.

❷ 일을 가장 적게 한 사람은?
$\frac{2}{15} < \frac{6}{15} < \frac{7}{15}$ 이므로 일을 가장 적게 한 사람은
예지 입니다.

답   예지

문제가 어려웠나요?
☐ 어려워요. o.o
☐ 적당해요. ˝ㅡ˝
☐ 쉬워요. >o<

문장제 연습하기
*남은 조각의 수 구하기

왼쪽 2 번과 같이 문제에 색칠하고 밑줄을 그어 가며 문제를 풀어 보세요.

2 케이크 한 개를 똑같이 8조각으로 나누었습니다. /
그중 2조각을 경환이가 먹고, /
혜원이는 경환이가 먹고 남은 케이크의 $\frac{1}{6}$을 먹었습니다. /
경환이와 혜원이가 먹고 남은 케이크는 몇 조각인가요?
└→ 구해야 할 것

문제 돋보기

✓ 경환이가 먹은 케이크 조각의 수는? → 똑같이 나눈 8 조각 중 2 조각

✓ 혜원이가 먹은 케이크는? → 경환이가 먹고 남은 케이크의 $\frac{1}{6}$

✦ 구해야 할 것은?
→ 경환이와 혜원이가 먹고 남은 케이크 조각의 수

풀이 과정

❶ 경환이가 먹고 남은 케이크 조각의 수는?
8 − 2 = 6 (조각)
└ 처음 조각의 수 └ 경환이가 먹은 조각의 수

❷ 혜원이가 먹은 케이크 조각의 수는?
6 조각의 $\frac{1}{6}$ 이므로 1 조각입니다.
└ 경환이가 먹고 남은 조각의 수

❸ 경환이와 혜원이가 먹고 남은 케이크 조각의 수는?
6 − 1 = 5 (조각)
└ 경환이가 먹고 남은 조각의 수 └ 혜원이가 먹은 조각의 수

답 __5조각__

2-1 피자 한 판을 똑같이 9조각으로 나누었습니다. /
그중 4조각을 명재가 먹고, /
효주는 명재가 먹고 남은 피자의 $\frac{3}{5}$을 먹었습니다. /
명재와 효주가 먹고 남은 피자는 몇 조각인가요?

문제 돋보기

✓ 명재가 먹은 피자 조각의 수는? → 똑같이 나눈 9 조각 중 4 조각

✓ 효주가 먹은 피자는? → 명재가 먹고 남은 피자의 $\frac{3}{5}$

✦ 구해야 할 것은?
→ 예 명재와 효주가 먹고 남은 피자 조각의 수

풀이 과정

❶ 명재가 먹고 남은 피자 조각의 수는?
9 − 4 = 5 (조각)

❷ 효주가 먹은 피자 조각의 수는?
5 조각의 $\frac{3}{5}$ 이므로 3 조각입니다.

❸ 명재와 효주가 먹고 남은 피자 조각의 수는?
5 − 3 = 2 (조각)

답 __2조각__

> **문제가 어려웠나요?**
> ☐ 어려워요. o.o
> ☐ 적당해요. ^-^
> ☐ 쉬워요. >o<

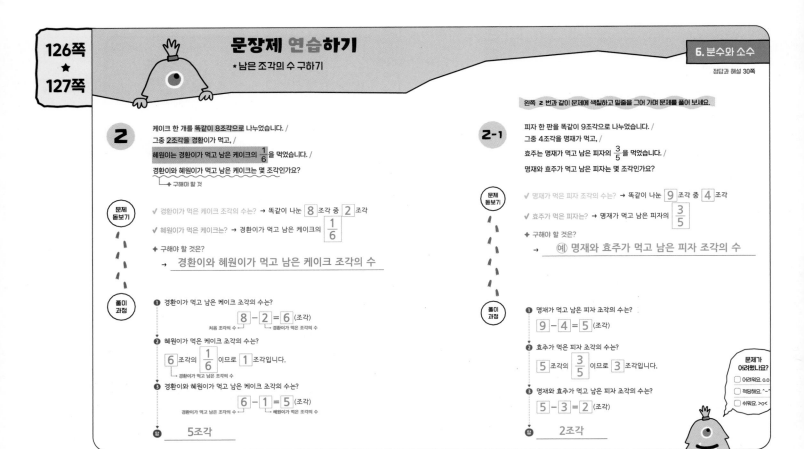

문장제 실력 쌓기
*전체의 얼마만큼인지 구하기
*남은 조각의 수 구하기

문제를 읽고 '연습하기'에서 했던 것처럼 밑줄을 그어 가며 문제를 풀어 보세요.

1 화단 전체의 $\frac{2}{9}$에는 개나리를 심고, 전체의 $\frac{4}{9}$에는 진달래를 심고,
나머지 화단에는 코스모스를 심었습니다.
개나리, 진달래, 코스모스 중 화단의 가장 넓은 부분에 심은 것은 무엇인가요?
❶ 코스모스를 심은 부분은 전체의 얼마만큼인지 구하면?
예 화단 전체를 똑같이 9로 나누었을 때, 코스모스를 심은 부분은
9−2−4=3이므로 전체의 $\frac{3}{9}$입니다.
❷ 화단의 가장 넓은 부분에 심은 것은?
예 $\frac{4}{9} > \frac{3}{9} > \frac{2}{9}$이므로 화단의 가장 넓은 부분에 심은 것은 진달래입니다.

답 __진달래__

2 파이 한 판을 똑같이 10조각으로 나누었습니다.
그중 3조각을 주연이가 먹고, 정호는 주연이가 먹고 남은 파이의 $\frac{4}{7}$를 먹었습니다.
주연이와 정호가 먹고 남은 파이는 몇 조각인가요?
❶ 주연이가 먹고 남은 파이 조각의 수는?
예 10−3=7(조각)

❷ 정호가 먹은 파이 조각의 수는?
예 주연이가 먹고 남은 조각의 수 7조각의 $\frac{4}{7}$이므로 4조각입니다.

❸ 주연이와 정호가 먹고 남은 파이 조각의 수는?
예 (주연이가 먹고 남은 조각의 수)−(정호가 먹은 조각의 수)
=7−4=3(조각)

답 __3조각__

3 전교 학급 회장 선거에서 전체 표의 $\frac{7}{18}$을 지아, 전체 표의 $\frac{5}{18}$를 선미가,
나머지 표는 준용이가 얻었습니다.
지아, 선미, 준용 중 표를 가장 적게 얻은 사람은 누구인가요?
❶ 준용이가 얻은 표는 전체의 얼마만큼인지 구하면?
예 전체 표를 똑같이 18로 나누었을 때, 준용이가 얻은 표는
18−7−5=6이므로 전체 표의 $\frac{6}{18}$입니다.
❷ 표를 가장 적게 얻은 사람은?
예 $\frac{5}{18} < \frac{6}{18} < \frac{7}{18}$이므로 표를 가장 적게 얻은 사람은 선미입니다.

답 __선미__

4 현주가 색 테이프를 똑같이 14조각으로 나누었습니다. 그중 5조각을 봉투를 묶는 데
사용하고, 남은 색 테이프의 $\frac{3}{9}$을 책을 묶는 데 사용했습니다.
봉투와 책을 묶는 데 사용하고 남은 색 테이프는 몇 조각인가요?
❶ 봉투를 묶는 데 사용하고 남은 색 테이프 조각의 수는?
예 14−5=9(조각)

❷ 책을 묶는 데 사용한 색 테이프 조각의 수는?
예 봉투를 묶는 데 사용하고 남은 조각의 수 9조각의 $\frac{3}{9}$이므로 3조각입니다.

❸ 봉투와 책을 묶는 데 사용하고 남은 색 테이프 조각의 수는?
예 (봉투를 묶는 데 사용하고 남은 조각의 수)−(책을 묶는 데 사용한 조각의 수)
=9−3=6(조각)

답 __6조각__

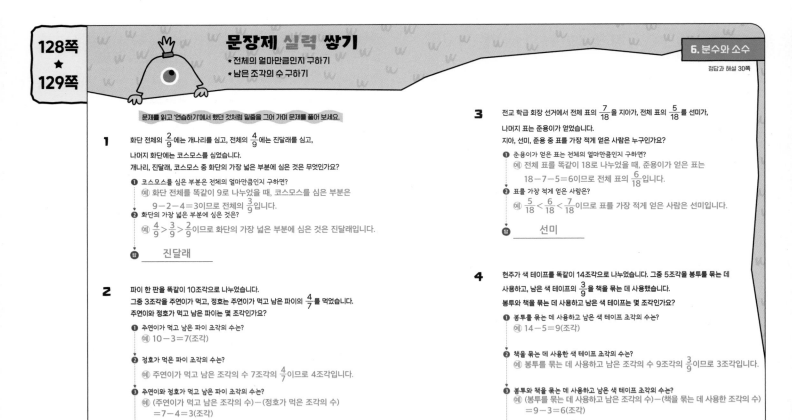

19일 문장제 연습하기

*조건에 알맞은 수 구하기

공부한 날   월   일

정답과 해설 31쪽

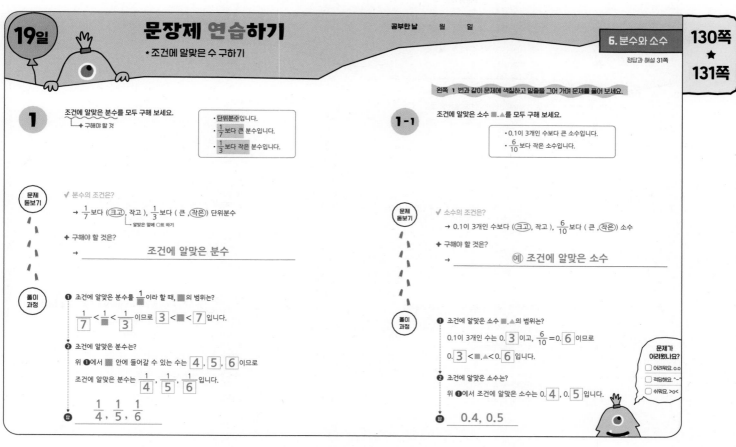

1 조건에 알맞은 분수를 모두 구해 보세요.
→ 구해야 할 것

• 단위분수입니다.
• $\frac{1}{7}$보다 큰 분수입니다.
• $\frac{1}{3}$보다 작은 분수입니다.

문제 돋보기

✓ 분수의 조건은?

→ $\frac{1}{7}$보다 (크고, 작고), $\frac{1}{3}$보다 (큰, 작은) 단위분수
└ 알맞은 말에 ○표 하기

✦ 구해야 할 것은?

→ 조건에 알맞은 분수

풀이 과정

❶ 조건에 알맞은 분수를 $\frac{1}{■}$이라 할 때, ■의 범위는?

$\frac{1}{7} < \frac{1}{■} < \frac{1}{3}$ 이므로 $3 < ■ < 7$ 입니다.

❷ 조건에 알맞은 분수는?

위 ❶에서 ■ 안에 들어갈 수 있는 수는 4, 5, 6 이므로

조건에 알맞은 분수는 $\frac{1}{4}$, $\frac{1}{5}$, $\frac{1}{6}$ 입니다.

답 $\frac{1}{4}$, $\frac{1}{5}$, $\frac{1}{6}$

왼쪽 **1**번과 같이 문제에 색칠하고 밑줄을 그어 가며 문제를 풀어 보세요.

1-1 조건에 알맞은 소수 ■.▲를 모두 구해 보세요.

• 0.1이 3개인 수보다 큰 소수입니다.
• $\frac{6}{10}$보다 작은 소수입니다.

문제 돋보기

✓ 소수의 조건은?

→ 0.1이 3개인 수보다 (크고, 작고), $\frac{6}{10}$보다 (큰, 작은) 소수

✦ 구해야 할 것은?

→ (예) 조건에 알맞은 소수

풀이 과정

❶ 조건에 알맞은 소수 ■.▲의 범위는?

0.1이 3개인 수는 0.3 이고, $\frac{6}{10} =$ 0.6 이므로

0.3 < ■.▲ < 0.6 입니다.

❷ 조건에 알맞은 소수는?

위 ❶에서 조건에 알맞은 소수는 0.4, 0.5 입니다.

답 0.4, 0.5

문제가 어려웠나요?
☐ 어려워요. o.o
☐ 적당해요. "-~
☐ 쉬워요. >o<

문장제 연습하기

*수 카드로 분수 만들기

정답과 해설 31쪽

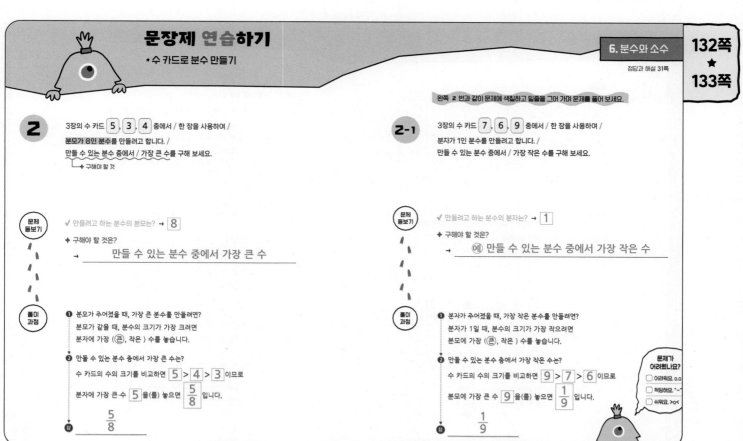

2 3장의 수 카드 5, 3, 4 중에서 / 한 장을 사용하여 /
분모가 8인 분수를 만들려고 합니다. /
만들 수 있는 분수 중에서 / 가장 큰 수를 구해 보세요.
→ 구해야 할 것

문제 돋보기

✓ 만들려고 하는 분수의 분모는? → 8

✦ 구해야 할 것은?

→ 만들 수 있는 분수 중에서 가장 큰 수

풀이 과정

❶ 분모가 주어졌을 때, 가장 큰 분수를 만들려면?

분모가 같을 때, 분수의 크기가 가장 크려면

분자에 가장 (큰, 작은) 수를 놓습니다.

❷ 만들 수 있는 분수 중에서 가장 큰 수는?

수 카드의 수의 크기를 비교하면 $5 > 4 > 3$ 이므로

분자에 가장 큰 수 5 을(를) 놓으면 $\frac{5}{8}$ 입니다.

답 $\frac{5}{8}$

왼쪽 **2**번과 같이 문제에 색칠하고 밑줄을 그어 가며 문제를 풀어 보세요.

2-1 3장의 수 카드 7, 6, 9 중에서 / 한 장을 사용하여 /
분자가 1인 분수를 만들려고 합니다. /
만들 수 있는 분수 중에서 / 가장 작은 수를 구해 보세요.

문제 돋보기

✓ 만들려고 하는 분수의 분자는? → 1

✦ 구해야 할 것은?

→ (예) 만들 수 있는 분수 중에서 가장 작은 수

풀이 과정

❶ 분자가 주어졌을 때, 가장 작은 분수를 만들려면?

분자가 1일 때, 분수의 크기가 가장 작으려면

분모에 가장 (큰, 작은) 수를 놓습니다.

❷ 만들 수 있는 분수 중에서 가장 작은 수는?

수 카드의 수의 크기를 비교하면 $9 > 7 > 6$ 이므로

분모에 가장 큰 수 9 을(를) 놓으면 $\frac{1}{9}$ 입니다.

답 $\frac{1}{9}$

문제가 어려웠나요?
☐ 어려워요. o.o
☐ 적당해요. "-~
☐ 쉬워요. >o<

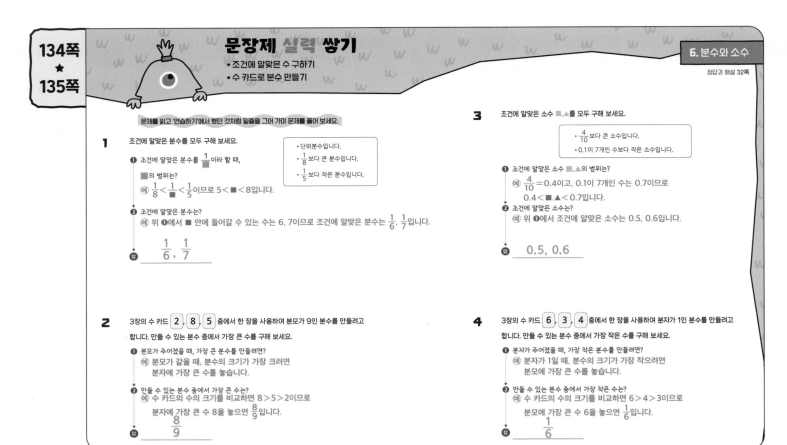

문장제 실력 쌓기

*조건에 알맞은 수 구하기
*수 카드로 분수 만들기

정답과 해설 32쪽

문제를 읽고 '연습하기'에서 했던 것처럼 밑줄을 그어 가며 문제를 풀어 보세요.

1 조건에 알맞은 분수를 모두 구해 보세요.

> • 단위분수입니다.
> • $\frac{1}{8}$ 보다 큰 분수입니다.
> • $\frac{1}{5}$ 보다 작은 분수입니다.

❶ 조건에 알맞은 분수를 $\frac{1}{■}$ 이라 할 때,

■의 범위는?

예 $\frac{1}{8} < \frac{1}{■} < \frac{1}{5}$ 이므로 5 < ■ < 8입니다.

❷ 조건에 알맞은 분수는?

예 위 ❶에서 ■ 안에 들어갈 수 있는 수는 6, 7이므로 조건에 알맞은 분수는 $\frac{1}{6}$, $\frac{1}{7}$입니다.

답 $\frac{1}{6}$, $\frac{1}{7}$

2 3장의 수 카드 2 , 8 , 5 중에서 한 장을 사용하여 분모가 9인 분수를 만들려고

합니다. 만들 수 있는 분수 중에서 가장 큰 수를 구해 보세요.

❶ 분모가 주어졌을 때, 가장 큰 분수를 만들려면?

예 분모가 같을 때, 분수의 크기가 가장 크려면
분자에 가장 큰 수를 놓습니다.

❷ 만들 수 있는 분수 중에서 가장 큰 수는?

예 수 카드의 수의 크기를 비교하면 8 > 5 > 2이므로
분자에 가장 큰 수 8을 놓으면 $\frac{8}{9}$입니다.

답 $\frac{8}{9}$

3 조건에 알맞은 소수 ■.▲를 모두 구해 보세요.

> • $\frac{4}{10}$ 보다 큰 소수입니다.
> • 0.1이 7개인 수보다 작은 소수입니다.

❶ 조건에 알맞은 소수 ■.▲의 범위는?

예 $\frac{4}{10}$ = 0.4이고, 0.1이 7개인 수는 0.7이므로
0.4 < ■.▲ < 0.7입니다.

❷ 조건에 알맞은 소수는?

예 위 ❶에서 조건에 알맞은 소수는 0.5, 0.6입니다.

답 0.5, 0.6

4 3장의 수 카드 6 , 3 , 4 중에서 한 장을 사용하여 분자가 1인 분수를 만들려고

합니다. 만들 수 있는 분수 중에서 가장 작은 수를 구해 보세요.

❶ 분자가 주어졌을 때, 가장 작은 분수를 만들려면?

예 분자가 1일 때, 분수의 크기가 가장 작으려면
분모에 가장 큰 수를 놓습니다.

❷ 만들 수 있는 분수 중에서 가장 작은 수는?

예 수 카드의 수의 크기를 비교하면 6 > 4 > 3이므로
분모에 가장 큰 수 6을 놓으면 $\frac{1}{6}$입니다.

답 $\frac{1}{6}$

단원 마무리

공부한 날   월   일

정답과 해설 32쪽

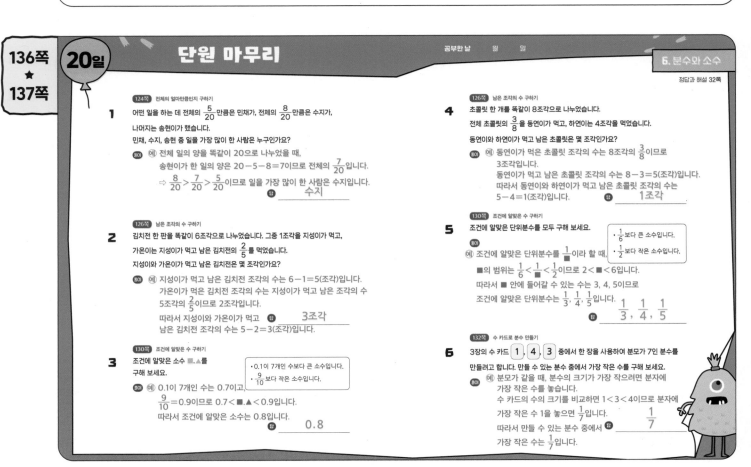

124쪽 전체의 얼마만큼인지 구하기

1 어떤 일을 하는 데 전체의 $\frac{5}{20}$ 만큼은 민채가, 전체의 $\frac{8}{20}$ 만큼은 수지가,

나머지는 송현이가 했습니다.

민채, 수지, 송현 중 일을 가장 많이 한 사람은 누구인가요?

풀이 예 전체 일의 양을 똑같이 20으로 나누었을 때,
송현이가 한 일의 양은 20 - 5 - 8 = 7로 전체의 $\frac{7}{20}$입니다.
⇨ $\frac{8}{20} > \frac{7}{20} > \frac{5}{20}$ 이므로 일을 가장 많이 한 사람은 수지입니다.

답 수지

126쪽 남은 조각의 수 구하기

2 김치전 한 판을 똑같이 6조각으로 나누었습니다. 그중 1조각을 지성이가 먹고,

가온이는 지성이가 먹고 남은 김치전의 $\frac{2}{5}$ 를 먹었습니다.

지성이와 가온이가 먹고 남은 김치전은 몇 조각인가요?

풀이 예 지성이가 먹고 남은 김치전 조각의 수는 6 - 1 = 5(조각)입니다.
가온이가 먹은 김치전 조각의 수는 지성이가 먹고 남은 조각의 수
5조각의 $\frac{2}{5}$ 이므로 2조각입니다.
따라서 지성이와 가온이가 먹고   답 3조각
남은 김치전 조각의 수는 5 - 2 = 3(조각)입니다.

130쪽 조건에 알맞은 수 구하기

3 조건에 알맞은 소수 ■.▲를

구해 보세요.

> • 0.1이 7개인 수보다 큰 소수입니다.
> • $\frac{9}{10}$ 보다 작은 소수입니다.

풀이 예 0.1이 7개인 수는 0.7이고,
$\frac{9}{10}$ = 0.9이므로 0.7 < ■.▲ < 0.9입니다.
따라서 조건에 알맞은 소수는 0.8입니다.   답 0.8

126쪽 남은 조각의 수 구하기

4 초콜릿 한 개를 똑같이 8조각으로 나누었습니다.

전체 초콜릿의 $\frac{3}{8}$ 을 동연이가 먹고, 하연이는 4조각을 먹었습니다.

동연이와 하연이가 먹고 남은 초콜릿은 몇 조각인가요?

풀이 예 동연이가 먹은 초콜릿 조각의 수는 8조각의 $\frac{3}{8}$ 이므로
3조각입니다.
동연이가 먹고 남은 초콜릿 조각의 수는 8 - 3 = 5(조각)입니다.
따라서 동연이와 하연이가 먹고 남은 초콜릿 조각의 수는
5 - 4 = 1(조각)입니다.   답 1조각

130쪽 조건에 알맞은 수 구하기

5 조건에 알맞은 단위분수를 모두 구해 보세요.

> • $\frac{1}{6}$ 보다 큰 소수입니다.
> • $\frac{1}{2}$ 보다 작은 소수입니다.

풀이 예 조건에 알맞은 단위분수를 $\frac{1}{■}$ 이라 할 때,

■의 범위는 $\frac{1}{6} < \frac{1}{■} < \frac{1}{2}$ 이므로 2 < ■ < 6입니다.
따라서 ■ 안에 들어갈 수 있는 수는 3, 4, 5이므로
조건에 알맞은 단위분수는 $\frac{1}{3}$, $\frac{1}{4}$, $\frac{1}{5}$입니다.   답 $\frac{1}{3}$, $\frac{1}{4}$, $\frac{1}{5}$

132쪽 수 카드로 분수 만들기

6 3장의 수 카드 1 , 4 , 3 중에서 한 장을 사용하여 분모가 7인 분수를

만들려고 합니다. 만들 수 있는 분수 중에서 가장 작은 수를 구해 보세요.

풀이 예 분모가 같을 때, 분수의 크기가 가장 작으려면 분자에
가장 작은 수를 놓습니다.
수 카드의 수의 크기를 비교하면 1 < 3 < 4이므로 분자에
가장 작은 수 1을 놓으면 $\frac{1}{7}$입니다.   답 $\frac{1}{7}$
따라서 만들 수 있는 분수 중에서
가장 작은 수는 $\frac{1}{7}$입니다.

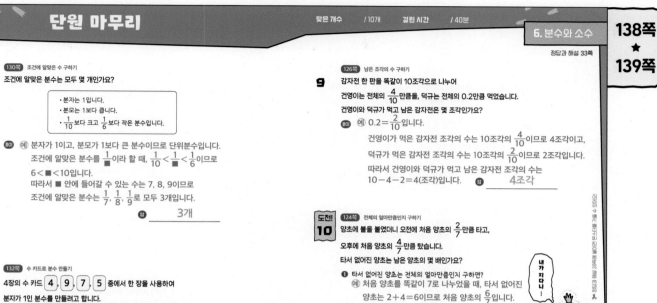

130쪽 조건에 알맞은 수 구하기

7 조건에 알맞은 분수는 모두 몇 개인가요?

> · 분자는 1입니다.
> · 분모는 1보다 큽니다.
> · $\frac{1}{10}$보다 크고 $\frac{1}{6}$보다 작은 분수입니다.

풀이 ⓔ 분자가 1이고, 분모가 1보다 큰 분수이므로 단위분수입니다.
조건에 알맞은 분수를 $\frac{1}{\blacksquare}$이라 할 때, $\frac{1}{10} < \frac{1}{\blacksquare} < \frac{1}{6}$이므로
$6 < \blacksquare < 10$입니다.
따라서 ■ 안에 들어갈 수 있는 수는 7, 8, 9이므로
조건에 알맞은 분수는 $\frac{1}{7}$, $\frac{1}{8}$, $\frac{1}{9}$로 모두 3개입니다.

답 　 3개

132쪽 수 카드로 분수 만들기

8 4장의 수 카드 4 , 9 , 7 , 5 중에서 한 장을 사용하여
분자가 1인 분수를 만들려고 합니다.
만들 수 있는 분수 중에서 가장 큰 수와 가장 작은 수를 각각 구해 보세요.

풀이 ⓔ 분자가 1일 때, 분수의 크기는 분모가 작을수록 더 큽니다.
$9 > 7 > 5 > 4$이므로 분자가 1인 분수의 크기가 가장 크려면
분모에 가장 작은 수 4를, 분자가 1인 분수의 크기가 가장 작으려면
분모에 가장 큰 수 9를 놓습니다.
따라서 만들 수 있는 분수 중에서 가장 큰 수는 $\frac{1}{4}$이고, 가장 작은 수는 $\frac{1}{9}$입니다.

답 가장 큰 수: 　 $\frac{1}{4}$ 　 , 가장 작은 수: 　 $\frac{1}{9}$

126쪽 남은 조각의 수 구하기

9 감자전 한 판을 똑같이 10조각으로 나누어
건영이는 전체의 $\frac{4}{10}$만큼을, 덕규는 전체의 0.2만큼 먹었습니다.
건영이와 덕규가 먹고 남은 감자전은 몇 조각인가요?

풀이 ⓔ $0.2 = \frac{2}{10}$입니다.
건영이가 먹은 감자전 조각의 수는 10조각의 $\frac{4}{10}$이므로 4조각이고,
덕규가 먹은 감자전 조각의 수는 10조각의 $\frac{2}{10}$이므로 2조각입니다.
따라서 건영이와 덕규가 먹고 남은 감자전 조각의 수는
$10 - 4 - 2 = 4$(조각)입니다. 답 　 4조각

도전! **10** **124쪽** 전체의 얼마만큼인지 구하기

양초에 불을 붙였더니 오전에 처음 양초의 $\frac{2}{7}$만큼 타고,
오후에 처음 양초의 $\frac{4}{7}$만큼 탔습니다.
타서 없어진 양초는 남은 양초의 몇 배인가요?

내가 지다니…

❶ 타서 없어진 양초는 전체의 얼마만큼인지 구하면?
ⓔ 처음 양초를 똑같이 7로 나누었을 때, 타서 없어진
양초는 $2 + 4 = 6$이므로 처음 양초의 $\frac{6}{7}$입니다.

❷ 남은 양초는 전체의 얼마만큼인지 구하면?
ⓔ 처음 양초를 똑같이 7로 나누었을 때, 남은 양초는
$7 - 6 = 1$이므로 처음 양초의 $\frac{1}{7}$입니다.

❸ 타서 없어진 양초는 남은 양초의 몇 배인지 구하면?
ⓔ $\frac{6}{7}$은 $\frac{1}{7}$의 6배이므로 타서 없어진 양초는 남은 양초의
6배입니다.

답 　 6배

실력 평가

1 농구장에 825명이 있었습니다. 전반전 경기가 끝난 후에 174명이 나가고, 후반전 경기가 시작하기 전에 138명이 들어왔습니다. 후반전 경기가 시작했을 때 농구장에 있는 사람은 몇 명인가요?

풀이 예 전반전 경기가 끝난 후 나가고 남은 사람 수는
825−174=651(명)입니다.
따라서 후반전 경기가 시작했을 때 농구장에 있는 사람 수는
651+138=789(명)입니다.

답 __789명__

2 미정이는 56쪽짜리 책을 7일 동안, 홍영이는 48쪽짜리 책을 8일 동안 매일 같은 쪽수만큼 읽으려고 합니다. 하루 동안 미정이가 읽는 쪽수는 홍영이가 읽는 쪽수보다 몇 쪽 더 많나요?

풀이 예 (미정이가 하루 동안 읽는 쪽수)=56÷7=8(쪽)
(홍영이가 하루 동안 읽는 쪽수)=48÷8=6(쪽)
⇨ 하루 동안 미정이가 읽는 쪽수는 홍영이가 읽는 쪽수보다
8−6=2(쪽) 더 많습니다.

답 __2쪽__

3 오른쪽 도형에서 찾을 수 있는 각은 모두 몇 개인가요?

풀이 예

• 각 1개로 이루어진 각:
①, ②, ③, ④, ⑤,
⑥, ⑦, ⑧, ⑨, ⑩
→ 10개
• 각 2개로 이루어진 각: ①+⑩, ③+④, ⑤+⑥, ⑧+⑨ → 4개
⇨ (도형에서 찾을 수 있는 각의 수)
=10+4=14(개)

답 __14개__

4 길이가 5 cm 2 mm인 색 테이프 2장을 그림과 같이 18 mm만큼 겹치게 이어 붙였습니다. 이어 붙인 색 테이프의 전체 길이는 몇 cm 몇 mm인가요?

5 cm 2 mm   18 mm   5 cm 2 mm

풀이 예 (색 테이프 2장의 길이의 합)
=5 cm 2 mm+5 cm 2 mm=10 cm 4 mm
⇨ (이어 붙인 색 테이프의 전체 길이)
=10 cm 4 mm−18 mm
=10 cm 4 mm−1 cm 8 mm=8 cm 6 mm

답 __8 cm 6 mm__

5 정란이와 주원이가 자전거를 타고 같은 곳에서 서로 같은 방향으로 동시에 출발하여 일직선으로 움직였습니다. 정란이는 3900 m를 갔고, 주원이는 5 km 100 m를 갔습니다. 지금 두 사람 사이의 거리는 몇 km 몇 m인가요?

풀이 예 정란이가 간 거리는 3900 m=3 km 900 m입니다.
정란이가 간 거리: 3 km 900 m
출발 ←———————————→ 주원이가 간 거리: 5 km 100 m
따라서 지금 두 사람 사이의 거리는
5 km 100 m−3 km 900 m=1 km 200 m입니다.

답 __1 km 200 m__

6 어떤 수에 4를 곱해야 할 것을 잘못하여 4를 더했더니 51이 되었습니다. 바르게 계산한 값은 얼마인가요?

풀이 예 어떤 수를 ■라 하면 ■+4=51
⇨ 51−4=■, ■=47입니다.
따라서 바르게 계산한 값은 47×4=188입니다.

답 __188__

7 0부터 9까지의 수 중에서 □ 안에 들어갈 수 있는 수를 모두 구해 보세요.

46□+273<737

풀이 예 46□+273=737일 때, 737−273=46□, 46□=464입니다.
46□+273<737에서 46□는 464보다 작아야 하므로
□ 안에 들어갈 수 있는 수는 0, 1, 2, 3입니다.

답 __0, 1, 2, 3__

8 3장의 수 카드 5 , 7 , 8 을 한 번씩만 사용하여 곱이 가장 큰 (몇십몇)×(몇)을 만들고 계산해 보세요.

☐☐×☐=☐☐☐

풀이 예 수 카드의 수의 크기를 비교하면 8>7>5이므로 곱하는 수에 8을 쓰고, 곱해지는 수의 십의 자리에 7, 일의 자리에 5를 쓰면 75×8입니다.
따라서 곱이 가장 큰 (몇십몇)×(몇)은 75×8=600입니다.

답 7 5 × 8 = 600

9 곧게 뻗은 산책로의 양쪽에 처음부터 끝까지 나무 48그루를 3 m 간격으로 심었습니다. 이 산책로의 길이는 몇 m인가요?
(단, 나무의 두께는 생각하지 않습니다.)

3 m

풀이 예 24+24=48이므로 산책로 한쪽에 심은 나무의 수는 24그루입니다.
산책로 한쪽에 처음부터 끝까지 나무를 심었으므로 나무 사이의 간격 수는 24−1=23(군데)입니다.
⇨ (산책로의 길이)=(나무 사이의 간격)×(간격 수)
=3×23=23×3=69(m)

답 __69 m__

10 양초에 불을 붙였더니 오전에 처음 양초의 $\frac{5}{13}$만큼 타고, 오후에 처음 양초의 $\frac{7}{13}$만큼 탔습니다. 타서 없어진 양초는 남은 양초의 몇 배인가요?

풀이 예 처음 양초를 똑같이 13으로 나누었을 때, 타서 없어진 양초는
5+7=12이므로 처음 양초의 $\frac{12}{13}$입니다.
처음 양초를 똑같이 13으로 나누었을 때, 남은 양초는
13−12=1이므로 처음 양초의 $\frac{1}{13}$입니다.
따라서 $\frac{12}{13}$는 $\frac{1}{13}$의 12배이므로 타서 없어진 양초는 남은 양초의 12배입니다.

답 __12배__

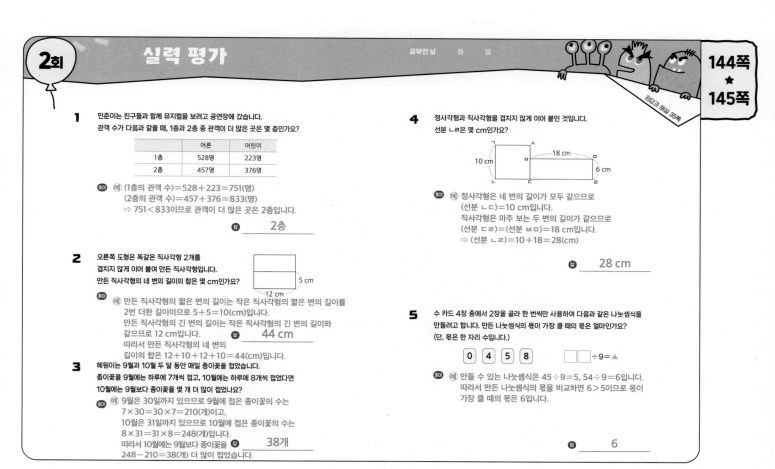

1 민준이는 친구들과 함께 뮤지컬을 보려고 공연장에 갔습니다.
관객 수가 다음과 같을 때, 1층과 2층 중 관객이 더 많은 곳은 몇 층인가요?

	어른	어린이
1층	528명	223명
2층	457명	376명

풀이 (예) (1층의 관객 수)=528+223=751(명)
(2층의 관객 수)=457+376=833(명)
⇨ 751<833이므로 관객이 더 많은 곳은 2층입니다.

답   2층

2 오른쪽 도형은 똑같은 직사각형 2개를
겹치지 않게 이어 붙여 만든 직사각형입니다.
만든 직사각형의 네 변의 길이의 합은 몇 cm인가요?

5 cm
12 cm

풀이 (예) 만든 직사각형의 짧은 변의 길이는 작은 직사각형의 짧은 변의 길이를
2번 더한 길이이므로 5+5=10(cm)입니다.
만든 직사각형의 긴 변의 길이는 작은 직사각형의 긴 변의 길이와
같으므로 12 cm입니다. 답   44 cm
따라서 만든 직사각형의 네 변의
길이의 합은 12+10+12+10=44(cm)입니다.

3 혜원이는 9월과 10월 두 달 동안 매일 종이꽃을 접었습니다.
종이꽃을 9월에는 하루에 7개씩 접고, 10월에는 하루에 8개씩 접었다면
10월에는 9월보다 종이꽃을 몇 개 더 많이 접었나요?

풀이 (예) 9월은 30일까지 있으므로 9월에 접은 종이꽃의 수는
7×30=30×7=210(개)이고,
10월은 31일까지 있으므로 10월에 접은 종이꽃의 수는
8×31=31×8=248(개)입니다.
따라서 10월에는 9월보다 종이꽃을 답   38개
248-210=38(개) 더 많이 접었습니다.

4 정사각형과 직사각형을 겹치지 않게 이어 붙인 것입니다.
선분 ㄴㄹ은 몇 cm인가요?

10 cm   18 cm   6 cm

풀이 (예) 정사각형은 네 변의 길이가 모두 같으므로
(선분 ㄴㄷ)=10 cm입니다.
직사각형은 마주 보는 두 변의 길이가 같으므로
(선분 ㄷㄹ)=(선분 ㅂㅁ)=18 cm입니다.
⇨ (선분 ㄴㄹ)=10+18=28(cm)

답   28 cm

5 수 카드 4장 중에서 2장을 골라 한 번씩만 사용하여 다음과 같은 나눗셈식을
만들려고 합니다. 만든 나눗셈식의 몫이 가장 클 때의 몫은 얼마인가요?
(단, 몫은 한 자리 수입니다.)

0   4   5   8   □□÷9=▲

풀이 (예) 만들 수 있는 나눗셈식은 45÷9=5, 54÷9=6입니다.
따라서 만든 나눗셈식의 몫을 비교하면 6>5이므로 몫이
가장 클 때의 몫은 6입니다.

답   6

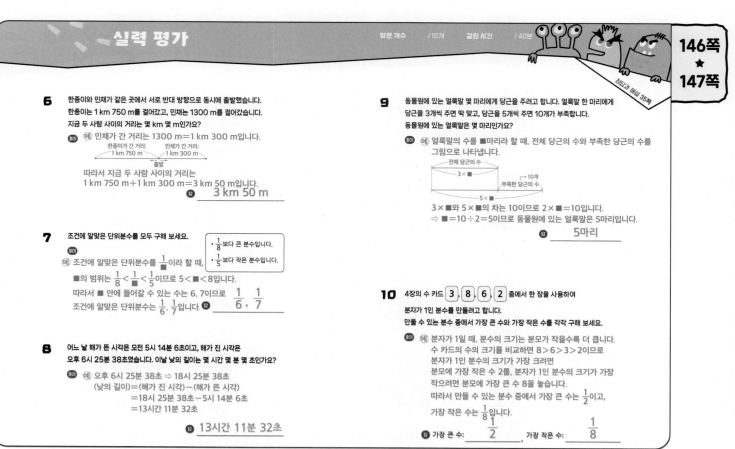

6 한종이와 민채가 같은 곳에서 서로 반대 방향으로 동시에 출발했습니다.
한종이는 1 km 750 m를 걸어갔고, 민채는 1300 m를 걸어갔습니다.
지금 두 사람 사이의 거리는 몇 km 몇 m인가요?

풀이 (예) 민채가 간 거리는 1300 m=1 km 300 m입니다.

한종이가 간 거리: 민채가 간 거리:
1 km 750 m   1 km 300 m
출발

따라서 지금 두 사람 사이의 거리는
1 km 750 m+1 km 300 m=3 km 50 m입니다.

답   3 km 50 m

7 조건에 알맞은 단위분수를 모두 구해 보세요.

· $\frac{1}{8}$보다 큰 분수입니다.
· $\frac{1}{5}$보다 작은 분수입니다.

풀이 (예) 조건에 알맞은 단위분수를 $\frac{1}{■}$이라 할 때,
■의 범위는 $\frac{1}{8}<\frac{1}{■}<\frac{1}{5}$이므로 5<■<8입니다.
따라서 ■ 안에 들어갈 수 있는 수는 6, 7이므로
조건에 알맞은 단위분수는 $\frac{1}{6}$, $\frac{1}{7}$입니다. 답 $\frac{1}{6}$, $\frac{1}{7}$

8 어느 날 해가 뜬 시각은 오전 5시 14분 6초이고, 해가 진 시각은
오후 6시 25분 38초였습니다. 이날 낮의 길이는 몇 시간 몇 분 몇 초인가요?

풀이 (예) 오후 6시 25분 38초 ⇨ 18시 25분 38초
(낮의 길이)=(해가 진 시각)-(해가 뜬 시각)
=18시 25분 38초-5시 14분 6초
=13시간 11분 32초

답   13시간 11분 32초

9 동물원에 있는 얼룩말 몇 마리에게 당근을 주려고 합니다. 얼룩말 한 마리에게
당근을 3개씩 주면 딱 맞고, 당근을 5개씩 주면 10개가 부족합니다.
동물원에 있는 얼룩말은 몇 마리인가요?

풀이 (예) 얼룩말의 수를 ■마리라 할 때, 전체 당근의 수와 부족한 당근의 수를
그림으로 나타냅니다.

전체 당근의 수
3×■   10개
   부족한 당근의 수
5×■

3×■와 5×■의 차는 10이므로 2×■=10입니다.
⇨ ■=10÷2=5이므로 동물원에 있는 얼룩말은 5마리입니다.

답   5마리

10 4장의 수 카드 3, 8, 6, 2 중에서 한 장을 사용하여
분자가 1인 분수를 만들려고 합니다.
만들 수 있는 분수 중에서 가장 큰 수와 가장 작은 수를 각각 구해 보세요.

풀이 (예) 분자가 1일 때, 분수의 크기는 분모가 작을수록 더 큽니다.
수 카드의 수의 크기를 비교하면 8>6>3>2이므로
분자가 1인 분수의 크기가 가장 크려면
분모에 가장 작은 수 2를, 분자가 1인 분수의 크기가 가장
작으려면 분모에 가장 큰 수 8을 놓습니다.
따라서 만들 수 있는 분수 중에서 가장 큰 수는 $\frac{1}{2}$이고,
가장 작은 수는 $\frac{1}{8}$입니다.

답 가장 큰 수: $\frac{1}{2}$ 가장 작은 수: $\frac{1}{8}$

1 어느 빵 가게에서 모닝빵은 한 상자에 20개씩, 도넛은 한 상자에 12개씩 담아 팔고 있습니다. 오전에 모닝빵 4상자와 도넛 7상자를 팔았다면 오전에 판 모닝빵과 도넛은 모두 몇 개인가요?

풀이 예 오전에 판 모닝빵의 수는 20×4=80(개)이고,
오전에 판 도넛의 수는 12×7=84(개)입니다.
따라서 오전에 판 모닝빵과 도넛은 모두
80+84=164(개)입니다.

답 __164개__

2 상자에 단추가 있습니다.
인형을 만드는 데 305개를 사용하고, 다시 419개를 사 왔습니다.
지금 상자에 있는 단추가 683개일 때, 처음 상자에 있던 단추는 몇 개인가요?

풀이 예 다시 사 오기 전 단추의 수는 683−419=264(개)입니다.
사용하기 전 단추의 수는 264+305=569(개)입니다.
따라서 처음 상자에 있던 단추의 수는 569개입니다.

답 __569개__

3 오른쪽 도형에서 찾을 수 있는 크고 작은 직사각형은 모두 몇 개인가요?

풀이 예 · 작은 직사각형 1개짜리:
①, ②, ③, ④, ⑤ → 5개
· 작은 직사각형 2개짜리: ①+②, ③+④, ①+③, ②+④ → 4개
· 작은 직사각형 3개짜리: ②+④+⑤ → 1개
· 작은 직사각형 4개짜리: ①+②+③+④ → 1개
· 작은 직사각형 5개짜리: ①+②+③+④+⑤ → 1개
⇨ (도형에서 찾을 수 있는 크고 작은 직사각형의 수)
=5+4+1+1+1=12(개)

답 __12개__

4 똑같은 직사각형 4개를 겹치지 않게 이어 붙여 만든 직사각형입니다.
만든 직사각형의 네 변의 길이의 합은 몇 cm인가요?

풀이 예 만든 직사각형의 긴 변의 길이는 작은 직사각형의 긴 변의 길이를 2번 더한 길이이므로 15+15=30(cm)입니다.
만든 직사각형의 짧은 변의 길이는 작은 직사각형의 짧은 변의 길이를 2번 더한 길이와 같으므로 4+4=8(cm)입니다.
따라서 만든 직사각형의 네 변의 길이의 합은
30+8+30+8=76(cm)입니다.

답 __76 cm__

5 공원에서 백화점까지의 거리는 몇 km 몇 m인가요?

풀이 예 (공원에서 서점까지의 거리)+(병원에서 백화점까지의 거리)
=1 km 340 m+1 km 570 m=2 km 910 m
⇨ (공원에서 백화점까지의 거리)
=2 km 910 m−720 m=2 km 190 m

답 __2 km 190 m__

6 어떤 일을 하는 데 전체의 $\frac{4}{17}$만큼은 민준이가, 전체의 $\frac{6}{17}$만큼은 현주가,
나머지는 은석이가 했습니다.
민준, 현주, 은석 중 일을 가장 많이 한 사람은 누구인가요?

풀이 예 전체 일의 양을 똑같이 17로 나누었을 때, 은석이가 한 일의 양은
17−4−6=7이므로
전체의 $\frac{7}{17}$입니다.
⇨ $\frac{7}{17}$>$\frac{6}{17}$>$\frac{4}{17}$이므로 일을
가장 많이 한 사람은 은석입니다.

답 __은석__

7 3장의 수 카드 6 , 9 , 4 를 한 번씩만 사용하여
곱이 가장 작은 (몇십몇)×(몇)을 만들고 계산해 보세요.

□□ × □ = □

풀이 예 수 카드의 수의 크기를 비교하면 9>6>4이므로 곱하는
수에 4를 쓰고,
곱해지는 수의 십의 자리에 6, 일의 자리에 9를 쓰면
69×4입니다.
따라서 곱이 가장 작은
(몇십몇)×(몇)은 69×4=276입니다.

답 6 9 × 4 = 276

8 원 모양 호수의 둘레를 따라 3 m 간격으로 말뚝을
박았습니다. 박은 말뚝이 26개라면 호수의 둘레는
몇 m인가요? (단, 말뚝의 두께는 생각하지 않습니다.)

풀이 예 호수가 원 모양이므로
(말뚝 사이의 간격 수)=(말뚝 수)=26군데입니다.
⇨ (호수의 둘레)=(말뚝 사이의 간격)×(간격 수)
=3×26=26×3=78(m)

답 __78 m__

9 양배추를 상자 몇 개에 나누어 담으려고 합니다. 상자 한 개에 양배추를
6통씩 담으면 딱 맞고, 4통씩 담으면 16통이 남습니다.
상자는 몇 개인가요?

풀이 예 상자 수를 ■개라 할 때, 전체 양배추의 수와 남는 양배추의 수를
그림으로 나타냅니다.

6×■와 4×■의 차는 16이므로
2×■=16입니다.
⇨ ■=16÷2=8이므로
상자는 8개입니다.

답 __8개__

10 어느 날 울산과 제주에서 각각 해가 뜬 시각과 해가 진 시각을 나타낸 표입니다.
울산과 제주 중 어느 도시의 낮의 길이가 몇 분 몇 초 더 긴가요?

도시	해가 뜬 시각	해가 진 시각
울산	오전 5시 25분 40초	오후 7시 8분 15초
제주	오전 5시 50분 17초	오후 7시 11분 23초

풀이 예 오후 7시 8분 15초 ⇨ 19시 8분 15초
⇨ (울산의 낮의 길이)
=19시 8분 15초−5시 25분 40초=13시간 42분 35초
오후 7시 11분 23초 ⇨ 19시 11분 23초
⇨ (제주의 낮의 길이)=19시 11분 23초−5시 50분 17초=13시간 21분 6초
따라서 13시간 21분 6초<13시간 42분 35초이므로
울산의 낮의 길이가 13시간 42분 35초−13시간 21분 6초
=21분 29초 더 깁니다.

답 __울산__ , __21분 29초__

MEMO

MEMO

시작부터 남다른 한끝

한끝이 반이다

영역	과목	교재	예비 초등	1-2학년	3-4학년	5-6학년	예비중등
쓰기력	국어	한글 바로 쓰기	P1 P2 P3 / P1~3_활동 모음집				
쓰기력	국어	맞춤법 바로 쓰기		1A 1B 2A 2B			
어휘력	전 과목	어휘		1A 1B 2A 2B	3A 3B 4A 4B	5A 5B 6A 6B	
어휘력	전 과목	한자 어휘		1A 1B 2A 2B	3A 3B 4A 4B	5A 5B 6A 6B	
어휘력	영어	파닉스		1 2			
어휘력	영어	영단어			3A 3B 4A 4B	5A 5B 6A 6B	
독해력	국어	독해	P1 P2	1A 1B 2A 2B	3A 3B 4A 4B	5A 5B 6A 6B	
독해력	한국사	독해 인물편			1 ~ 4	1 ~ 4	
독해력	한국사	독해 시대편			1 ~ 4	1 ~ 4	
계산력	수학	계산		1A 1B 2A 2B	3A 3B 4A 4B	5A 5B 6A 6B	7A 7B
교과서 문해력	전 과목	교과서가 술술 읽히는 서술어		1A 1B 2A 2B	3A 3B 4A 4B	5A 5B 6A 6B	
교과서 문해력	사회	교과서 독해			3A 3B 4A 4B	5A 5B 6A 6B	
교과서 문해력	수학	문장제 기본		1A 1B 2A 2B	3A 3B 4A 4B	5A 5B 6A 6B	
교과서 문해력	수학	문장제 발전		1A 1B 2A 2B	3A 3B 4A 4B	5A 5B 6A 6B	
창의·사고력	전 과목	교과서 놀이 활동북	1 ~ 8				
창의·사고력	수학	입학 전 수학 놀이 활동북	P1 ~ P10				

* 완자 공부력 신간은 계속해서 출간됩니다.

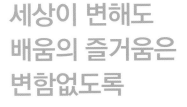

세상이 변해도
배움의 즐거움은
변함없도록

시대는 빠르게 변해도
배움의 즐거움은
변함없어야 하기에

어제의 비상은
남다른 교재부터
결이 다른 콘텐츠
전에 없던 교육 플랫폼까지

변함없는 혁신으로
교육 문화 환경의 새로운 전형을
실현해왔습니다.

비상은 오늘, 다시 한번
새로운 교육 문화 환경을 실현하기 위한
또 하나의 혁신을 시작합니다.

오늘의 내가 어제의 나를 초월하고
오늘의 교육이 어제의 교육을 초월하여
배움의 즐거움을 지속하는 혁신,

바로, 메타인지 기반 완전 학습을.

상상을 실현하는 교육 문화 기업 비상

메타인지 기반 완전 학습

초월을 뜻하는 meta와 생각을 뜻하는 인지가 결합한 메타인지는
자신이 알고 모르는 것을 스스로 구분하고 학습계획을 세우도록 하는
궁극의 학습 능력입니다. 비상의 메타인지 기반 완전 학습 시스템은
잠들어 있는 메타인지를 깨워 공부를 100% 내 것으로 만들도록 합니다.

몬스터를 모두 잡아 몰랑이를 구하자!

몰랑이를 구할 수 있는 미션은 단 하나,
점점 어려워지는 문제를 매일 풀다 보면
몬스터 성에 갇힌 몰랑이를 구할 수 있다!

수학 문장제 발전
단계별 구성

1A	1B	2A	2B	3A	3B
9까지의 수	100까지의 수	세 자리 수	네 자리 수	덧셈과 뺄셈	곱셈
여러 가지 모양	덧셈과 뺄셈(1)	여러 가지 도형	곱셈구구	평면도형	나눗셈
덧셈과 뺄셈	모양과 시각	덧셈과 뺄셈	길이 재기	나눗셈	원
비교하기	덧셈과 뺄셈(2)	길이 재기	시각과 시간	곱셈	분수와 소수
50까지의 수	규칙 찾기	분류하기	표와 그래프	길이와 시간	들이와 무게
	덧셈과 뺄셈(3)	곱셈	규칙 찾기	분수와 소수	그림그래프

교과서 전 단원, 전 영역뿐만 아니라 다양한 시험에 나오는
복잡한 수학 문장제를 분석하고 단계별 풀이를 통해 문제 해결력을 강화해요!

수 , 연산 , 도형과 측정 , 자료와 가능성 , 변화와 관계 영역의
다양한 문장제를 해결해 봐요.

4A	4B	5A	5B	6A	6B
큰 수	분수의 덧셈과 뺄셈	자연수의 혼합 계산	수의 범위와 어림하기	분수의 나눗셈	분수의 나눗셈
각도	사각형	약수와 배수	분수의 곱셈	각기둥과 각뿔	공간과 입체
곱셈과 나눗셈	소수의 덧셈과 뺄셈	대응 관계	합동과 대칭	소수의 나눗셈	소수의 나눗셈
삼각형	다각형	약분과 통분	소수의 곱셈	비와 비율	비례식과 비례배분
막대그래프	꺾은선 그래프	분수의 덧셈과 뺄셈	직육면체와 정육면체	여러 가지 그래프	원의 둘레와 넓이
관계와 규칙	평면도형의 이동	다각형의 둘레와 넓이	평균과 가능성	직육면체의 부피와 겉넓이	원기둥, 원뿔, 구

특징과 활용법

준비하기 단원별 2쪽 가볍게 몸풀기

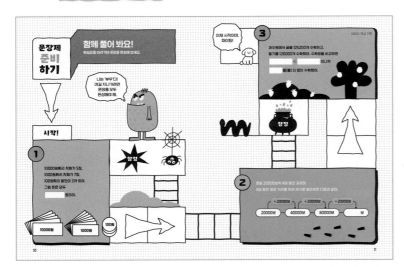

그림 속 이야기를
읽어 보면서
간단한 문장으로 된
문제를 풀어 보아요.

일차 학습 하루 6쪽 문장제 학습

문제 속 조건과 구하려는 것을
찾고, 단계별 풀이를 통해
문제 해결력이 쑥쑥~

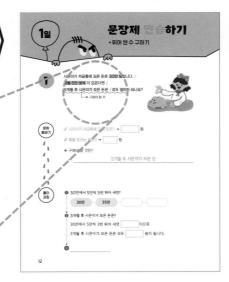

은이가 저금통에 모은 돈은 30만 ...
매월 5만 원씩 더 모은다면 /
3개월 후 시은이가 모은 돈은 / 모두 얼ㄷ
→ 구해야 할 것

실력 확인하기 단원별 마무리와 총정리 실력 평가

단원 마무리

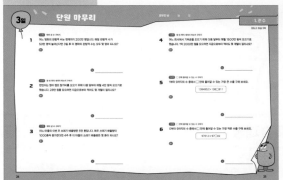

실력 평가

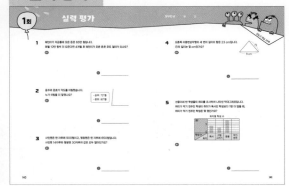

앞에서 배웠던 문장제를 풀면서
실력을 확인해요.
마지막 도전 문제까지 성공하면
최고!

한 권을 모두 끝낸 후엔
실력 평가로 내 실력을 점검해요!

정답과 해설

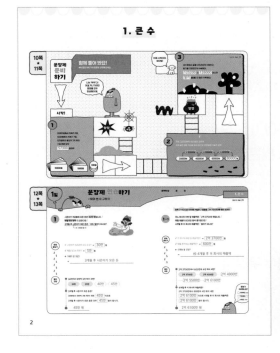

정답과 해설을 빠르게 확인하고,
틀린 문제는 다시 풀어요!
QR을 찍으면 모바일로도 정답을
확인할 수 있어요.

차례

내가 낸 문제를 모두 풀어야
몰랑이를 구할 수 있어!

문장제 준비하기

나는 '부우'다!
여길 지나가려면
문장을 모두
완성해야 해.

시작!

1

10000원짜리 지폐가 5장,
1000원짜리 지폐가 7장,
100원짜리 동전이 3개 있어.
그럼 돈은 모두

□ 원이야.

함정

10000원

1000원

100원

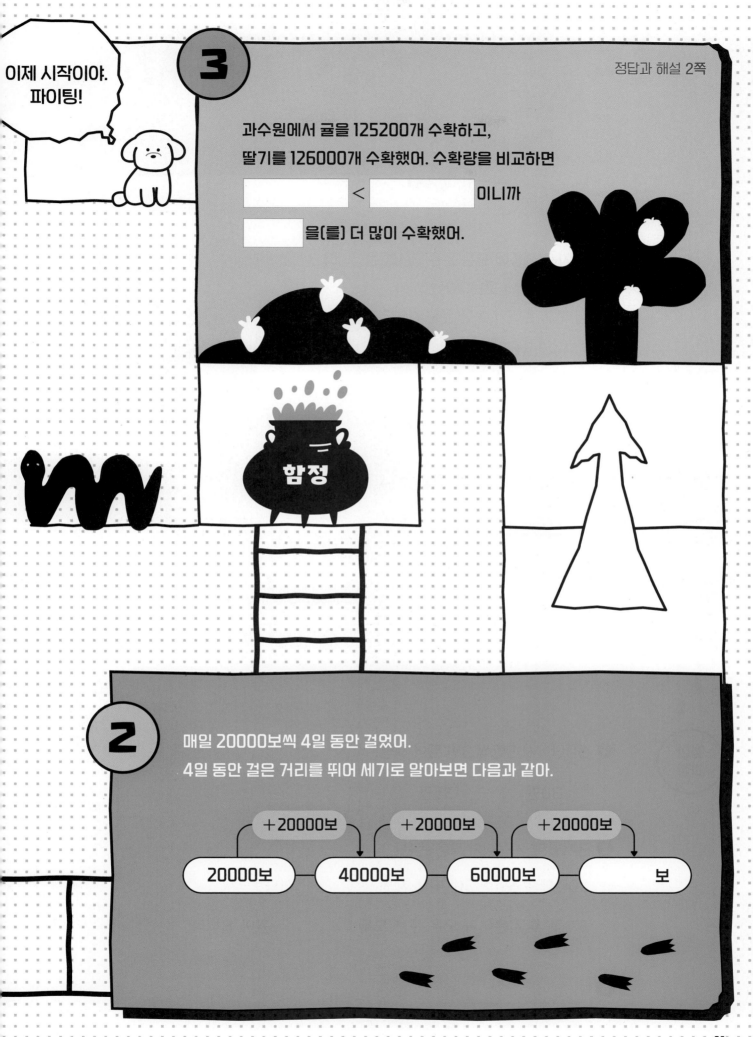

3

과수원에서 귤을 125200개 수확하고,
딸기를 126000개 수확했어. 수확량을 비교하면

[　　　] < [　　　] 이니까

[　　　] 을(를) 더 많이 수확했어.

함정

2

매일 20000보씩 4일 동안 걸었어.
4일 동안 걸은 거리를 뛰어 세기로 알아보면 다음과 같아.

+20000보　　+20000보　　+20000보

20000보 — 40000보 — 60000보 — [　　]보

1일

1

시은이가 저금통에 모은 돈은 **30만 원**입니다. /

매월 5만 원씩 더 모은다면 /

3개월 후 시은이가 모은 돈은 / 모두 얼마가 되나요?
└─➤ 구해야 할 것

문제 돋보기

✓ 시은이가 저금통에 모은 돈은? → [   ] 원

✓ 매월 모으는 돈은? → [   ] 원

✦ 구해야 할 것은?

→ 3개월 후 시은이가 모은 돈
_____

풀이 과정

❶ 30만에서 5만씩 3번 뛰어 세면?

(30만)─(35만)─(   )─(   )

❷ 3개월 후 시은이가 모은 돈은?

30만에서 5만씩 3번 뛰어 세면 [   ]이므로

3개월 후 시은이가 모은 돈은 모두 [   ] 원이 됩니다.

탑 _____

12

왼쪽 ❶ 번과 같이 문제에 색칠하고 밑줄을 그어 가며 문제를 풀어 보세요.

1-1

어느 회사의 이번 달 매출액은 / 2억 3700만 원입니다. /
매월 매출이 600만 원씩 증가한다면 /
4개월 후 이 회사의 매출액은 / 얼마가 되나요?

문제 돋보기

✔ 이 회사의 이번 달 매출액은? → [   ] 원

✔ 매월 증가하는 매출액은? → [   ] 원

✚ 구해야 할 것은?

→ _____

풀이 과정

❶ 2억 3700만에서 600만씩 4번 뛰어 세면?

[2억 3700만] — [2억 4300만] — [   ]

[   ] — [   ]

❷ 4개월 후 이 회사의 매출액은?

2억 3700만에서 600만씩 4번 뛰어 세면

[   ] 이므로 4개월 후 이 회사의 매출액은

[   ] 원이 됩니다.

답 _____

문제가 어려웠나요?

☐ 어려워요. o.o

☐ 적당해요. ^-^

☐ 쉬워요. >o<

문장제 연습하기

★ 몇 번 뛰어 세어야 하는지 구하기

2 원영이는 수학여행 참가비를 모으기 위해 /
다음 달부터 **매월 3만 원씩** 모으기로 했습니다. /
12만 원을 모으려면 /
지금으로부터 적어도 몇 개월이 걸리나요?
└→ 구해야 할 것

문제 돋보기

✔ 매월 모으는 금액은? → ☐ 원

✔ 모아야 하는 금액은? → ☐ 원

✦ 구해야 할 것은?

→ ___수학여행 참가비를 모으는 데 걸리는 기간___

풀이 과정

❶ 3만씩 몇 번 뛰어 세면 12만이 되는지 알아보면?

(0)—(3만)—(☐)—(☐)—(12만)

⇨ 0에서 3만씩 ☐ 번 뛰어 세면 12만이 됩니다.

❷ 수학여행 참가비를 모으는 데 걸리는 기간은?

3만씩 ☐ 번 뛰어 세면 12만이 되므로

수학여행 참가비를 모으려면 적어도 ☐ 개월이 걸립니다.

답 _____

왼쪽 2 번과 같이 문제에 색칠하고 밑줄을 그어 가며 문제를 풀어 보세요.

2-1

재윤이네 학교 학생들은 기부금을 모으기 위해 /
다음 달부터 매월 60만 원씩 모으기로 했습니다. /
300만 원을 모으려면 /
지금으로부터 적어도 몇 개월이 걸리나요?

문제 돋보기

✔ 매월 모으는 금액은? → ☐ 원

✔ 모아야 하는 금액은? → ☐ 원

✦ 구해야 할 것은?

→ _____

풀이 과정

❶ 60만씩 몇 번 뛰어 세면 300만이 되는지 알아보면?

| 0 | 60만 | ☐ |

| ☐ | ☐ | 300만 |

⇨ 0에서 60만씩 ☐ 번 뛰어 세면 300만이 됩니다.

❷ 기부금을 모으는 데 걸리는 기간은?

60만씩 ☐ 번 뛰어 세면 300만이 되므로

기부금을 모으려면 적어도 ☐ 개월이 걸립니다.

답 _____

문제가 어려웠나요?

☐ 어려워요. o.o
☐ 적당해요. ^-^
☐ 쉬워요. >o<

15

문제를 읽고 '연습하기'에서 했던 것처럼 밑줄을 그어 가며 문제를 풀어 보세요.

1 어느 회사의 올해 매출액은 4000억 원입니다.
매년 매출이 25억 원씩 증가한다면 5년 후 이 회사의 매출액은 얼마가 되나요?

❶ 4000억에서 25억씩 5번 뛰어 세면?

❷ 5년 후 이 회사의 매출액은?

답 _____

2 이서는 방과 후 학습 프로그램 비용을 모으기 위해 다음 달부터 매월 4만 원씩
모으기로 했습니다. 20만 원을 모으려면 지금으로부터 적어도 몇 개월이 걸리나요?

❶ 4만씩 몇 번 뛰어 세면 20만이 되는지 알아보면?

❷ 방과 후 학습 프로그램 비용을 모으는 데 걸리는 기간은?

답 _____

3 가을이네 가족은 가족 여행 비용을 모으기 위해 다음 달부터 매월 15만 원씩
모으기로 했습니다. 90만 원을 모으려면 지금으로부터 적어도 몇 개월이 걸리나요?

❶ 15만씩 몇 번 뛰어 세면 90만이 되는지 알아보면?

❷ 가족 여행 비용을 모으는 데 걸리는 기간은?

답 _____

4 지나가 통장에 저금한 돈은 50만 원입니다.
매월 6만 원씩 더 저금한다면 1년 후 지나가 통장에 저금한 돈은 모두 얼마가 되나요?

❶ 1년은 몇 개월?

❷ 50만에서 6만씩 12번 뛰어 세면?

❸ 1년 후 지나가 통장에 저금한 돈은?

답 _____

1

0부터 9까지의 수 중에서 /

☐ 안에 들어갈 수 있는 수는 모두 몇 개인가요?

└─◆ 구해야 할 것

> 658523 > 658☐79

문제 돋보기

✔ ☐ 안에 들어갈 수 있는 수의 범위는?

→ ☐ 부터 ☐ 까지의 수

✔ 658☐79는 어떤 수?

→ 658☐79는 ☐ 보다 작은 수입니다.

◆ 구해야 할 것은?

→ ☐ 안에 들어갈 수 있는 수의 개수

풀이 과정

❶ ☐ 안에 들어갈 수 있는 수를 모두 구하면?

658523과 658☐79는 십만, 만, 천의 자리 숫자가 각각 같고,

십의 자리 숫자를 비교하면 2 < ☐ 이므로 ☐ 안에는 ☐ 보다 작은

☐ , ☐ , ☐ , ☐ , ☐ 이(가) 들어갈 수 있습니다.

❷ ☐ 안에 들어갈 수 있는 수는 모두 몇 개?

☐ 안에 들어갈 수 있는 수는 모두 ☐ 개입니다.

답 _____

왼쪽 **1** 번과 같이 문제에 색칠하고 밑줄을 그어 가며 문제를 풀어 보세요.

1-1

1부터 9까지의 수 중에서 /

□ 안에 들어갈 수 있는 수는 모두 몇 개인가요?

$$35\square17>35633$$

문제 돋보기

✓ □ 안에 들어갈 수 있는 수의 범위는?

→ ☐ 부터 ☐ 까지의 수

✓ 35□17은 어떤 수?

→ 35□17은 ☐ 보다 큰 수입니다.

✦ 구해야 할 것은?

→ _____

풀이 과정

❶ □ 안에 들어갈 수 있는 수를 모두 구하면?

35□17과 35633은 만의 자리 숫자와 천의 자리 숫자가 각각 같고,

십의 자리 숫자를 비교하면 1< ☐ 이므로 □ 안에는

☐ 보다 큰 ☐ , ☐ , ☐ 이(가) 들어갈 수 있습니다.

❷ □ 안에 들어갈 수 있는 수는 모두 몇 개?

□ 안에 들어갈 수 있는 수는 모두 ☐ 개입니다.

문제가 어려웠나요?

☐ 어려워요. o.o

☐ 적당해요. ^-^

☐ 쉬워요. >o<

답 _____

19

2 체육관 창고에 들어가려면 비밀번호를 눌러야 합니다. /
비밀번호는 1부터 6까지의 수를 / 모두 한 번씩 사용하여 만든 수이고, /
124000보다 크고 124600보다 작은 수 중 짝수입니다. /
비밀번호로 사용할 수 있는 수는 / 모두 몇 개인가요?

┗➔ 구해야 할 것

문제 돋보기

✔ 비밀번호의 조건은?

➔ 1부터 ☐ 까지의 수를 모두 한 번씩 사용하여 만든 수이고,

☐ 보다 크고 ☐ 보다 작은 수 중 (홀수 , 짝수)인 수

┗➔ 알맞은 말에 ○표 하기

✦ 구해야 할 것은?

➔ _____ 비밀번호로 사용할 수 있는 수의 개수 _____

풀이 과정

❶ 비밀번호의 십만, 만, 천의 자리 숫자는?

십만의 자리 숫자: ☐ , 만의 자리 숫자: ☐ , 천의 자리 숫자: ☐

❷ 1에서 6까지의 수 중 위 ❶에서 사용하고 남은 수는? ☐ , ☐ , ☐

❸ 비밀번호의 일의 자리 숫자는?

짝수이므로 일의 자리 숫자는 ☐ 입니다.

❹ 비밀번호로 사용할 수 있는 수는 모두 몇 개?

비밀번호로 사용할 수 있는 수는 ☐ , ☐ (으)로

모두 ☐ 개입니다.

답 _____

왼쪽 **2** 번과 같이 문제에 색칠하고 밑줄을 그어 가며 문제를 풀어 보세요.

2-1

신유는 마라톤 대회에 참가하려고 합니다. /
신유의 참가 번호는 2부터 7까지의 수를 / 모두 한 번씩 사용하여 만든 수이고, /
234000보다 크고 234800보다 작은 수 중 홀수입니다. /
신유의 참가 번호로 사용할 수 있는 수는 / 모두 몇 개인가요?

문제 돋보기

✔ 신유의 참가 번호의 조건은?

→ 2부터 ☐ 까지의 수를 모두 한 번씩 사용하여 만든 수이고,

☐ 보다 크고 ☐ 보다 작은 수 중 (홀수 , 짝수)인 수

✦ 구해야 할 것은?

→ _____

풀이 과정

❶ 신유의 참가 번호의 십만, 만, 천의 자리 숫자는?

십만의 자리 숫자: ☐ , 만의 자리 숫자: ☐ , 천의 자리 숫자: ☐

❷ 2에서 7까지의 수 중 위 ❶에서 사용하고 남은 수는? ☐ , ☐ , ☐

❸ 신유의 참가 번호의 일의 자리 숫자는?

홀수이므로 일의 자리 숫자는 ☐ 또는 ☐ 입니다.

❹ 신유의 참가 번호로 사용할 수 있는 수는 모두 몇 개?

참가 번호로 사용할 수 있는 수는 ☐ , ☐ ,

☐ , ☐ (으)로 모두 ☐ 개입니다.

문제가 어려웠나요?

☐ 어려워요. o.o

☐ 적당해요. ^-^

☐ 쉬워요. >o<

❸ 답 _____

문제를 읽고 '연습하기'에서 했던 것처럼 밑줄을 그어 가며 문제를 풀어 보세요.

1 0부터 9까지의 수 중에서 □ 안에 들어갈 수 있는 가장 큰 수를 구해 보세요.

$$761532 > 761\square38$$

❶ □ 안에 들어갈 수 있는 수를 모두 구하면?

❷ □ 안에 들어갈 수 있는 가장 큰 수는?

답 _____

2 1에서 5까지의 수를 모두 한 번씩 사용하여 31200보다 크고 31500보다 작은 수 중 홀수를 만들려고 합니다. 만들 수 있는 수는 모두 몇 개인가요?

❶ 만들려고 하는 수의 만의 자리 숫자와 천의 자리 숫자는?

❷ 1에서 5까지의 수 중 위 ❶에서 사용하고 남은 수는?

❸ 일의 자리 숫자는?

❹ 만들 수 있는 수는 모두 몇 개?

답 _____

3 0부터 9까지의 수 중에서 □ 안에 들어갈 수 있는 수는 모두 몇 개인가요?

$$54783858 < 547\square4651$$

❶ □ 안에 들어갈 수 있는 수를 모두 구하면?

❷ □ 안에 들어갈 수 있는 수는 모두 몇 개?

답 _____

4 조건을 모두 만족하는 가장 작은 여섯 자리 수를 구해 보세요.

- 0이 3개입니다.
- 백의 자리 숫자가 2입니다.

❶ 가장 작은 여섯 자리 수를 만들기 위해 0이 들어갈 수 있는 자리는?

❷ 조건을 모두 만족하는 가장 작은 여섯 자리 수는?

답 _____

1

12쪽 뛰어 센 수 구하기

어느 영화의 관람객 수는 현재까지 200만 명입니다. 매일 관람객 수가
50만 명씩 늘어난다면 3일 후 이 영화의 관람객 수는 모두 몇 명이 되나요?

풀이

답 _____

2

14쪽 몇 번 뛰어 세어야 하는지 구하기

한빈이는 영어 캠프 참가비를 모으기 위해 다음 달부터 매월 4만 원씩 모으기로
했습니다. 28만 원을 모으려면 지금으로부터 적어도 몇 개월이 걸리나요?

풀이

답 _____

3

12쪽 뛰어 센 수 구하기

어느 마을의 이번 주 쓰레기 배출량은 5만 톤입니다. 매주 쓰레기 배출량이
1000톤씩 증가한다면 4주 후 이 마을의 쓰레기 배출량은 몇 톤이 되나요?

풀이

답 _____

14쪽 몇 번 뛰어 세어야 하는지 구하기

4 어느 회사에서 기부금을 모으기 위해 다음 달부터 매월 1500만 원씩 모으기로 했습니다. 1억 2000만 원을 모으려면 지금으로부터 적어도 몇 개월이 걸리나요?

풀이

답 _____

18쪽 □ 안에 들어갈 수 있는 수 구하기

5 1부터 9까지의 수 중에서 □ 안에 들어갈 수 있는 가장 큰 수를 구해 보세요.

$$1384952 > 138\square811$$

풀이

답 _____

18쪽 □ 안에 들어갈 수 있는 수 구하기

6 0부터 9까지의 수 중에서 □ 안에 들어갈 수 있는 가장 작은 수를 구해 보세요.

$$97612 < 97\square02$$

풀이

답 _____

7 20쪽 조건에 알맞은 수 구하기

조건을 모두 만족하는 가장 큰 일곱 자리 수를 구해 보세요.

> • 0이 3개입니다.
> • 백의 자리 숫자가 2입니다.
> • 백만, 십만, 만의 자리 숫자가 모두 다릅니다.

풀이

답 _____

8 20쪽 조건에 알맞은 수 구하기

다빈이는 5부터 9까지의 수를 모두 한 번씩 사용하여
75000보다 크고 75900보다 작은 수 중 홀수를 만들려고 합니다.
다빈이가 만들 수 있는 수는 모두 몇 개인가요?

풀이

답 _____

20쪽 조건에 알맞은 수 구하기

9 찬영이는 동요 대회에 참가하려고 합니다. 찬영이의 참가 번호는 1, 3, 5, 7, 9를 모두 한 번씩 사용하여 만든 수이고, 70000보다 크고 80000보다 작은 수 중 두 번째로 큰 수입니다. 찬영이의 참가 번호를 구해 보세요.

풀이

답 _____

도전! 10

18쪽 □ 안에 들어갈 수 있는 수 구하기

1부터 9까지의 수 중에서 ㉠에 들어갈 수 있는 가장 큰 수와 ㉡에 들어갈 수 있는 가장 작은 수의 합을 구해 보세요.

$$841665 > 841㉠75$$

$$173㉡54 > 173492$$

❶ ㉠에 들어갈 수 있는 가장 큰 수는?

❷ ㉡에 들어갈 수 있는 가장 작은 수는?

❸ 위 ❶과 ❷에서 구한 두 수의 합은?

내가 지다니…

정답과 해설 39쪽에 붙이면 몬스터를 가둘 수 있어요!

답 _____

내가 낸 문제를 모두 풀어야
몰랑이를 구할 수 있어!

이제 본격적으로 문제를 풀어 볼까?

정답과 해설 7쪽

3

오른쪽 시계의 긴바늘과 짧은바늘이 이루는 작은 쪽의 각은 [예각 , 직각 , 둔각)이야.

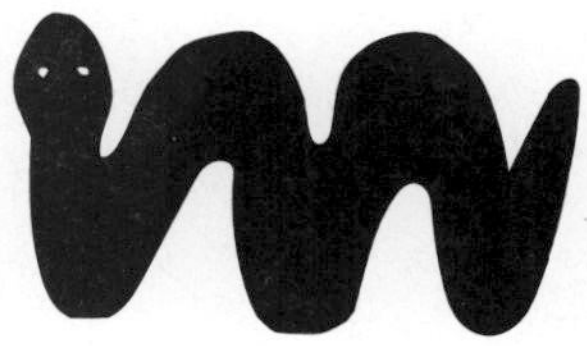

함정

2

의자를 눕히기 전과 눕힌 후의 각도의 차는

☐° − ☐° = ☐°야.

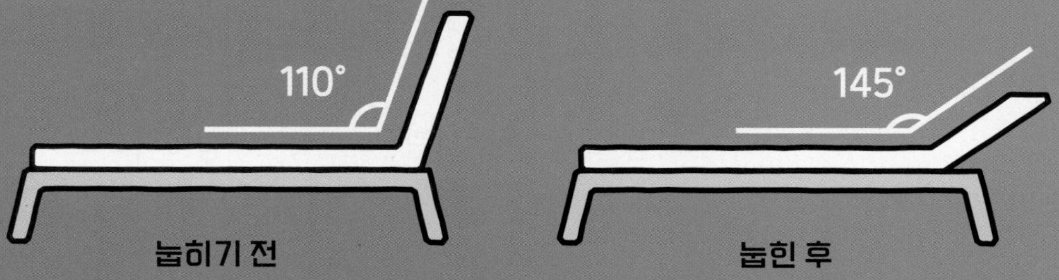

110°

눕히기 전

145°

눕힌 후

문장제 연습하기

★ 누가 어림을 더 잘했는지 찾기

1 다빈이와 지나가 각도를 어림했습니다. /
누가 어림을 더 잘했나요?
└→ 구해야 할 것

> 다빈: 70°쯤
> 지나: 65°쯤

문제 돋보기

✓ 다빈이가 어림한 각도는? → ☐ °

✓ 지나가 어림한 각도는? → ☐ °

✦ 구해야 할 것은?

→ <u>　　　　　어림을 더 잘한 사람　　　　　</u>

풀이 과정

❶ 각도기로 각도를 재어 보면?

각도기로 각도를 재어 보면 ☐ °입니다.

❷ 다빈이와 지나 중 어림을 더 잘한 사람은?

어림한 각도와 잰 각도의 차를 구하면

다빈이는 ☐ °− ☐ °= ☐ °,

지나는 ☐ °− ☐ °= ☐ °입니다.

따라서 어림을 더 잘한 사람은 ☐ 입니다.

 답 _____

왼쪽 1 번과 같이 문제에 색칠하고 밑줄을 그어 가며 문제를 풀어 보세요.

1-1

성찬, 소희, 은석이가
각도를 어림했습니다. /
누가 어림을 가장 잘했나요?

> 성찬: 100°쯤
> 소희: 135°쯤
> 은석: 115°쯤

문제 돋보기

✓ 성찬이가 어림한 각도는? → [   ]°

✓ 소희가 어림한 각도는? → [   ]°

✓ 은석이가 어림한 각도는? → [   ]°

✦ 구해야 할 것은?

→ _____

풀이 과정

❶ 각도기로 각도를 재어 보면?

각도기로 각도를 재어 보면 [   ]°입니다.

❷ 성찬, 소희, 은석 중 어림을 가장 잘한 사람은?

어림한 각도와 잰 각도의 차를 구하면

성찬이는 [   ]° − [   ]° = [   ]°,

소희는 [   ]° − [   ]° = [   ]°,

은석이는 [   ]° − [   ]° = [   ]°입니다.

따라서 어림을 가장 잘한 사람은 [   ] 입니다.

답 _____

문제가 어려웠나요?

☐ 어려워요. o.o

☐ 적당해요. ^-^

☐ 쉬워요. >o<

33

문장제 연습하기

★ 크고 작은 예각과 둔각의 수
구하기

2

오른쪽 그림은 /

직각을 크기가 같은 각 3개로 나눈 것입니다. /

그림에서 찾을 수 있는 /

크고 작은 **예각**은 모두 몇 개인가요?

└─➡ 구해야 할 것

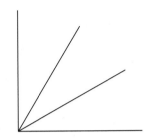

문제 돌보기

✔ 예각은?

→ 0°보다 크고 [   ]°보다 작은 각

✦ 구해야 할 것은?

→ <u>크고 작은 예각의 수</u>

풀이 과정

❶ 작은 각 1개, 2개로 이루어진 예각의 수를 각각 구하면?

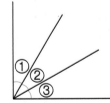

• 작은 각 1개로 이루어진 예각: ①, ②, ③ ⇨ [   ] 개

• 작은 각 2개로 이루어진 예각: ①+②, ②+③ ⇨ [   ] 개

❷ 크고 작은 예각의 수는?

3+[   ] = [   ] (개)

답 _____

왼쪽 **2** 번과 같이 문제에 색칠하고 밑줄을 그어 가며 문제를 풀어 보세요.

2-1

오른쪽 그림은 /
직선을 각 4개로 나눈 것입니다. /
그림에서 찾을 수 있는 /
크고 작은 둔각은 모두 몇 개인가요?

✔ 둔각은?

→ 90°보다 크고 [   ]°보다 작은 각

✦ 구해야 할 것은?

→ _____

❶ 작은 각 1개, 2개, 3개로 이루어진 둔각의 수를 각각 구하면?

• 작은 각 1개로 이루어진 둔각: ② ⇨ [ ]개

• 작은 각 2개로 이루어진 둔각: ①＋②, ②＋[ ] ⇨ [ ]개

• 작은 각 3개로 이루어진 둔각:

　①＋②＋③, ②＋[ ]＋[ ] ⇨ [ ]개

❷ 크고 작은 둔각의 수는?

　[ ]＋[ ]＋[ ]＝[ ] (개)

❸ 답 _____

문제가
어려웠나요?

☐ 어려워요. o.o

☐ 적당해요. ^-^

☐ 쉬워요. >o<

문장제 실력 쌓기

★ 누가 어림을 더 잘했는지 찾기
★ 크고 작은 예각과 둔각의 수 구하기

문제를 읽고 '연습하기'에서 했던 것처럼 밑줄을 그어 가며 문제를 풀어 보세요.

1 지원이와 수민이가 각도를 어림했습니다.
누가 어림을 더 잘했나요?

> 지원: 135°쯤
> 수민: 150°쯤

❶ 각도기로 각도를 재어 보면?

❷ 지원이와 수민이 중 어림을 더 잘한 사람은?

답 _____

2 오른쪽 그림은 직선을 각 4개로 나눈 것입니다.
그림에서 찾을 수 있는 크고 작은 예각은 모두 몇 개인가요?

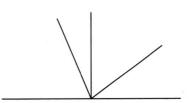

❶ 작은 각 1개, 2개로 이루어진 예각의 수를 각각 구하면?

❷ 크고 작은 예각의 수는?

답 _____

3 민규, 정한, 원우가 각도를 어림했습니다.
누가 어림을 가장 잘했나요?

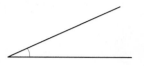

민규: 30°쯤
정한: 35°쯤
원우: 40°쯤

❶ 각도기로 각도를 재어 보면?

❷ 민규, 정한, 원우 중 어림을 가장 잘한 사람은?

답 _____

4 오른쪽 그림은 직선을 각 5개로 나눈 것입니다.
그림에서 찾을 수 있는 크고 작은 둔각은 모두 몇 개인가요?

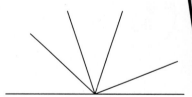

❶ 작은 각 3개, 4개로 이루어진 둔각의 수를 각각 구하면?

❷ 크고 작은 둔각의 수는?

답 _____

문장제 연습하기

★ 도형에서 모르는 각의 크기 구하기

1 오른쪽 그림에서 삼각형 ㄱㄴㄷ은 직각삼각형입니다. /
각 ㄱㄴㄹ의 크기는 몇 도인가요?

　⌇→ 구해야 할 것

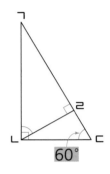

60°

문제 돋보기

✔ 삼각형 ㄱㄴㄷ의 이름은? → ☐☐ 삼각형

✔ 각 ㄴㄷㄹ의 크기는? → ☐°

✦ 구해야 할 것은?

　→ ＿＿＿＿＿＿ 각 ㄱㄴㄹ의 크기 ＿＿＿＿＿＿

풀이 과정

❶ 각 ㄹㄴㄷ의 크기는?

삼각형의 세 각의 크기의 합은 ☐° 입니다.

(각 ㄹㄴㄷ)+(각 ㄴㄷㄹ)+(각 ㄴㄹㄷ)= ☐°

⇨ (각 ㄹㄴㄷ)= ☐° − ☐° − ☐° = ☐°
　　　　　　　　└→ 각 ㄴㄹㄷ의 크기 ┘　　└→ 각 ㄴㄷㄹ의 크기

❷ 각 ㄱㄴㄹ의 크기는?

(각 ㄱㄴㄹ)+(각 ㄹㄴㄷ)= ☐°

⇨ (각 ㄱㄴㄹ)= ☐° − ☐° = ☐°
　　　　　　　　└→ 각 ㄹㄴㄷ의 크기

답 ＿＿＿＿＿＿＿＿＿＿

왼쪽 **1** 번과 같이 문제에 색칠하고 밑줄을 그어 가며 문제를 풀어 보세요.

1-1

오른쪽 그림에서 삼각형 ㄱㄷㄹ은 직각삼각형입니다. /
각 ㅁㄴㄷ의 크기는 몇 도인가요?

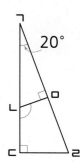

문제 돋보기

✔ 삼각형 ㄱㄷㄹ의 이름은? → ☐ 삼각형

✔ 각 ㄴㄱㅁ의 크기는? → ☐°

✦ 구해야 할 것은?

→ _____

풀이 과정

❶ 각 ㄱㄴㅁ의 크기는?

삼각형의 세 각의 크기의 합은 ☐°입니다.

(각 ㄱㄴㅁ)+(각 ㄴㄱㅁ)+(각 ㄱㅁㄴ)= ☐°

⇨ (각 ㄱㄴㅁ)= ☐°− ☐°− ☐°= ☐°

❷ 각 ㅁㄴㄷ의 크기는?

한 직선이 이루는 각의 크기는 ☐°입니다.

(각 ㅁㄴㄷ)+(각 ㄱㄴㅁ)= ☐°

⇨ (각 ㅁㄴㄷ)= ☐°− ☐°= ☐°

답 _____

문제가 어려웠나요?

☐ 어려워요. o.o

☐ 적당해요. ^-^

☐ 쉬워요. >o<

문장제 연습하기

★ 종이를 접었을 때 생기는
각의 크기 구하기

2 오른쪽과 같이 **직사각형 모양의 종이를** 접었을 때 /
각 ㄹㄴㅁ의 크기는 몇 도인가요?
└──➤ 구해야 할 것

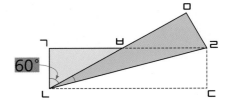

**문제
돋보기**

✔ 접기 전 종이의 모양은? → ☐

✔ 각 ㄱㄴㅂ의 크기는? → ☐°

✦ 구해야 할 것은?

→ ＿＿＿＿＿＿＿＿＿＿ 각 ㄹㄴㅁ의 크기 ＿＿＿＿＿＿＿＿＿＿

**풀이
과정**

❶ 각 ㄹㄴㅁ과 각 ㄹㄴㄷ의 크기의 합은?

$60° +$ (각 ㄹㄴㅁ) $+$ (각 ㄹㄴㄷ) $=$ ☐ °이므로
└─➤ 각 ㄱㄴㅂ의 크기

(각 ㄹㄴㅁ) $+$ (각 ㄹㄴㄷ) $=$ ☐ ° $-60° =$ ☐ °입니다.

❷ 각 ㄹㄴㅁ의 크기는?

접은 부분의 각의 크기는 같으므로

(각 ㄹㄴㅁ) $=$ (각 ㄹㄴㄷ) $=$ ☐ ° $÷2 =$ ☐ °입니다.

답 ＿＿＿＿＿＿＿＿＿＿

왼쪽 **2** 번과 같이 문제에 색칠하고 밑줄을 그어 가며 문제를 풀어 보세요.

2-1

오른쪽과 같이 직사각형 모양의 종이를 접었을 때 /
각 ㄹㅂㅁ의 크기는 몇 도인가요?

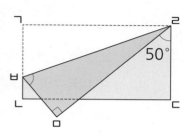

문제 돋보기

✔ 접기 전 종이의 모양은? → ⬚

✔ 각 ㄷㄹㅁ의 크기는? → ⬚°

✦ 구해야 할 것은?

→ _____

풀이 과정

❶ 각 ㅁㄹㅂ의 크기는?

(각 ㄱㄹㅂ)+(각 ㅁㄹㅂ)+50°=⬚°이므로

(각 ㄱㄹㅂ)+(각 ㅁㄹㅂ)=⬚°−50°=⬚°입니다.

접은 부분의 각의 크기는 같으므로

(각 ㅁㄹㅂ)=(각 ㄱㄹㅂ)=40°÷⬚=⬚°입니다.

❷ 각 ㄹㅂㅁ의 크기는?

(각 ㄹㅂㅁ)+(각 ㅂㅁㄹ)+(각 ㅁㄹㅂ)=⬚°이므로

(각 ㄹㅂㅁ)=⬚°−⬚°−⬚°=⬚°입니다.

답

_____

문제가 어려웠나요?

☐ 어려워요. o.o

☐ 적당해요. ^-^

☐ 쉬워요. >o<

문장제 실력 쌓기

★ 도형에서 모르는 각의 크기 구하기
★ 종이를 접었을 때 생기는 각의 크기 구하기

문제를 읽고 '연습하기'에서 했던 것처럼 밑줄을 그어 가며 문제를 풀어 보세요.

1 오른쪽 그림에서 삼각형 ㄱㄴㄷ은 직각삼각형입니다.
각 ㄷㄹㅁ의 크기는 몇 도인가요?

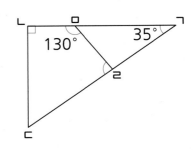

❶ 각 ㄴㄷㄱ의 크기는?

❷ 각 ㄷㄹㅁ의 크기는?

답 _____

2 오른쪽과 같이 직사각형 모양의 종이를 접었을 때
각 ㄹㅂㅅ의 크기는 몇 도인가요?

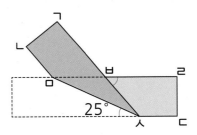

❶ 각 ㅂㅅㄷ의 크기는?

❷ 각 ㄹㅂㅅ의 크기는?

답 _____

3 오른쪽 그림에서 각 ㄱㄴㄹ과 각 ㄴㄹㄱ의 크기는 각각
몇 도인가요?

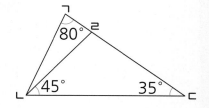

❶ 각 ㄱㄴㄹ의 크기는?

❷ 각 ㄴㄹㄱ의 크기는?

탑 각 ㄱㄴㄹ: _____, 각 ㄴㄹㄱ: _____

4 오른쪽과 같이 직사각형 모양의 종이를 접었을 때
각 ㄱㅁㄴ의 크기는 몇 도인가요?

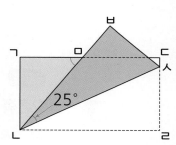

❶ 각 ㄱㄴㅁ의 크기는?

❷ 각 ㄱㅁㄴ의 크기는?

탑 _____

단원 마무리

누가 어림을 더 잘했는지 찾기

1 미주와 이경이가 각도를 어림했습니다.
누가 어림을 더 잘했나요?

풀이

미주: 60°쯤
이경: 80°쯤

답 _____

크고 작은 예각과 둔각의 수 구하기

2 오른쪽 그림에서 찾을 수 있는 크고 작은 예각은
모두 몇 개인가요?

풀이

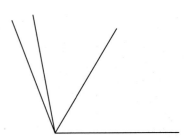

답 _____

도형에서 모르는 각의 크기 구하기

3 오른쪽 그림에서 삼각형 ㄱㄴㄷ은 직각삼각형입니다.
각 ㄱㄹㄴ의 크기는 몇 도인가요?

풀이

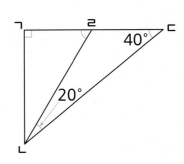

답 _____

44

32쪽 누가 어림을 더 잘했는지 찾기

4 우재, 서연, 진주가
각도를 어림했습니다.
누가 어림을 가장 잘했나요?

> 우재: 160°쯤
> 서연: 175°쯤
> 진주: 150°쯤

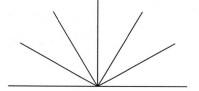

풀이

답 _____

34쪽 크고 작은 예각과 둔각의 수 구하기

5 오른쪽 그림은 직선을 크기가 같은 각 6개로
나눈 것입니다. 그림에서 찾을 수 있는 크고 작은
예각은 모두 몇 개인가요?

풀이

답 _____

34쪽 크고 작은 예각과 둔각의 수 구하기

6 오른쪽 그림에서 찾을 수 있는 크고 작은 둔각은
모두 몇 개인가요?

풀이

답 _____

단원 마무리

38쪽 도형에서 모르는 각의 크기 구하기

7 오른쪽 그림에서 각 ㄹㅁㄷ의 크기는
몇 도인가요?

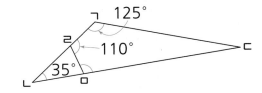

풀이

답 _____

40쪽 종이를 접었을 때 생기는 각의 크기 구하기

8 오른쪽과 같이 정사각형 모양의 종이를 접었을 때
각 ㅂㅅㅇ의 크기는 몇 도인가요?

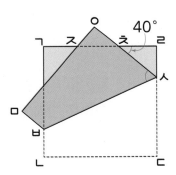

풀이

답 _____

40쪽 종이를 접었을 때 생기는 각의 크기 구하기

9 오른쪽과 같이 직사각형 모양의 종이를 접었을 때 각 ㄹㄴㅂ의 크기는 몇 도인가요?

풀이

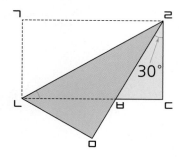

답 _____

정답과 해설 39쪽에 붙이면 먼스터를 가둘 수 있어요!

도전! 40쪽 종이를 접었을 때 생기는 각의 크기 구하기

10 오른쪽과 같이 직사각형 모양의 종이를 접었을 때 ㉠의 각도는 몇 도인가요?

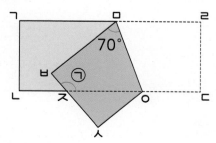

❶ 각 ㅁㅇㄷ의 크기는?

❷ ㉠의 각도는?

내가 지다니…

답 _____

3 곱셈과 나눗셈

내가 낸 문제를 모두 풀어야
몰랑이를 구할 수 있어!

문장제 준비 하기

함께 풀어 봐요!

화살표를 따라가며 문장을 완성해 보세요.

시작!

1

탁구공이 한 상자에 452개씩 들어 있어.
30상자에 들어 있는 탁구공은 모두

[　　　] × [　　　] = [　　　　　] (개)야.

함정

조금만
더 힘내자!

3

정답과 해설 12쪽

길이가 360 cm인 색 테이프를
한 도막이 25 cm가 되도록 자르려고 해.

360÷ [ ] = [ ] … [ ] 이니까

도막은 [ ] 개가 되고,

남는 색 테이프는 [ ] cm야.

함정

내 이름은 '코코'다!
여길 지나가려면
문장을 모두 완성해야 해.

2

색종이 76장을 19장씩 묶으면

[ ] ÷ [ ] = [ ] (묶음)이 돼.

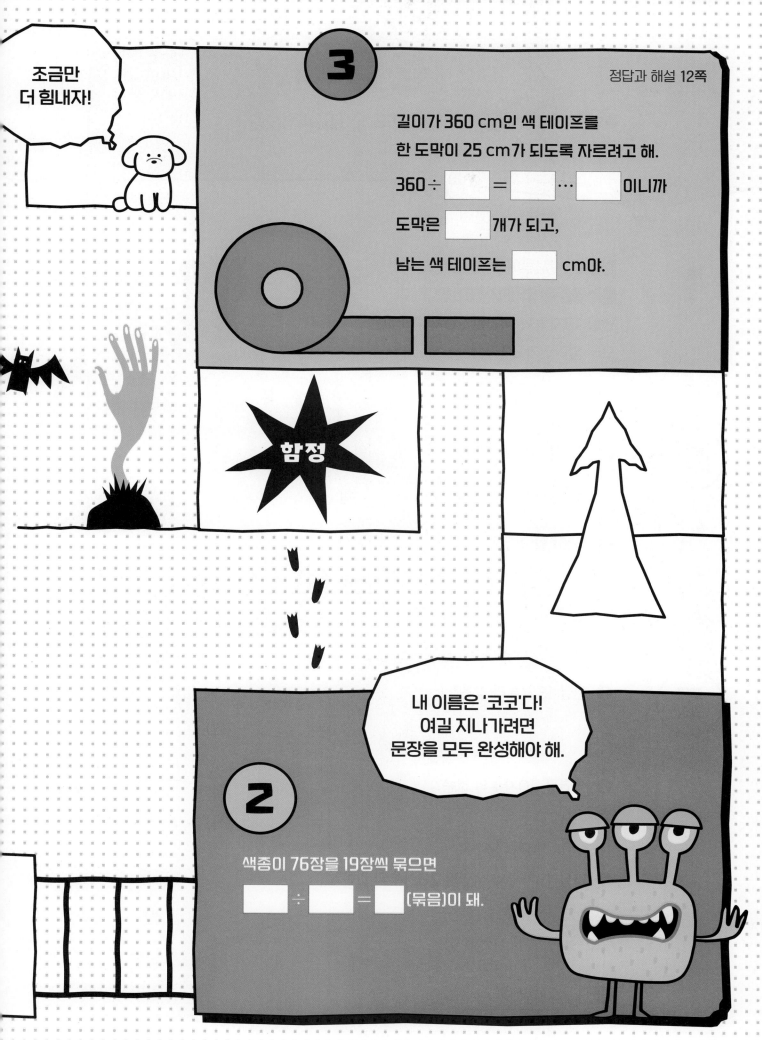

1

연필은 한 자루에 700원이고, /
색연필은 한 자루에 450원입니다. /
연필 13자루와 색연필 20자루의 값은 /
모두 얼마인가요? ┈➔ 구해야 할 것

700원   45°원

문제 돋보기

✓ 연필 한 자루의 값은? → ☐ 원

✓ 색연필 한 자루의 값은? → ☐ 원

✦ 구해야 할 것은?

→ 연필 13자루와 색연필 20자루의 값

풀이 과정

❶ 연필 13자루의 값은?

┌─ +, −, ×, ÷ 중 알맞은 것 쓰기

☐ ◯ ☐ = ☐ (원)
연필 한 자루의 값 ┘   └ 연필의 수

❷ 색연필 20자루의 값은?

☐ ◯ ☐ = ☐ (원)
색연필 한 자루의 값 ┘   └ 색연필의 수

❸ 연필 13자루와 색연필 20자루의 값은?

☐ ◯ ☐ = ☐ (원)
연필 13자루의 값 ┘   └ 색연필 20자루의 값

답 _____

〰️ 왼쪽 **1** 번과 같이 문제에 색칠하고 밑줄을 그어 가며 문제를 풀어 보세요. 〰️

1-1

위인전 한 권의 무게는 270 g이고, /
과학책 한 권의 무게는 390 g입니다. /
위인전 24권과 과학책 15권의 무게는 /
모두 몇 g인가요?

**문제
돋보기**

✔ 위인전 한 권의 무게는? → ☐ g

✔ 과학책 한 권의 무게는? → ☐ g

✦ 구해야 할 것은?

→ _____

**풀이
과정**

❶ 위인전 24권의 무게는?

☐ ◯ ☐ = ☐ (g)

❷ 과학책 15권의 무게는?

☐ ◯ ☐ = ☐ (g)

❸ 위인전 24권과 과학책 15권의 무게는?

☐ ◯ ☐ = ☐ (g)

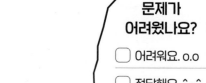

**문제가
어려웠나요?**

☐ 어려워요. o.o

☐ 적당해요. ^-^

☐ 쉬워요. >o<

❸ 답 _____

문장제 연습하기

★ 범위에 알맞은 수 구하기

2 □ 안에 들어갈 수 있는 자연수 중에서 /
가장 큰 수를 구해 보세요.

┗→ ✦ 구해야 할 것

$$23 \times \square < 120$$

**문제
돋보기**

✦ 구해야 할 것은?

→ _____ □ 안에 들어갈 수 있는 자연수 중에서 가장 큰 수 _____

✔ 23×□<120에서 □ 안에 들어갈 수 있는 수의 범위를 구하려면?

→ 23×□=120일 때 □의 값은 120◯23을 계산하여 구하고,

이를 이용하여 □ 안에 들어갈 수 있는 수의 범위를 구합니다.

**풀이
과정**

❶ 120÷23을 계산하면?

120÷□□□ = □□ ··· □□

❷ □ 안에 들어갈 수 있는 자연수 중에서 가장 큰 수는?

□ 안에 들어갈 수 있는 자연수는 5 또는 5보다 작은 수이고,

그중 가장 큰 수는 □ 입니다.

🝙 답 _____

왼쪽 **2** 번과 같이 문제에 색칠하고 밑줄을 그어 가며 문제를 풀어 보세요.

2-1

□ 안에 들어갈 수 있는 자연수 중에서 /

가장 작은 수를 구해 보세요.

$$56 \times \square > 400$$

문제 돋보기

✦ 구해야 할 것은?

→ _____

✓ $56 \times \square > 400$에서 □ 안에 들어갈 수 있는 수의 범위를 구하려면?

→ $56 \times \square = 400$일 때 □의 값은 400 ◯ 56을 계산하여 구하고,

이를 이용하여 □ 안에 들어갈 수 있는 수의 범위를 구합니다.

풀이 과정

❶ $400 \div 56$을 계산하면?

$400 \div \boxed{} = \boxed{} \cdots \boxed{}$

❷ □ 안에 들어갈 수 있는 자연수 중에서 가장 작은 수는?

□ 안에 들어갈 수 있는 자연수는 7보다 큰 수이고,

그중 가장 작은 수는 $\boxed{}$ 입니다.

답 _____

문제가 어려웠나요?

◻ 어려워요. o.o

◻ 적당해요. ^-^

◻ 쉬워요. >o<

55

문장제 실력 쌓기

★ 모두 얼마인지 구하기
★ 범위에 알맞은 수 구하기

문제를 읽고 '연습하기'에서 했던 것처럼 밑줄을 그어 가며 문제를 풀어 보세요.

1 초록색 구슬은 한 상자에 150개씩 31상자 있고, 노란색 구슬은 한 상자에 225개씩 17상자 있습니다. 초록색 구슬과 노란색 구슬은 모두 몇 개인가요?

❶ 초록색 구슬의 수는?

❷ 노란색 구슬의 수는?

❸ 초록색 구슬과 노란색 구슬의 수의 합은?

답 _____

2 □ 안에 들어갈 수 있는 자연수 중에서 가장 큰 수를 구해 보세요.

$$31 \times \square < 190$$

❶ 190÷31을 계산하면?

❷ □ 안에 들어갈 수 있는 자연수 중에서 가장 큰 수는?

답 _____

정답과 해설 13쪽

3 지우개는 한 개에 500원이고, 풀은 한 개에 850원입니다.
지우개 26개와 풀 14개의 값은 모두 얼마인가요?

❶ 지우개 26개의 값은?

❷ 풀 14개의 값은?

❸ 지우개 26개와 풀 14개의 값은?

답 ____________________

4 □ 안에 들어갈 수 있는 자연수 중에서 가장 작은 수를 구해 보세요.

$47 \times \square > 310$

❶ $310 \div 47$을 계산하면?

❷ □ 안에 들어갈 수 있는 자연수 중에서 가장 작은 수는?

답 ____________________

1

영민이가 260쪽인 소설책을 모두 읽으려고 합니다. /

매일 32쪽씩 읽으면 /

며칠 안에 모두 읽을 수 있나요?

└─➔ 구해야 할 것

문제 돋보기

✔ 소설책의 전체 쪽수는? → ☐ 쪽

✔ 매일 읽는 쪽수는? → ☐ 쪽

✚ 구해야 할 것은?

→ ___소설책을 모두 읽는 데 걸리는 날수___

풀이 과정

❶ 소설책을 매일 32쪽씩 읽을 때, 읽을 수 있는 날수와 남는 쪽수는?

☐ ◯ ☐ = ☐ … ☐ 이므로

매일 32쪽씩 ☐ 일 동안 읽을 수 있고, 남는 쪽수는 ☐ 쪽입니다.

❷ 소설책을 모두 읽는 데 걸리는 날수는?

남는 ☐ 쪽도 읽어야 하므로

소설책을 모두 읽는 데 ☐ +1= ☐ (일)이 걸립니다.

답 _____

왼쪽 **1** 번과 같이 문제에 색칠하고 밑줄을 그어 가며 문제를 풀어 보세요.

1-1

연진이네 학교 학생 416명이 /

45인승 버스를 타고 소풍을 가려고 합니다. /

학생들이 모두 타려면 /

버스는 적어도 몇 대 필요한가요?

문제 돋보기

✔ 전체 학생 수는? → [   ]명

✔ 버스 한 대에 탈 수 있는 학생 수는? → [   ]명

✦ 구해야 할 것은?

→ _____

풀이 과정

❶ 버스 한 대에 **45**명씩 탈 때, 탈 수 있는 버스의 수와 남는 학생 수는?

[   ]◯[   ]=[   ]…[   ] 이므로 버스 한 대에 45명씩

[   ]대에 탈 수 있고, 남는 학생은 [   ]명입니다.

❷ 학생들이 모두 타기 위해 적어도 필요한 버스의 수는?

남는 학생 [   ]명도 타야 하므로

버스는 적어도 [   ]+1=[   ](대) 필요합니다.

답 _____

문제가 어려웠나요?

☐ 어려워요. o.o

☐ 적당해요. ^-^

☐ 쉬워요. >o<

문장제 연습하기

2

상미와 정태는 종이배를 / 매일 각자 같은 개수만큼 접습니다. /

상미는 22일 동안 종이배를 374개 접었고, /

정태는 16일 동안 종이배를 208개 접었습니다. /

하루에 접은 종이배의 수가 / 더 많은 사람은 누구인가요?

└→ 구해야 할 것

문제 돋보기

✓ 상미가 접은 전체 종이배의 수는? → ☐ 일 동안 ☐ 개

✓ 정태가 접은 전체 종이배의 수는? → ☐ 일 동안 ☐ 개

✦ 구해야 할 것은?

→ _하루에 접은 종이배의 수가 더 많은 사람_

풀이 과정

❶ 상미가 하루에 접은 종이배의 수는?

☐ ◯ ☐ = ☐ (개)

상미가 접은 전체 종이배의 수 ┘ └→ 상미가 종이배를 접은 날수

❷ 정태가 하루에 접은 종이배의 수는?

☐ ◯ ☐ = ☐ (개)

정태가 접은 전체 종이배의 수 ┘ └→ 정태가 종이배를 접은 날수

❸ 하루에 접은 종이배의 수가 더 많은 사람은?

☐ > ☐ 이므로 하루에 접은 종이배의 수가 더 많은 사람은

☐ 입니다.

답 _____

왼쪽 **2**번과 같이 문제에 색칠하고 밑줄을 그어 가며 문제를 풀어 보세요.

2-1

어느 빵집에서 단팥빵과 크림빵을 / 매일 각각 같은 개수만큼 만듭니다. /
이 빵집에서 19일 동안 단팥빵을 855개 만들었고, /
25일 동안 크림빵을 950개 만들었습니다. /
하루 동안 더 적게 만든 빵은 무엇인가요?

문제 돋보기

✔ 빵집에서 만든 전체 단팥빵의 수는? → [ ]일 동안 [ ]개

✔ 빵집에서 만든 전체 크림빵의 수는? → [ ]일 동안 [ ]개

✦ 구해야 할 것은?

→ _____

풀이 과정

❶ 빵집에서 하루 동안 만든 단팥빵의 수는?

[ ] ◯ [ ] = [ ] (개)

❷ 빵집에서 하루 동안 만든 크림빵의 수는?

[ ] ◯ [ ] = [ ] (개)

❸ 하루 동안 더 적게 만든 빵은?

[ ] > [ ] 이므로 하루 동안 더 적게 만든 빵은

[ ] 입니다.

문제가 어려웠나요?

☐ 어려워요. o.o

☐ 적당해요. ^-^

☐ 쉬워요. >o<

답

_____

문장제 실력 쌓기

★ 적어도 얼마나 필요한지 구하기

★ 나눗셈 결과를 비교하여 더 많은(적은) 것 구하기

문제를 읽고 '연습하기'에서 했던 것처럼 밑줄을 그어 가며 문제를 풀어 보세요.

1 귤 172개를 한 봉지에 15개씩 담으려고 합니다.

귤을 모두 담으려면 봉지는 적어도 몇 개 필요한가요?

❶ 귤을 한 봉지에 15개씩 담을 때, 담을 수 있는 봉지 수와 남는 귤의 수는?

❷ 귤을 모두 담기 위해 적어도 필요한 봉지 수는?

답 _____

2 민주와 선호는 색종이로 장미를 매일 각자 같은 개수만큼 만듭니다.

민주는 26일 동안 장미를 416송이 만들었고, 선호는 17일 동안 장미를

340송이 만들었습니다. 하루에 만든 장미의 수가 더 많은 사람은 누구인가요?

❶ 민주가 하루에 만든 장미의 수는?

❷ 선호가 하루에 만든 장미의 수는?

❸ 하루에 만든 장미의 수가 더 많은 사람은?

답 _____

3 유진이가 수학 문제를 384문제 풀려고 합니다.
하루에 27문제씩 푼다면 며칠 안에 모두 풀 수 있나요?

❶ 수학 문제를 하루에 27문제씩 풀 때,
　풀 수 있는 날수와 남는 문제 수를 구하면?

❷ 수학 문제를 모두 푸는 데 걸리는 날수는?

답 _____

4 어느 공장에서 곰 인형과 토끼 인형을 매일 각각 같은 개수만큼 만듭니다.
이 공장에서 13일 동안 곰 인형을 546개 만들었고, 20일 동안 토끼 인형을
720개 만들었습니다. 하루 동안 더 적게 만든 인형은 무엇인가요?

❶ 공장에서 하루 동안 만든 곰 인형의 수는?

❷ 공장에서 하루 동안 만든 토끼 인형의 수는?

❸ 하루 동안 더 적게 만든 인형은?

답 _____

1

어떤 수를 14로 나누어야 할 것을 /

잘못하여 곱했더니 588이 되었습니다. /

바르게 계산하면 몫은 얼마인가요?

└─→ 구해야 할 것

문제 돋보기

✔ 잘못 계산한 식은?

→ 어떤 수에 [   ]을(를) 곱했더니 [   ]이(가) 되었습니다.

✔ 바르게 계산하려면? → 어떤 수를 [   ](으)로 나눕니다.

✦ 구해야 할 것은?

→ _____바르게 계산했을 때의 몫_____

풀이 과정

❶ 어떤 수를 ■라 할 때, 잘못 계산한 식은?

■ × [   ] = [   ]

❷ 어떤 수는?

[   ] ÷ [   ] = ■, ■ = [   ]

❸ 바르게 계산했을 때의 몫은?

[   ] ◯ [   ] = [   ]

└─ 어떤 수

답 _____

64

왼쪽 **1** 번과 같이 문제에 색칠하고 밑줄을 그어 가며 문제를 풀어 보세요.

1-1

어떤 수에 27을 곱해야 할 것을 /
잘못하여 나누었더니 / 몫이 6, 나머지가 11이 되었습니다. /
바르게 계산하면 얼마인가요?

문제 돌보기

✔ 잘못 계산한 식은?

→ 어떤 수를 [   ](으)로 나누었더니 몫이 [   ], 나머지가 [   ]이(가) 되었습니다.

✔ 바르게 계산하려면? → 어떤 수에 [   ]을(를) 곱합니다.

✚ 구해야 할 것은?

→ _____

풀이 과정

❶ 어떤 수를 ■라 할 때, 잘못 계산한 식은?

■ ÷ 27 = [   ] … [   ]

❷ 어떤 수는?

27 × [   ] = [   ] , [   ] + [   ] = [   ]

⇨ ■ = [   ]

❸ 바르게 계산한 값은?

[   ] ◯ [   ] = [   ]
└→ 어떤 수

답 _____

문제가 어려웠나요?

◻ 어려워요. o.o

◻ 적당해요. ^-^

◻ 쉬워요. >o<

문장제 연습하기

★수 카드로 나눗셈식 만들기

2 수 카드 5장을 한 번씩만 사용하여 /

몫이 가장 큰 (세 자리 수)÷(두 자리 수)를 만들고 / 계산해 보세요.

┗→ 구해야 할 것

문제 돋보기

✦ 구해야 할 것은?

→ 몫이 가장 큰 (세 자리 수)÷(두 자리 수)를 만들고 계산하기

✓ 몫이 가장 큰 (세 자리 수)÷(두 자리 수)를 만들려면?

→ 세 자리 수를 가장 (크게 , 작게),
　┗→ 나누어지는 수　　　　　┗→ 알맞은 말에 ○표 하기
　두 자리 수를 가장 (크게 , 작게) 하여 만듭니다.
　┗→ 나누는 수

풀이 과정

❶ 수 카드로 만들 수 있는 가장 큰 세 자리 수와 가장 작은 두 자리 수를
각각 구하면?

수 카드의 수의 크기를 비교하면 ☐ > ☐ > ☐ > ☐ > ☐ 이므로

가장 큰 세 자리 수는 ☐ 이고, 가장 작은 두 자리 수는 ☐ 입니다.

❷ 몫이 가장 큰 (세 자리 수)÷(두 자리 수)를 만들고 계산하면?

☐ ÷ ☐ = ☐ … ☐

답 ☐ ÷ ☐ = ☐ … ☐

66

왼쪽 **2** 번과 같이 문제에 색칠하고 밑줄을 그어 가며 문제를 풀어 보세요.

2-1

수 카드 5장을 한 번씩만 사용하여 /

몫이 가장 작은 (세 자리 수)÷(두 자리 수)를 만들고 / 계산해 보세요.

| 8 | 2 | 5 | 9 | 3 |

문제 돋보기

✦ 구해야 할 것은?

→ _____

✓ 몫이 가장 작은 (세 자리 수)÷(두 자리 수)를 만들려면?

→ 세 자리 수를 가장 (크게 , 작게),

두 자리 수를 가장 (크게 , 작게) 하여 만듭니다.

풀이 과정

❶ 수 카드로 만들 수 있는 가장 작은 세 자리 수와 가장 큰 두 자리 수를
각각 구하면?

수 카드의 수의 크기를 비교하면 ☐ > ☐ > ☐ > ☐ > ☐ 이므로

가장 작은 세 자리 수는 ☐ 이고,

가장 큰 두 자리 수는 ☐ 입니다.

❷ 몫이 가장 작은 (세 자리 수)÷(두 자리 수)를 만들고 계산하면?

☐ ÷ ☐ = ☐ … ☐

답 ☐ ÷ ☐ = ☐ … ☐

> **문제가 어려웠나요?**
> ☐ 어려워요. o.o
> ☐ 적당해요. ^-^
> ☐ 쉬워요. >o<

문장제 실력 쌓기

★ 바르게 계산한 값 구하기
★ 수 카드로 나눗셈식 만들기

문제를 읽고 '연습하기'에서 했던 것처럼 밑줄을 그어 가며 문제를 풀어 보세요.

1 어떤 수를 19로 나누어야 할 것을 잘못하여 곱했더니 722가 되었습니다.
바르게 계산하면 몫은 얼마인가요?

❶ 어떤 수를 ■라 할 때, 잘못 계산한 식은?

❷ 어떤 수는?

❸ 바르게 계산했을 때의 몫은?

탑 _____

2 수 카드 5장을 한 번씩만 사용하여 몫이 가장 큰 (세 자리 수)÷(두 자리 수)를 만들고
계산해 보세요.

$$\boxed{5} \quad \boxed{6} \quad \boxed{8} \quad \boxed{7} \quad \boxed{2}$$

❶ 수 카드로 만들 수 있는 가장 큰 세 자리 수와 가장 작은 두 자리 수를 각각 구하면?

❷ 몫이 가장 큰 (세 자리 수)÷(두 자리 수)를 만들고 계산하면?

탑 ☐ ÷ ☐ = ☐ … ☐

정답과 해설 16쪽

3 어떤 수에 31을 곱해야 할 것을 잘못하여 나누었더니 몫이 5, 나머지가 14가 되었습니다. 바르게 계산하면 얼마인가요?

❶ 어떤 수를 ■라 할 때, 잘못 계산한 식은?

❷ 어떤 수는?

❸ 바르게 계산한 값은?

답 ____________

4 수 카드 5장을 한 번씩만 사용하여 몫이 가장 작은 (세 자리 수)÷(두 자리 수)를 만들고 계산해 보세요.

4 9 3 1 7

❶ 수 카드로 만들 수 있는 가장 작은 세 자리 수와 가장 큰 두 자리 수를 각각 구하면?

❷ 몫이 가장 작은 (세 자리 수)÷(두 자리 수)를 만들고 계산하면?

답 ☐ ÷ ☐ = ☐ ··· ☐

1

길이가 520 m인 도로의 양쪽에 /

처음부터 끝까지 13 m 간격으로 / 나무를 심었습니다. /

심은 나무는 모두 몇 그루인가요? /

(단, 나무의 두께는 생각하지 않습니다.)

└─◆ 구해야 할 것

문제 돌보기

✔ 도로의 길이는? → ☐ m

✔ 나무 사이의 간격은? → ☐ m

◆ 구해야 할 것은?

→ _____ 도로의 양쪽에 심은 나무의 수 _____

풀이 과정

❶ 도로의 한쪽에 심은 나무 사이의 간격 수는?

☐ ◯ ☐ = ☐ (군데)
└─ 도로의 길이   └─ 나무 사이의 간격

❷ 도로의 한쪽에 심은 나무의 수는?

☐ +1 = ☐ (그루)
└─ 도로의 한쪽에 심은 나무의 수는
  나무 사이의 간격 수에 1을 더합니다.

❸ 도로의 양쪽에 심은 나무의 수는?

☐ ×2 = ☐ (그루)
└─ 도로의 양쪽에 심은 나무의 수는
  도로의 한쪽에 심은 나무의 수의 2배입니다.

답 _____

왼쪽 1 번과 같이 문제에 색칠하고 밑줄을 그어 가며 문제를 풀어 보세요.

1-1

길이가 735 m인 도로의 양쪽에 /
처음부터 끝까지 21 m 간격으로 / 가로등을 설치했습니다. /
설치한 가로등은 모두 몇 개인가요? /
(단, 가로등의 두께는 생각하지 않습니다.)

문제 돌보기

✓ 도로의 길이는? → ☐ m

✓ 가로등 사이의 간격은? → ☐ m

✦ 구해야 할 것은?

→ _____

풀이 과정

❶ 도로의 한쪽에 설치한 가로등 사이의 간격 수는?

☐ ◯ ☐ = ☐ (군데)

❷ 도로의 한쪽에 설치한 가로등의 수는?

☐ ◯ ☐ = ☐ (개)

❸ 도로의 양쪽에 설치한 가로등의 수는?

☐ ◯ ☐ = ☐ (개)

답 _____

문제가
어려웠나요?

☐ 어려워요. o.o

☐ 적당해요. ^-^

☐ 쉬워요. >o<

2

공깃돌 25개가 담긴 상자의 무게를 재었더니 / 670 g이었습니다. /

이 상자에서 공깃돌 10개를 덜어 내고 /

다시 무게를 재었더니 450 g이었습니다. /

빈 상자의 무게는 몇 g인가요? /

(단, 공깃돌의 무게는 모두 같습니다.)
└─→ 구해야 할 것

문제 돋보기

✔ 공깃돌 25개가 담긴 상자의 무게는? → ☐ g

✔ 덜어 낸 공깃돌의 수는? → ☐ 개

✔ 공깃돌을 덜어 낸 후의 상자의 무게는? → ☐ g

✦ 구해야 할 것은?

→ _____ 빈 상자의 무게 _____

풀이 과정

❶ 공깃돌 10개의 무게는?

☐ ─ ☐ = ☐ (g)
공깃돌 25개가 담긴 상자의 무게 ┘   └→ 공깃돌 10개를 덜어 낸 후의 상자의 무게

❷ 공깃돌 25개의 무게는?

공깃돌 한 개의 무게는 ☐ ○ 10 = ☐ (g)이므로

공깃돌 25개의 무게는 ☐ ○ ☐ = ☐ (g)입니다.

❸ 빈 상자의 무게는?

☐ ○ ☐ = ☐ (g)
공깃돌 25개가 담긴 상자의 무게 ┘   └→ 공깃돌 25개의 무게

답 _____

72

왼쪽 2번과 같이 문제에 색칠하고 밑줄을 그어 가며 문제를 풀어 보세요.

2-1

사탕 30개가 담긴 통의 무게를 재었더니 / 600 g이었습니다. /
이 통에서 사탕 13개를 덜어 내고 /
다시 무게를 재었더니 379 g이었습니다. /
빈 통의 무게는 몇 g인가요? /
(단, 사탕의 무게는 모두 같습니다.)

문제 돋보기

✔ 사탕 30개가 담긴 통의 무게는? → ☐ g

✔ 덜어 낸 사탕의 수는? → ☐ 개

✔ 사탕을 덜어 낸 후의 통의 무게는? → ☐ g

✦ 구해야 할 것은?

→ _____

풀이 과정

❶ 사탕 13개의 무게는?

☐ ◯ ☐ = ☐ (g)

❷ 사탕 30개의 무게는?

사탕 한 개의 무게는 ☐ ◯ 13 = ☐ (g)이므로

사탕 30개의 무게는 ☐ ◯ ☐ = ☐ (g)입니다.

❸ 빈 통의 무게는?

☐ ◯ ☐ = ☐ (g)

답 _____

문제가 어려웠나요?

☐ 어려워요. o.o

☐ 적당해요. ^-^

☐ 쉬워요. >o<

문장제 실력 쌓기

★ 일정한 간격으로 배열한 개수 구하기

★ 빈 상자의 무게 구하기

문제를 읽고 '연습하기'에서 했던 것처럼 밑줄을 그어 가며 문제를 풀어 보세요.

1 길이가 432 m인 도로의 양쪽에 처음부터 끝까지 12 m 간격으로 나무를 심었습니다.
심은 나무는 모두 몇 그루인가요? (단, 나무의 두께는 생각하지 않습니다.)

❶ 도로의 한쪽에 심은 나무 사이의 간격 수는?

❷ 도로의 한쪽에 심은 나무의 수는?

❸ 도로의 양쪽에 심은 나무의 수는?

답 _____

2 구슬 23개가 담긴 상자의 무게를 재었더니 885 g이었습니다.
이 상자에서 구슬 11개를 덜어 내고 다시 무게를 재었더니 500 g이었습니다.
빈 상자의 무게는 몇 g인가요? (단, 구슬의 무게는 모두 같습니다.)

❶ 구슬 11개의 무게는?

❷ 구슬 23개의 무게는?

❸ 빈 상자의 무게는?

답 _____

74

3 길이가 986 m인 도로의 양쪽에 처음부터 끝까지 34 m 간격으로 깃발을 세웠습니다.
세운 깃발은 모두 몇 개인가요? (단, 깃발의 두께는 생각하지 않습니다.)

❶ 도로의 한쪽에 세운 깃발 사이의 간격 수는?

❷ 도로의 한쪽에 세운 깃발의 수는?

❸ 도로의 양쪽에 세운 깃발의 수는?

답 _____

4 볼펜 26자루가 담긴 필통의 무게를 재었더니 842 g이었습니다.
이 필통에서 볼펜 16자루를 꺼내고 다시 무게를 재었더니 410 g이었습니다.
빈 필통의 무게는 몇 g인가요? (단, 볼펜의 무게는 모두 같습니다.)

❶ 볼펜 16자루의 무게는?

❷ 볼펜 26자루의 무게는?

❸ 빈 필통의 무게는?

답 _____

단원 마무리

1 52쪽 모두 얼마인지 구하기

파란색 단추는 한 상자에 176개씩 25상자 있고, 보라색 단추는 한 상자에 238개씩 19상자 있습니다. 파란색 단추와 보라색 단추는 모두 몇 개인가요?

풀이

답 _____

2 54쪽 범위에 알맞은 수 구하기

□ 안에 들어갈 수 있는 자연수 중에서 가장 큰 수를 구해 보세요.

$$34 \times \square < 570$$

풀이

답 _____

3 58쪽 적어도 얼마나 필요한지 구하기

튤립 325송이를 모두 꽃병에 꽂으려고 합니다.
꽃병 한 개에 14송이씩 꽂을 수 있다면 꽃병은 적어도 몇 개 필요한가요?

풀이

답 _____

4

60쪽 나눗셈 결과를 비교하여 더 많은(적은) 것 구하기

혜미와 민우는 영어 단어를 매일 각자 같은 개수만큼 외웁니다. 혜미는 29일 동안 영어 단어 899개를 외웠고, 민우는 16일 동안 영어 단어 544개를 외웠습니다. 하루에 외운 영어 단어의 수가 더 많은 사람은 누구인가요?

풀이

답 _____

5

64쪽 바르게 계산한 값 구하기

어떤 수를 12로 나누어야 할 것을 잘못하여 곱했더니 576이 되었습니다. 바르게 계산하면 몫은 얼마인가요?

풀이

답 _____

6

64쪽 바르게 계산한 값 구하기

어떤 수에 34를 곱해야 할 것을 잘못하여 나누었더니 몫이 4, 나머지가 17이 되었습니다. 바르게 계산하면 얼마인가요?

풀이

답 _____

66쪽 수 카드로 나눗셈식 만들기

7 수 카드 5장을 한 번씩만 사용하여 몫이 가장 큰 (세 자리 수)÷(두 자리 수)를 만들고 계산해 보세요.

2 1 9 8 6

풀이

답 ☐ ÷ ☐ = ☐ ⋯ ☐

70쪽 일정한 간격으로 배열한 개수 구하기

8 길이가 850 m인 도로의 양쪽에 처음부터 끝까지 25 m 간격으로 나무를 심었습니다. 심은 나무는 모두 몇 그루인가요?
(단, 나무의 두께는 생각하지 않습니다.)

풀이

답 _____

72쪽 빈 상자의 무게 구하기

9 밤 27개가 담긴 상자의 무게를 재었더니 1264 g이었습니다.
이 상자에서 밤 14개를 덜어 내고 다시 무게를 재었더니 676 g이었습니다.
빈 상자의 무게는 몇 g인가요? (단, 밤의 무게는 모두 같습니다.)

풀이

답 _____

도전! 10　**54쪽** 범위에 알맞은 수 구하기

□ 안에 들어갈 수 있는 자연수 중에서 가장 작은 수를 13으로 나누었을 때의
나머지를 구해 보세요.

$$29 \times \square > 975$$

❶ 975 ÷ 29를 계산하면?

❷ □ 안에 들어갈 수 있는 자연수 중에서 가장 작은 수는?

❸ 위 ❷에서 구한 수를 13으로 나누었을 때의 나머지는?

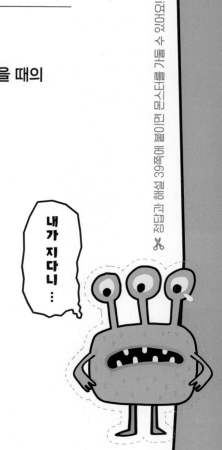

내가 지다니…

답 _____

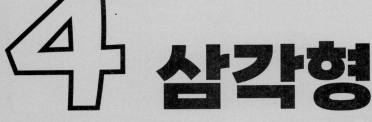

4 삼각형

내가 낸 문제를 모두 풀어야
몰랑이를 구할 수 있어!

함께 풀어 봐요!
화살표를 따라가며 문장을 완성해 보세요.

1

보라색 지붕은 두 변의 길이가 같아.
두 변의 길이가 같은 삼각형은
(이등변삼각형 , 정삼각형)이야.

연두색 지붕은 세 변의 길이가 같아.
세 변의 길이가 같은 삼각형은
(이등변삼각형 , 정삼각형)이야.

함정

1

오른쪽 **이등변삼각형의** /

세 변의 길이의 합은 17 cm입니다. /

㉠의 길이는 몇 cm인가요?

└─→ 구해야 할 것

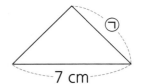

7 cm

문제 돋보기

┌→ 알맞은 말에 ○표 하기

✓ 이등변삼각형은? → (두 , 세) 변의 길이가 같은 삼각형

✓ 주어진 이등변삼각형의 세 변의 길이의 합은? → ▢ cm

✦ 구해야 할 것은?

→ ㉠의 길이

풀이 과정

❶ 이등변삼각형의 세 변의 길이의 합을 식으로 나타내면?

㉠＋㉠＋▢ ＝ ▢ (cm)

❷ ㉠의 길이는?

위 ❶에서 ㉠＋㉠＝ ▢ (cm)이므로

㉠＝ ▢ ÷ ▢ ＝ ▢ (cm)입니다.

답 _____

84

왼쪽 **1** 번과 같이 문제에 색칠하고 밑줄을 그어 가며 문제를 풀어 보세요.

1-1

오른쪽 정삼각형의 /

세 변의 길이의 합은 24 cm입니다. /

한 변의 길이는 몇 cm인가요?

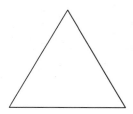

문제 돌보기

✓ 정삼각형은? → (두 , 세) 변의 길이가 같은 삼각형

✓ 주어진 정삼각형의 세 변의 길이의 합은? → ☐ cm

✦ 구해야 할 것은?

→ _____

풀이 과정

❶ 정삼각형의 한 변의 길이를 ■ cm라 할 때,
세 변의 길이의 합을 식으로 나타내면?

■ × ☐ = ☐ (cm)

❷ 정삼각형의 한 변의 길이는?

위 ❶에서 ☐ ÷ ☐ = ■ , ■ = ☐ 이므로

정삼각형의 한 변의 길이는 ☐ cm입니다.

답 _____

문제가
어려웠나요?

☐ 어려워요. o.o

☐ 적당해요. ^-^

☐ 쉬워요. >o<

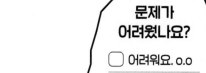

85

문장제 연습하기

★ 세 변의 길이의 합이 같은
두 삼각형에서 한 변의 길이 구하기

2 삼각형 ㉮와 ㉯는 모두 이등변삼각형이고, /
세 변의 길이의 합은 같습니다. /
㉠의 길이는 몇 cm인가요?
└─→ 구해야 할 것

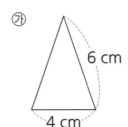

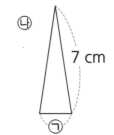

문제 돋보기

✔ 이등변삼각형은? → (두 , 세) 변의 길이가 같은 삼각형

✔ 두 삼각형의 세 변의 길이의 합은? → (같습니다 , 다릅니다).

✛ 구해야 할 것은?

→ ㉠의 길이
_____

풀이 과정

❶ 이등변삼각형 ㉮의 세 변의 길이의 합은?

이등변삼각형 ㉮의 세 변의 길이는 각각 6 cm, 4 cm, ☐ cm이므로

세 변의 길이의 합은 6+☐＋☐＝☐ (cm)입니다.

❷ ㉠의 길이는?

이등변삼각형 ㉯의 세 변의 길이는 각각 7 cm, ☐ cm, ㉠ cm입니다.

⇨ 7+☐＋㉠＝☐ 이므로 ㉠＝☐ (cm)입니다.

답 _____

왼쪽 **2** 번과 같이 문제에 색칠하고 밑줄을 그어 가며 문제를 풀어 보세요.

2-1

이등변삼각형 ㉮와 정삼각형 ㉯의 /
세 변의 길이의 합은 같습니다. /
㉠의 길이는 몇 cm인가요?

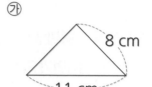
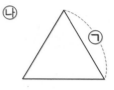

㉮ 8 cm 11 cm

㉯ ㉠

문제 돋보기

✔ 이등변삼각형은? → (두 , 세) 변의 길이가 같은 삼각형

✔ 정삼각형은? → (두 , 세) 변의 길이가 같은 삼각형

✔ 두 삼각형의 세 변의 길이의 합은? → (같습니다 , 다릅니다).

✦ 구해야 할 것은?

→ _____

풀이 과정

❶ 이등변삼각형 ㉮의 세 변의 길이의 합은?

이등변삼각형 ㉮의 세 변의 길이는 각각 8 cm, 11 cm, ☐ cm이므로

세 변의 길이의 합은 8+ ☐ + ☐ = ☐ (cm)입니다.

❷ ㉠의 길이는?

정삼각형 ㉯의 세 변의 길이의 합은 ☐ cm이므로

㉠= ☐ ÷ ☐ = ☐ (cm)입니다.

문제가 어려웠나요?

☐ 어려워요. o.o

☐ 적당해요. ^-^

☐ 쉬워요. >o<

답 _____

문장제 실력 쌓기

★ 삼각형의 한 변의 길이 구하기

★ 세 변의 길이의 합이 같은 두 삼각형에서
  한 변의 길이 구하기

문제를 읽고 '연습하기'에서 했던 것처럼 밑줄을 그어 가며 문제를 풀어 보세요.

1 오른쪽 이등변삼각형의 세 변의 길이의 합은 28 cm입니다.
㉠의 길이는 몇 cm인가요?

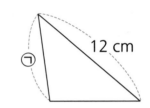

❶ 이등변삼각형의 세 변의 길이의 합을 식으로 나타내면?

❷ ㉠의 길이는?

답 _____

2 오른쪽 정삼각형의 세 변의 길이의 합은 21 cm입니다.
한 변의 길이는 몇 cm인가요?

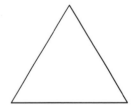

❶ 정삼각형의 한 변의 길이를 ▨ cm라 할 때,
   세 변의 길이의 합을 식으로 나타내면?

❷ 정삼각형의 한 변의 길이는?

답 _____

3 삼각형 ㉮와 ㉯는 모두 이등변삼각형이고, 세 변의 길이의 합은 같습니다. ㉠의 길이는 몇 cm인가요?

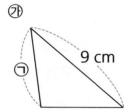
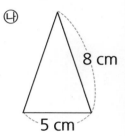

❶ 이등변삼각형 ㉯의 세 변의 길이의 합은?

❷ ㉠의 길이는?

답 _____

4 정삼각형 ㉮와 이등변삼각형 ㉯의 세 변의 길이의 합은 같습니다. ㉠의 길이는 몇 cm인가요?

❶ 정삼각형 ㉮의 세 변의 길이의 합은?

❷ ㉠의 길이는?

답 _____

1

삼각형 ㄱㄴㄷ은 이등변삼각형입니다. /

㉠의 각도를 구해 보세요.

└──▶ 구해야 할 것

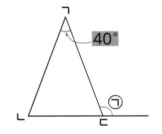

문제 돌보기

✔ 이등변삼각형의 성질은? → (두 , 세) 각의 크기가 같습니다.

✔ 각 ㄴㄱㄷ의 크기는? → □°

✦ 구해야 할 것은?

→ _____ ㉠의 각도 _____

풀이 과정

❶ 각 ㄱㄴㄷ과 각 ㄴㄷㄱ의 크기의 합은?

삼각형의 세 각의 크기의 합은 □°이므로

(각 ㄱㄴㄷ)+(각 ㄴㄷㄱ)= □° − □° = □°입니다.

❷ 각 ㄴㄷㄱ의 크기는?

삼각형 ㄱㄴㄷ은 이등변삼각형이므로

(각 ㄴㄷㄱ)=(각 ㄱㄴㄷ)= □° ÷ □ = □°입니다.

❸ ㉠의 각도는?

한 직선이 이루는 각의 크기는 □°이므로

㉠의 각도는 □° − □° = □°입니다.

└──▶ 각 ㄴㄷㄱ의 크기

답 _____

왼쪽 **1** 번과 같이 문제에 색칠하고 밑줄을 그어 가며 문제를 풀어 보세요.

1-1

삼각형 ㄱㄴㄷ은 정삼각형입니다. /

㉠의 각도를 구해 보세요.

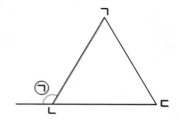

문제 돋보기

✓ 정삼각형의 성질은? → (두 , 세) 각의 크기가 같습니다.

✦ 구해야 할 것은?

→ _____

풀이 과정

❶ 각 ㄱㄴㄷ의 크기는?

삼각형의 세 각의 크기의 합은 ◻°이고,

삼각형 ㄱㄴㄷ은 정삼각형이므로

(각 ㄱㄴㄷ)= ◻° ÷ ◻ = ◻°입니다.

❷ ㉠의 각도는?

한 직선이 이루는 각의 크기는 ◻°이므로

㉠의 각도는 ◻° − ◻° = ◻°입니다.

└→ 각 ㄱㄴㄷ의 크기

❸ 답 _____

**문제가
어려웠나요?**

☐ 어려워요. o.o

☐ 적당해요. ^-^

☐ 쉬워요. >o<

문장제 연습하기

★크고 작은 삼각형의 수 구하기

2 오른쪽 도형에서 찾을 수 있는 /
크고 작은 <u>예각삼각형은</u> 모두 몇 개인가요?
└─➔ 구해야 할 것

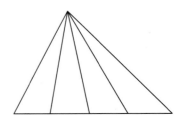

문제 돋보기

✓ 예각삼각형은?
┌─➔ 0°보다 크고 90°보다 작은 각
→ 세 각이 모두 (예각 , 직각 , 둔각)인 삼각형
└─➔ 90°보다 크고 180°보다 작은 각

✦ 구해야 할 것은?

→ <u>크고 작은 예각삼각형의 수</u>

풀이 과정

❶ 작은 삼각형 1개, 2개, 3개, 4개짜리 예각삼각형의 수를 각각 구하면?

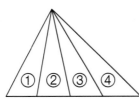

• 작은 삼각형 1개짜리: ② ⇨ ☐ 개

• 작은 삼각형 2개짜리: ①+②, ②+☐ ⇨ ☐ 개

• 작은 삼각형 3개짜리: ①+②+③, ②+③+☐

⇨ ☐ 개

• 작은 삼각형 4개짜리: ①+②+☐+☐ ⇨ ☐ 개

❷ 크고 작은 예각삼각형의 수는?

1+☐+☐+☐=☐ (개)

답 _____

왼쪽 **2** 번과 같이 문제에 색칠하고 밑줄을 그어 가며 문제를 풀어 보세요.

2-1

오른쪽 도형에서 찾을 수 있는 /
크고 작은 둔각삼각형은 모두 몇 개인가요?

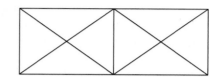

문제 돋보기

✓ 둔각삼각형은?

→ 한 각이 (예각 , 직각 , 둔각)인 삼각형

✦ 구해야 할 것은?

→ _____

풀이 과정

❶ 작은 삼각형 1개, 4개짜리 둔각삼각형의 수를 각각 구하면?

• 작은 삼각형 1개짜리: ①, ③, ☐, ☐ ⇨ ☐ 개

• 작은 삼각형 4개짜리: ①+④+⑥+☐ ,

③+④+☐+☐ ⇨ ☐ 개

❷ 크고 작은 둔각삼각형의 수는?

☐ + ☐ = ☐ (개)

답 _____

문제가
어려웠나요?

☐ 어려워요. o.o

☐ 적당해요. ^-^

☐ 쉬워요. >o<

문장제 실력 쌓기

★ 이등변삼각형과 정삼각형의 밖에 있는 각도 구하기

★ 크고 작은 삼각형의 수 구하기

문제를 읽고 '연습하기'에서 했던 것처럼 밑줄을 그어 가며 문제를 풀어 보세요.

1 삼각형 ㄱㄴㄷ은 정삼각형입니다.
㉠의 각도를 구해 보세요.

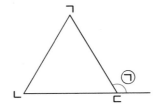

❶ 각 ㄴㄷㄱ의 크기는?

❷ ㉠의 각도는?

답 _____

2 오른쪽 도형에서 찾을 수 있는
크고 작은 둔각삼각형은 모두 몇 개인가요?

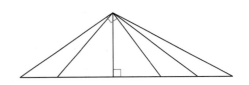

❶ 작은 삼각형 1개, 2개, 4개, 5개짜리
둔각삼각형의 수를 각각 구하면?

❷ 크고 작은 둔각삼각형의 수는?

답 _____

94

3 삼각형 ㄱㄴㄷ은 이등변삼각형입니다.
각 ㄴㄱㄷ의 크기를 구해 보세요.

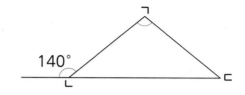

❶ 각 ㄱㄴㄷ의 크기는?

❷ 각 ㄴㄱㄷ의 크기는?

답 _____

4 오른쪽은 크기가 같은 정삼각형을 겹치지 않게
이어 붙여 만든 도형입니다.
도형에서 찾을 수 있는 크고 작은 정삼각형은 모두 몇 개인가요?

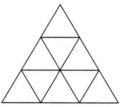

❶ 작은 정삼각형 1개, 4개, 9개짜리
정삼각형의 수를 각각 구하면?

❷ 크고 작은 정삼각형의 수는?

답 _____

84쪽 삼각형의 한 변의 길이 구하기

1 세 변의 길이의 합이 15 cm인 정삼각형이 있습니다.
이 정삼각형의 한 변의 길이는 몇 cm인가요?

풀이

답 _____

84쪽 삼각형의 한 변의 길이 구하기

2 오른쪽 이등변삼각형의 세 변의 길이의 합은 25 cm입니다.
㉠의 길이는 몇 cm인가요?

풀이

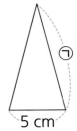
5 cm

답 _____

86쪽 세 변의 길이의 합이 같은 두 삼각형에서 한 변의 길이 구하기

3 정삼각형 ㉮와 이등변삼각형 ㉯의
세 변의 길이의 합은 같습니다.
㉠의 길이는 몇 cm인가요?

풀이

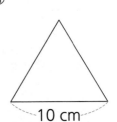
㉮
10 cm

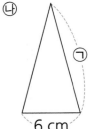
㉯
㉠
6 cm

답 _____

86쪽 세 변의 길이의 합이 같은 두 삼각형에서 한 변의 길이 구하기

4 삼각형 ㉮와 ㉯는 모두
이등변삼각형이고,
세 변의 길이의 합은 같습니다.
㉠의 길이는 몇 cm인가요?

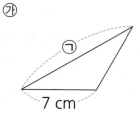

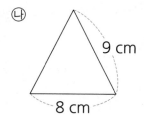

풀이

답 _____

90쪽 이등변삼각형과 정삼각형의 밖에 있는 각도 구하기

5 삼각형 ㄱㄴㄷ은 이등변삼각형입니다.
㉠의 각도를 구해 보세요.

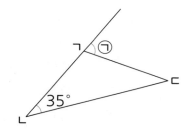

풀이

답 _____

90쪽 이등변삼각형과 정삼각형의 밖에 있는 각도 구하기

6 삼각형 ㄱㄴㄷ은 이등변삼각형입니다.
각 ㄴㄱㄷ의 크기를 구해 보세요.

풀이

답 _____

단원 마무리

92쪽 크고 작은 삼각형의 수 구하기

7 오른쪽 도형에서 찾을 수 있는
크고 작은 둔각삼각형은 모두 몇 개인가요?

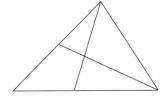

풀이

답 _____

86쪽 세 변의 길이의 합이 같은 두 삼각형에서 한 변의 길이 구하기

8 두 삼각형은 모두 이등변삼각형이고, 세 변의 길이의 합은 36 cm로 같습니다.
㉠과 ㉡의 길이의 합은 몇 cm인가요?

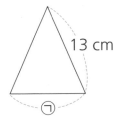 13 cm

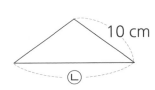 10 cm

㉠   ㉡

풀이

답 _____

98

92쪽 크고 작은 삼각형의 수 구하기

9 오른쪽 도형에서 찾을 수 있는
크고 작은 예각삼각형은 모두 몇 개인가요?

풀이

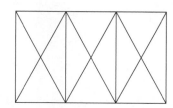

답 _____

도전! 10

90쪽 이등변삼각형과 정삼각형의 밖에 있는 각도 구하기

오른쪽 도형에서 삼각형 ㄱㄷㄹ과
삼각형 ㄴㄷㄹ은 이등변삼각형입니다.
각 ㄱㄹㄴ의 크기를 구해 보세요.

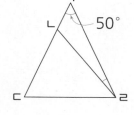

❶ 각 ㄱㄷㄹ의 크기는?

❷ 각 ㄴㄹㄷ의 크기는?

❸ 각 ㄱㄹㄴ의 크기는?

내
가
지
다
니
⋮

정답과 해설 39쪽에 붙이면 몬스터를 가들 수 있어요!

답 _____

5 막대그래프

내가 낸 문제를 모두 풀어야
몰랑이를 구할 수 있어!

문장제 준비 하기

함께 풀어 봐요!

화살표를 따라가며 문장을 완성해 보세요.

시작!

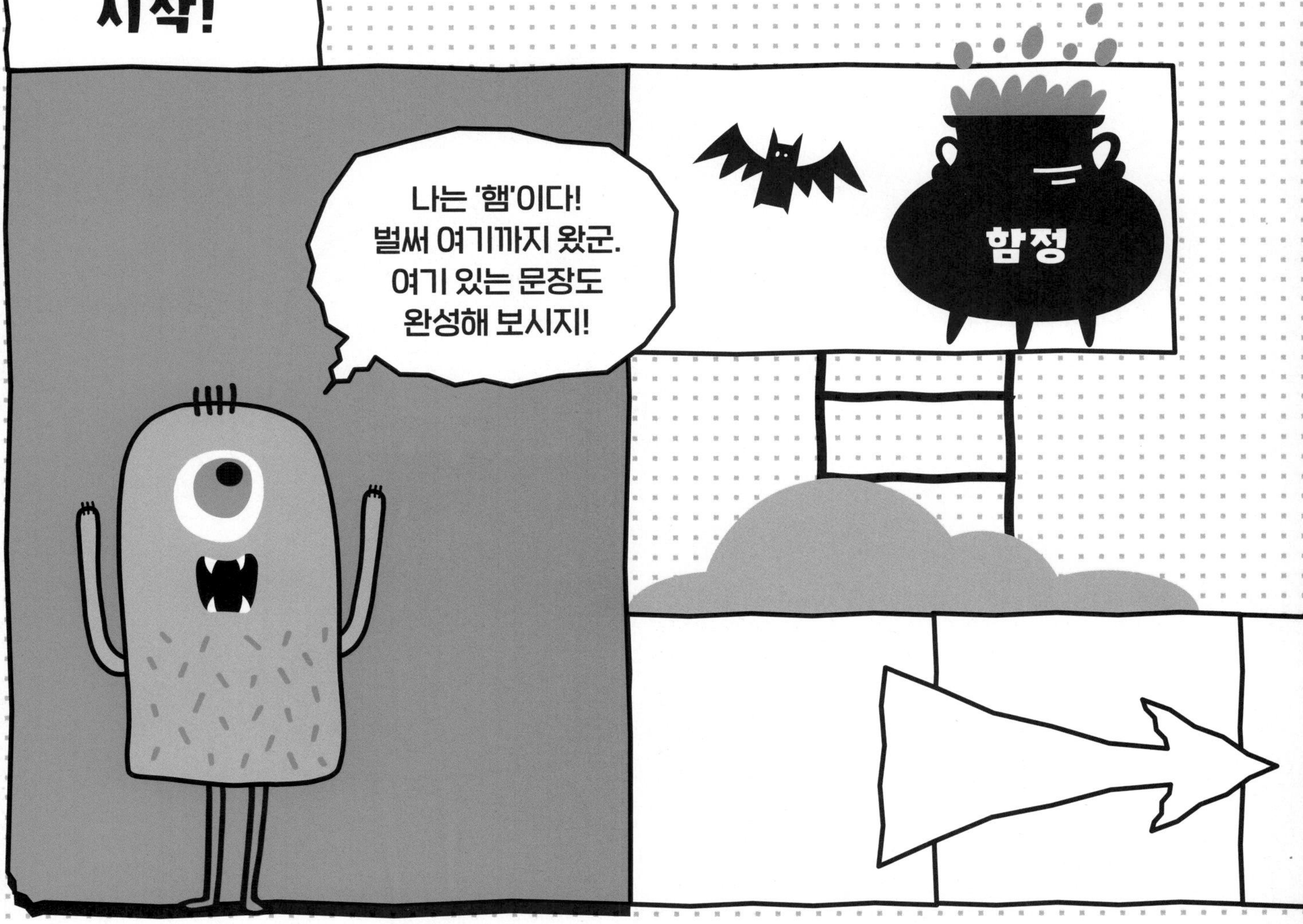

조금만
더 힘내자!

1

종류별 책의 수를 표로 나타내면 다음과 같아.

종류별 책의 수

종류	위인전	과학책	만화책	합계
책의 수(권)	5	3	7	15

표를 막대그래프로 나타내면?

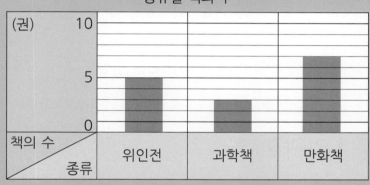

가장 많은 책은 [   ]이야.

1

우재네 반 학생들의 혈액형을
조사하여 나타낸 / 막대그래프입니다. /
O형인 학생이 AB형인 학생보다 /
2명 더 많을 때, /
O형인 학생은 몇 명인가요?
└─→ 구해야 할 것

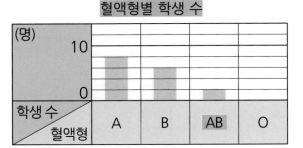

혈액형별 학생 수

(명)				
10				
0				
학생 수 ╲ 혈액형	A	B	AB	O

문제 돋보기

✓ O형인 학생 수는? → AB형인 학생보다 [ ]명 더 많습니다.

✓ AB형인 학생 수를 나타내는 막대의 길이는? → [ ]칸

✦ 구해야 할 것은?

→ _____ O형인 학생 수 _____

풀이 과정

❶ 세로 눈금 한 칸의 크기는?

세로 눈금 5칸이 [ ]명을 나타내므로

세로 눈금 한 칸은 [ ]÷5=[ ](명)을 나타냅니다.

❷ AB형인 학생 수는?

AB형인 학생 수는 막대의 길이가 1칸이므로 [ ]명입니다.

❸ O형인 학생 수는?

[ ] + [ ] = [ ] (명)
└─→ AB형인 학생 수

답 _____

정답과 해설 25쪽

왼쪽 1 번과 같이 문제에 색칠하고 밑줄을 그어 가며 문제를 풀어 보세요.

1-1

어느 과일 가게에 있는 과일 수를
조사하여 나타낸 / 막대그래프입니다. /
복숭아가 배보다 20개 더 많을 때, /
배는 몇 개인가요?

종류별 과일 수

(개)	사과	오렌지	배	복숭아
50				
0				
과일 수 / 종류	사과	오렌지	배	복숭아

**문제
돋보기**

✓ 복숭아의 수는? → 배보다 ☐ 개 더 많습니다.

✓ 복숭아의 수를 나타내는 막대의 길이는? → ☐ 칸

✦ 구해야 할 것은?

→ _____

**풀이
과정**

❶ 세로 눈금 한 칸의 크기는?

세로 눈금 5칸이 ☐ 개를 나타내므로

세로 눈금 한 칸은 ☐ ÷5= ☐ (개)를 나타냅니다.

❷ 복숭아의 수는?

복숭아의 수는 막대의 길이가 4칸이므로

☐ ×4= ☐ (개)입니다.

❸ 배의 수는?

복숭아가 배보다 ☐ 개 더 많으므로

배는 ☐ − ☐ = ☐ (개)입니다.

❷ _____

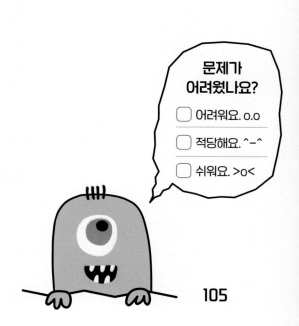

문제가
어려웠나요?

☐ 어려워요. o.o

☐ 적당해요. ^-^

☐ 쉬워요. >o<

문장제 연습하기

★ 눈금의 크기를 구하여 항목의 수 구하기

2 과수원에 있는 종류별 나무 수를
조사하여 나타낸 / 막대그래프입니다. /
사과나무가 14그루라면 /
감나무는 몇 그루인가요?
└→ 구해야 할 것

문제 돋보기

✔ 사과나무의 수는? → ☐ 그루

✔ 사과나무의 수와 감나무의 수를 나타내는 막대의 길이는?

→ 사과나무: ☐ 칸, 감나무: ☐ 칸

✚ 구해야 할 것은?

→ ＿＿＿＿＿＿ 감나무의 수 ＿＿＿＿＿＿

풀이 과정

❶ 세로 눈금 한 칸의 크기는?

사과나무 막대의 세로 눈금 7칸이 ☐ 그루를 나타내므로

세로 눈금 한 칸은 ☐ ÷7= ☐ (그루)를 나타냅니다.

❷ 감나무의 수는?

감나무의 수는 막대의 길이가 3칸이므로 ☐ ×3= ☐ (그루)입니다.
└→ 세로 눈금 한 칸의 크기

답 ＿＿＿＿＿＿＿＿＿＿

왼쪽 **2** 번과 같이 문제에 색칠하고 밑줄을 그어 가며 문제를 풀어 보세요.

2-1

지윤이네 학교 학생들이 좋아하는 꽃을 조사하여 나타낸 / 막대그래프입니다. / 장미를 좋아하는 학생이 50명이라면 / 해바라기를 좋아하는 학생은 몇 명인가요?

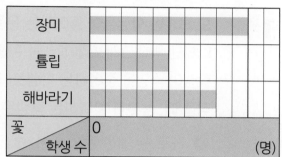

좋아하는 꽃별 학생 수

문제 돋보기

✔ 장미를 좋아하는 학생 수는? → ☐ 명

✔ 장미와 해바라기를 각각 좋아하는 학생 수를 나타내는 막대의 길이는?

→ 장미: ☐ 칸, 해바라기: ☐ 칸

✦ 구해야 할 것은?

→ _____

풀이 과정

❶ 가로 눈금 한 칸의 크기는?

장미 막대의 가로 눈금 10칸이 ☐ 명을 나타내므로

가로 눈금 한 칸은 ☐ ÷10= ☐ (명)을 나타냅니다.

❷ 해바라기를 좋아하는 학생 수는?

해바라기를 좋아하는 학생 수는 막대의 길이가 8칸이므로

☐ ×8= ☐ (명)입니다.

문제가 어려웠나요?

☐ 어려워요. o.o

☐ 적당해요. ^-^

☐ 쉬워요. >o<

❸ 답 _____

문장제 실력 쌓기

★ 항목의 수의 관계를 이용하여 모르는 항목의 수 구하기
★ 눈금의 크기를 구하여 항목의 수 구하기

문제를 읽고 '연습하기'에서 했던 것처럼 밑줄을 그어 가며 문제를 풀어 보세요.

1 도희네 반 학생들이 좋아하는 운동을 조사하여 나타낸 막대그래프입니다. 농구를 좋아하는 학생이 수영을 좋아하는 학생보다 1명 더 적을 때, 농구를 좋아하는 학생은 몇 명인가요?

좋아하는 운동별 학생 수

❶ 세로 눈금 한 칸의 크기는?

❷ 수영을 좋아하는 학생 수는?

❸ 농구를 좋아하는 학생 수는?

답 _____

2 선주네 학교 4학년 학생들이 존경하는 위인을 조사하여 나타낸 막대그래프입니다. 이순신을 존경하는 학생이 24명이라면 안중근을 존경하는 학생은 몇 명인가요?

존경하는 위인별 학생 수

❶ 세로 눈금 한 칸의 크기는?

❷ 안중근을 존경하는 학생 수는?

답 _____

3 어느 동물원에 있는 동물 수를 조사하여
나타낸 막대그래프입니다.
사슴이 얼룩말보다 6마리 더 많을 때,
얼룩말은 몇 마리인가요?

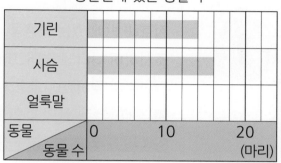

동물원에 있는 동물 수

❶ 가로 눈금 한 칸의 크기는?

❷ 사슴의 수는?

❸ 얼룩말의 수는?

답 _____

4 은혜네 학교 4학년 학생들이 태어난
계절을 조사하여 나타낸 막대그래프입니다.
봄에 태어난 학생이 45명이라면
겨울에 태어난 학생은 몇 명인가요?

태어난 계절별 학생 수

❶ 가로 눈금 한 칸의 크기는?

❷ 겨울에 태어난 학생 수는?

답 _____

1

정호네 반에 있는 학용품 수를
조사하여 나타낸 막대그래프의 /
일부분이 찢어졌습니다. /
지우개의 수는 풀의 수의 2배이고, /
가위는 지우개보다 4개 더 적습니다. /
정호네 반에 있는 가위는 몇 개인가요?

└→ **구해야 할 것**

정호네 반에 있는 학용품 수

(개)				
20				
0				
학용품 수	풀	자	가위	지우개

문제 돋보기

✔ 지우개의 수는? → 풀의 수의 [ ]배입니다.

✔ 가위의 수는? → 지우개보다 [ ]개 더 적습니다.

✔ 풀의 수와 자의 수를 나타내는 막대의 길이는? → 풀: [ ]칸, 자: [ ]칸

✦ 구해야 할 것은?

→ 정호네 반에 있는 가위의 수
_____

풀이 과정

❶ 풀의 수는?

세로 눈금 한 칸은 [ ] ÷ 5 = [ ] (개)를 나타내므로

풀의 수는 [ ] × 3 = [ ] (개)입니다.

❷ 지우개의 수는?

[ ] × 2 = [ ] (개)
└→ 풀의 수

❸ 가위의 수는?

[ ] − 4 = [ ] (개)
└→ 지우개의 수

답
_____

왼쪽 **1** 번과 같이 문제에 색칠하고 밑줄을 그어 가며 문제를 풀어 보세요.

1-1

시우네 모둠 학생들의 턱걸이 횟수를
조사하여 나타낸 막대그래프의 /
일부분이 찢어졌습니다. /
영희의 턱걸이 횟수는 시우보다
2회 더 적고, / 선재의 턱걸이 횟수는
영희의 2배입니다. /
선재의 턱걸이 횟수는 몇 회인가요?

학생별 턱걸이 횟수

(회)					
10					
0					
횟수 이름	시우	영희	선재	은주

문제 돋보기

✔ 영희의 턱걸이 횟수는? → 시우보다 ☐ 회 더 적습니다.

✔ 선재의 턱걸이 횟수는? → 영희의 ☐ 배입니다.

✔ 시우와 은주의 턱걸이 횟수를 나타내는 막대의 길이는?

→ 시우: ☐ 칸, 은주: ☐ 칸

✚ 구해야 할 것은?

→ _____

풀이 과정

❶ 시우의 턱걸이 횟수는?

세로 눈금 한 칸은 ☐ ÷5= ☐ (회)를 나타내므로

시우의 턱걸이 횟수는 ☐ ×4= ☐ (회)입니다.

❷ 영희의 턱걸이 횟수는?

☐ −2= ☐ (회)

❸ 선재의 턱걸이 횟수는?

☐ ×2= ☐ (회)

❹ 답

_____

**문제가
어려웠나요?**

☐ 어려워요. o.o

☐ 적당해요. ^-^

☐ 쉬워요. >o<

111

문장제 연습하기

★ 두 막대그래프 비교하기

2 두 모둠 학생들이 가지고 있는 구슬 수를 조사하여 나타낸 / 막대그래프입니다. /
세미와 주희 중 / 구슬 수가 더 많은 학생은 누구인가요?

⌐→ 구해야 할 것

세미네 모둠 학생들이 가지고 있는 구슬 수

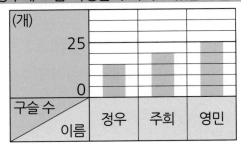

정우네 모둠 학생들이 가지고 있는 구슬 수

문제 돌보기

✔ 세미네 모둠 그래프의 세로 눈금 5칸이 나타내는 구슬 수는? → ☐ 개

✔ 정우네 모둠 그래프의 세로 눈금 5칸이 나타내는 구슬 수는? → ☐ 개

✦ 구해야 할 것은?

→ <u>　　　　　세미와 주희 중 구슬 수가 더 많은 학생　　　　　</u>

풀이 과정

❶ 세미가 가지고 있는 구슬 수는?

세미네 모둠 그래프의 세로 눈금 한 칸은 ☐ ÷5= ☐ (개)를 나타내므로

세미가 가지고 있는 구슬은 ☐ ×7= ☐ (개)입니다.

❷ 주희가 가지고 있는 구슬 수는?

정우네 모둠 그래프의 세로 눈금 한 칸은 ☐ ÷5= ☐ (개)를 나타내므로

주희가 가지고 있는 구슬은 ☐ ×4= ☐ (개)입니다.

❸ 세미와 주희 중 구슬 수가 더 많은 학생은?

☐ > ☐ 이므로 구슬 수가 더 많은 학생은 ☐ 입니다.

 답 _____

왼쪽 **2** 번과 같이 문제에 색칠하고 밑줄을 그어 가며 문제를 풀어 보세요.

2-1 두 모둠 학생들이 먹은 젤리 수를 조사하여 나타낸 / 막대그래프입니다. /
민서와 수지 중 / 젤리를 더 적게 먹은 학생은 누구인가요?

상호네 모둠 학생들이 먹은 젤리 수 　　　수지네 모둠 학생들이 먹은 젤리 수

문제 돋보기

✔ 상호네 모둠 그래프의 세로 눈금 5칸이 나타내는 젤리 수는? → ☐ 개

✔ 수지네 모둠 그래프의 세로 눈금 5칸이 나타내는 젤리 수는? → ☐ 개

✦ 구해야 할 것은?

→ _____

풀이 과정

❶ 민서가 먹은 젤리 수는?

상호네 모둠 그래프의 세로 눈금 한 칸은 ☐ ÷ 5 = ☐ (개)를 나타내므로

민서가 먹은 젤리는 ☐ 개입니다.

❷ 수지가 먹은 젤리 수는?

수지네 모둠 그래프의 세로 눈금 한 칸은 ☐ ÷ 5 = ☐ (개)를

나타내므로 수지가 먹은 젤리는 ☐ × 4 = ☐ (개)입니다.

❸ 민서와 수지 중 젤리를 더 적게 먹은 학생은?

☐ < ☐ 이므로 젤리를 더 적게 먹은 학생은 ☐ 입니다.

답 _____

문제가
어려웠나요?

☐ 어려워요. o.o

☐ 적당해요. ^-^

☐ 쉬워요. >o<

문장제 실력 쌓기

★ 막대그래프의 일부를 보고 모르는 항목의 수 구하기

★ 두 막대그래프 비교하기

문제를 읽고 '연습하기'에서 했던 것처럼 밑줄을 그어 가며 문제를 풀어 보세요.

1 은진이네 반 학생들이 좋아하는 분식을 남학생과 여학생으로 나누어 조사하여 나타낸 막대그래프입니다. 은진이네 반에서 가장 많은 학생들이 좋아하는 분식은 무엇인가요?

분식별 좋아하는 남학생 수

분식별 좋아하는 여학생 수

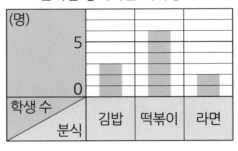

❶ 은진이네 반에서 김밥을 좋아하는 학생 수는?

❷ 은진이네 반에서 떡볶이를 좋아하는 학생 수는?

❸ 은진이네 반에서 라면을 좋아하는 학생 수는?

❹ 은진이네 반에서 가장 많은 학생들이 좋아하는 분식은?

탑 _____

2 어느 체육관에 있는 공의 수를 조사하여
나타낸 막대그래프의 일부분이 찢어졌습니다.
농구공은 축구공보다 4개 더 적고,
야구공 수는 농구공 수의 2배입니다.
체육관에 있는 야구공은 몇 개인가요?

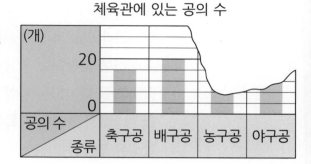

체육관에 있는 공의 수

❶ 축구공의 수는?

❷ 농구공의 수는?

❸ 야구공의 수는?

답 _____

3 유미네 반 학급문고에 있는 책의 수를 조사하여
나타낸 막대그래프의 일부분이 찢어졌습니다.
동화책 수는 과학책 수의 2배이고,
위인전은 동화책보다 5권 더 많습니다.
학급문고에 있는 위인전은 몇 권인가요?

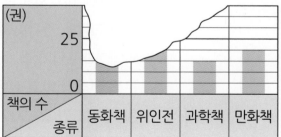

학급문고에 있는 책의 수

❶ 과학책의 수는?

❷ 동화책의 수는?

❸ 위인전의 수는?

답 _____

104쪽 항목의 수의 관계를 이용하여 모르는 항목의 수 구하기

1 승영이네 반 학생들이 좋아하는 동물을 조사하여 나타낸 막대그래프입니다.
고양이를 좋아하는 학생이 강아지를 좋아하는 학생보다 2명 더 많을 때, 고양이를 좋아하는 학생은 몇 명인가요?

좋아하는 동물별 학생 수

풀이

답 _____

106쪽 눈금의 크기를 구하여 항목의 수 구하기

2 현진이네 학교 4학년 학생들의 장래 희망을 조사하여 나타낸 막대그래프입니다.
운동 선수가 되고 싶은 학생이 30명이라면 요리사가 되고 싶은 학생은 몇 명인가요?

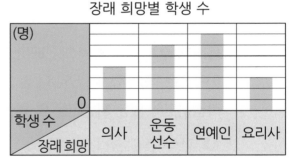

장래 희망별 학생 수

풀이

답 _____

104쪽   항목의 수의 관계를 이용하여 모르는 항목의 수 구하기

3   희민이가 줄넘기를 넘은 횟수를
요일별로 조사하여 나타낸
막대그래프입니다.
수요일은 화요일보다 줄넘기를
40번 더 많이 넘었을 때,
수요일에 줄넘기를 넘은 횟수는
몇 번인가요?

요일별 줄넘기를 넘은 횟수

풀이

답 _____

106쪽   눈금의 크기를 구하여 항목의 수 구하기

4   주미네 학교 4학년 학생들이
생일에 받고 싶어 하는 선물을
조사하여 나타낸
막대그래프입니다.
게임기를 받고 싶어 하는 학생이
100명이라면 장난감을 받고 싶어
하는 학생은 몇 명인가요?

받고 싶어 하는 선물별 학생 수

풀이

답 _____

단원 마무리

110쪽 막대그래프의 일부를 보고 모르는 항목의 수 구하기

5 마을별 배 생산량을 조사하여
나타낸 막대그래프의 일부분이
찢어졌습니다.

⨯ 마을의 배 생산량은

㉮ 마을보다 20상자 더 많고,

㉯ 마을의 배 생산량은

㉯ 마을보다 10상자 더 적습니다.

㉰ 마을의 배 생산량은 몇 상자인가요?

마을별 배 생산량

풀이

답 _____

110쪽 막대그래프의 일부를 보고 모르는 항목의 수 구하기

6 해미와 친구들이 어제 운동한
시간을 조사하여 나타낸
막대그래프의 일부분이
찢어졌습니다.

선우는 남주가 운동한 시간의
2배만큼 운동을 했고,

민재는 선우보다 운동을 12분 더 적게 했습니다.

민재가 운동한 시간은 몇 분인가요?

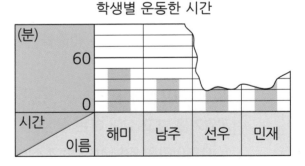

학생별 운동한 시간

풀이

답 _____

정답과 해설 29쪽

104쪽　항목의 수의 관계를 이용하여 모르는 항목의 수 구하기
112쪽　두 막대그래프 비교하기

도전! 7

두 수목원의 종류별 나무 수를 조사하여 나타낸 막대그래프입니다.
㉮ 수목원의 은행나무가 ㉯ 수목원의 은행나무보다 10그루 더 많을 때,
㉮와 ㉯ 중 전체 나무 수가 더 많은 수목원은 어디인가요?

㉮ 수목원의 종류별 나무 수

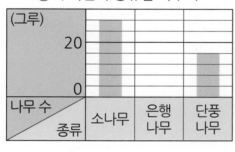

㉯ 수목원의 종류별 나무 수

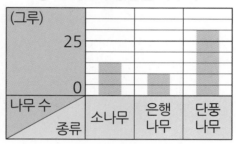

❶ ㉮ 수목원의 은행나무 수는?

❷ ㉮ 수목원의 전체 나무 수는?

❸ ㉯ 수목원의 전체 나무 수는?

❹ ㉮와 ㉯ 중 전체 나무 수가 더 많은 수목원은?

내
가
지
다
니
…

답 _____

6 관계와 규칙

내가 낸 문제를 모두 풀어야
몰랑이를 구할 수 있어!

문장제 준비하기

함께 풀어 봐요!

화살표를 따라가며 문장을 완성해 보세요.

시작!

1 별을 달아 놓은 규칙을 찾아 수로 나타냈어.
다섯째에 달아야 하는 별의 수를 수로 나타내면

☐ (이)야.

함정

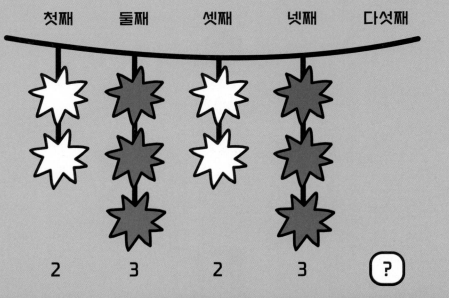

첫째	둘째	셋째	넷째	다섯째
2	3	2	3	?

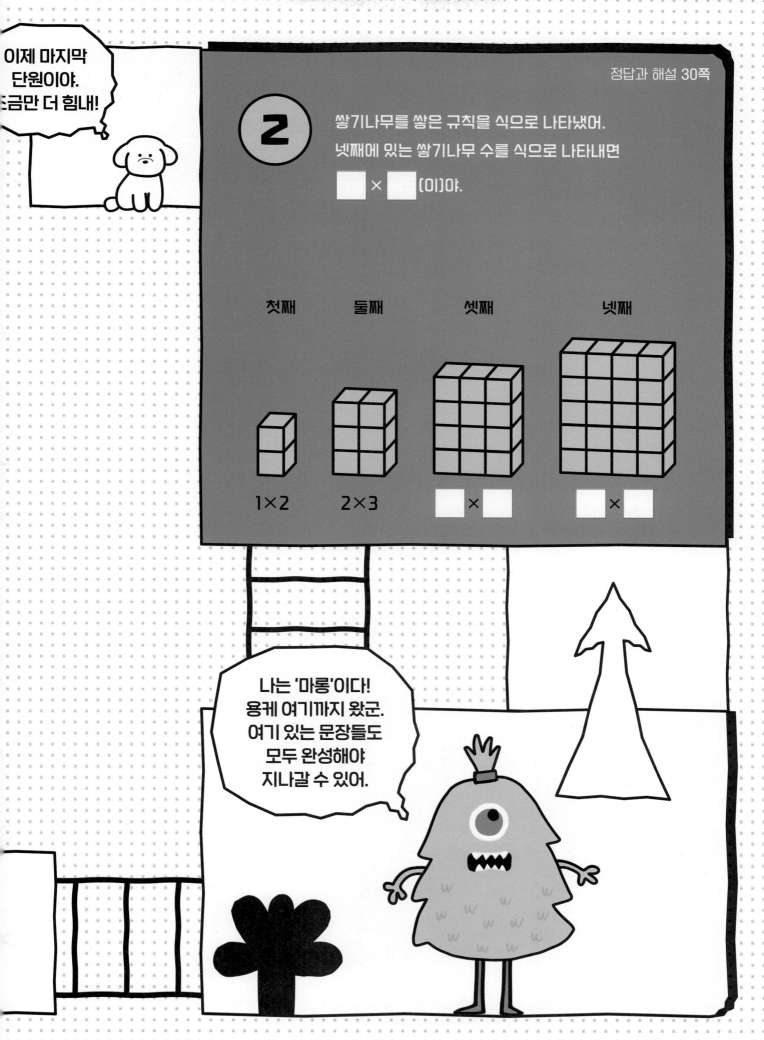

18일

문장제 연습하기

★ 늘어놓은 수에서 규칙 찾기

1

규칙에 따라 수를 늘어놓았습니다. /

10번째 수를 구해 보세요.

└─♦ 구해야 할 것

| 7 | — | 12 | — | 17 | — | 22 | — | 27 | … |

문제 돋보기

✓ 규칙에 따라 늘어놓은 수를 차례대로 쓰면?

→ 7, 12, ☐ , ☐ , ☐

♦ 구해야 할 것은?

→ _____ 10번째 수 _____

풀이 과정

❶ 수를 늘어놓은 규칙은?

7부터 시작하여 ☐ 씩 커지는 규칙입니다.

❷ 10번째 수는?

10번째 수는 7에 5를 10−1= ☐ (번) 더한 수이므로

7에 5× ☐ = ☐ 을(를) 더합니다.

⇨ (10번째 수)=7+ ☐ = ☐

답 _____

124

왼쪽 **1** 번과 같이 문제에 색칠하고 밑줄을 그어 가며 문제를 풀어 보세요.

1-1

규칙에 따라 수를 늘어놓았습니다. /
12번째 수를 구해 보세요.

2405 ─ 2355 ─ 2305 ─ 2255 ─ 2205 ···

문제 돋보기

✔ 규칙에 따라 늘어놓은 수를 차례대로 쓰면?

→ 2405, 2355, ☐ , ☐ , ☐

✚ 구해야 할 것은?

→ _____

풀이 과정

❶ 수를 늘어놓은 규칙은?

2405부터 시작하여 ☐ 씩 작아지는 규칙입니다.

❷ 12번째 수는?

12번째 수는 2405에서 50을 12−1=☐ (번) 뺀 수이므로

2405에서 50×☐ = ☐ 을(를) 뺍니다.

➡ (12번째 수)=2405− ☐ = ☐

답 _____

문제가
어려웠나요?

☐ 어려워요. o.o

☐ 적당해요. ^-^

☐ 쉬워요. >o<

문장제 연습하기

★ 결괏값에 맞는 계산식 구하기

2 규칙을 찾아 계산 결과가 /
1300이 되는 / 계산식을 써 보세요.

└─→ 구해야 할 것

첫째	100＋500－200＝400
둘째	200＋600－300＝500
셋째	300＋700－400＝600
넷째	400＋800－500＝700

문제 돋보기

✔ 주어진 계산식은?

→ 첫째: 100＋500－200＝[　　]

둘째: 200＋600－[　　]＝[　　]

셋째: 300＋[　　]－[　　]＝[　　]

넷째: [　　]＋[　　]－[　　]＝[　　]

✦ 구해야 할 것은?

→ _____
계산 결과가 1300이 되는 계산식

풀이 과정

❶ 계산식의 규칙은?

100씩 커지는 수에 100씩 커지는 수를 더하고 [　　]씩 커지는 수를 빼면

계산 결과가 [　　]씩 커지는 규칙입니다.

❷ 계산 결과가 1300이 되는 계산식은?

1300은 넷째의 계산 결과인 700보다 [　　]만큼 더 큰 수이므로

넷째 계산식의 각 수보다 [　　]만큼 더 큰 수로 계산식을 씁니다.

⇨ [　　]＋[　　]－[　　]＝[　　]

답 _____

왼쪽 **2**번과 같이 문제에 색칠하고 밑줄을 그어 가며 문제를 풀어 보세요.

2-1 규칙을 찾아 계산 결과가 /
11111110−7이 되는 / 계산식을 써 보세요.

첫째	1×9＝10−1
둘째	12×9＝110−2
셋째	123×9＝1110−3
넷째	1234×9＝11110−4

문제 돋보기

✔ 주어진 계산식은?

→ 첫째: 1×9＝ ☐ − ☐

둘째: 12×9＝ ☐ − ☐

셋째: ☐ ×9＝ ☐ − ☐

넷째: ☐ ×9＝ ☐ − ☐

✦ 구해야 할 것은?

→ _____

풀이 과정

❶ 계산식의 규칙은?

1, 12, 123, …과 같이 자릿수가 1개씩 늘어나는 수에 각각 ☐ 을(를)

곱하면 10−1, 110−2, 1110− ☐ , …와(과) 같은

계산 결과가 되는 규칙입니다.

❷ 계산 결과가 11111110−7이 되는 계산식은?

계산 결과가 11111110−7이 되는 계산식은 일곱째입니다.

⇨ ☐ × ☐ ＝11111110−7

답 _____

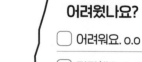

문제가 어려웠나요?

☐ 어려워요. o.o

☐ 적당해요. ^-^

☐ 쉬워요. >o<

문장제 실력 쌓기

★ 늘어놓은 수에서 규칙 찾기
★ 결괏값에 맞는 계산식 구하기

문제를 읽고 '연습하기'에서 했던 것처럼 밑줄을 그어 가며 문제를 풀어 보세요.

1 규칙에 따라 수를 늘어놓았습니다. 15번째 수를 구해 보세요.

| 53 | 56 | 59 | 62 | 65 | ... |

❶ 수를 늘어놓은 규칙은?

❷ 15번째 수는?

답 _____

2 규칙을 찾아 계산 결과가 1500이 되는 계산식을 써 보세요.

첫째	2500−200+100=2400
둘째	2400−300+200=2300
셋째	2300−400+300=2200
넷째	2200−500+400=2100

❶ 계산식의 규칙은?

❷ 계산 결과가 1500이 되는 계산식은?

답 _____

128

정답과 해설 31쪽

3 규칙에 따라 수를 늘어놓았습니다. 13번째 수를 구해 보세요.

216 — 316 — 296 — 396 — 376 …

❶ 수를 늘어놓은 규칙은?

❷ 13번째 수는?

답 ____________

4 규칙을 찾아 계산 결과가 8 × 8이 되는 계산식을 써 보세요.

첫째	$1+3=2\times2$
둘째	$1+3+5=3\times3$
셋째	$1+3+5+7=4\times4$
넷째	$1+3+5+7+9=5\times5$

❶ 계산식의 규칙은?

❷ 계산 결과가 8 × 8이 되는 계산식은?

답 ____________

1

채윤이가 로봇 부품의 무게를 재었습니다. /
같은 부품끼리는 모두 무게가 같고, /
팔 한 개의 무게는 12 g입니다. /
날개 한 개의 무게는 몇 g인가요?

└─ ✦ 구해야 할 것

팔	바퀴	날개
12 g	?	?

문제 돋보기

✔ 팔 한 개의 무게는? → [ ] g

✦ 구해야 할 것은?

→ _____날개 한 개의 무게_____

풀이 과정

❶ 바퀴 한 개의 무게는?

바퀴 한 개의 무게를 ■ g이라 하면 팔 3개의 무게와 바퀴 2개의 무게가

같으므로 12+[ ]+[ ]=■+■입니다.

⇨ ■+■=[ ], ■=[ ] (g)

❷ 날개 한 개의 무게는?

날개 한 개의 무게를 ▲ g이라 하면 날개 3개의 무게와 바퀴 한 개의 무게가

같으므로 ▲+▲+▲=[ ] 입니다.

⇨ ▲=[ ] (g)

답 _____

왼쪽 1 번과 같이 문제에 색칠하고 밑줄을 그어 가며 문제를 풀어 보세요.

1-1

예준이가 여러 가지 블록의 무게를 재었습니다. /
같은 색 블록끼리는 모두 무게가 같고, /
초록색 블록 한 개의 무게는 15 g입니다. /
노란색 블록 한 개의 무게는 몇 g인가요?

문제
돋보기

✔ 초록색 블록 한 개의 무게는? → ☐ g

✦ 구해야 할 것은?

→ _____

풀이
과정

❶ 분홍색 블록 한 개의 무게는?

분홍색 블록 한 개의 무게를 ■ g이라 하면 초록색 블록 2개의 무게와

분홍색 블록 3개의 무게가 같으므로 15+ ☐ = ■ + ■ + ■ 입니다.

⇨ ■ + ■ + ■ = ☐ , ■ = ☐ (g)

❷ 노란색 블록 한 개의 무게는?

노란색 블록 한 개의 무게를 ▲ g이라 하면

분홍색 블록 2개의 무게와 노란색 블록 4개의 무게가 같으므로

☐ + ☐ = ▲ + ▲ + ▲ + ▲ 입니다.

⇨ ▲ + ▲ + ▲ + ▲ = ☐ , ▲ = ☐ (g)

답 _____

**문제가
어려웠나요?**

☐ 어려워요. o.o

☐ 적당해요. ^-^

☐ 쉬워요. >o<

131

문장제 연습하기

★ 규칙에 따라 놓인
바둑돌의 수 구하기

2 규칙에 따라 바둑돌을 놓은 것입니다. /
다섯째에 놓이는 모양에서 /
흰색 바둑돌과 검은색 바둑돌의 / 개수의 차를 구해 보세요.
└─→ 구해야 할 것

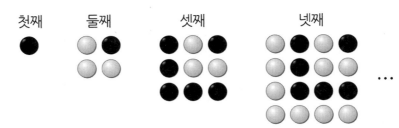

 문제 돋보기

✓ 규칙에 따라 놓이는 흰색 바둑돌과 검은색 바둑돌의 수는?

→ 검은색 바둑돌과 흰색 바둑돌이 번갈아 놓이며

3개, ☐개, ☐개, …씩 늘어나는 규칙입니다.

✦ 구해야 할 것은?

→ <u>다섯째에 놓이는 모양에서 흰색 바둑돌과 검은색 바둑돌의 개수의 차</u>

 **풀이 과정**

❶ 다섯째에 놓이는 모양에서 흰색 바둑돌의 수는?

3 + ☐ = ☐ (개) ─→ 넷째 모양의 흰색 바둑돌의 수와 같습니다.

❷ 다섯째에 놓이는 모양에서 검은색 바둑돌의 수는?

1 + ☐ + ☐ = ☐ (개)

❸ 위 ❶과 ❷에서 구한 개수의 차는?

☐ − ☐ = ☐ (개)

답 _____

132

왼쪽 **2** 번과 같이 문제에 색칠하고 밑줄을 그어 가며 문제를 풀어 보세요.

2-1

규칙에 따라 구슬을 놓은 것입니다. /

다섯째에 놓이는 모양에서 /

빨간색 구슬과 파란색 구슬의 / 개수의 차를 구해 보세요.

첫째   둘째   셋째   넷째   …

**문제
돋보기**

✓ 규칙에 따라 놓이는 빨간색 구슬과 파란색 구슬의 수는?

→ 빨간색 구슬과 파란색 구슬이 번갈아 놓이며

4개, ☐ 개, ☐ 개, …씩 늘어나는 규칙입니다.

✦ 구해야 할 것은?

→ _____

**풀이
과정**

❶ 다섯째에 놓이는 모양에서 빨간색 구슬의 수는?

2 + ☐ + ☐ = ☐ (개)

❷ 다섯째에 놓이는 모양에서 파란색 구슬의 수는?

4 + ☐ = ☐ (개) → 넷째 모양의 파란색 구슬의 수와 같습니다.

❸ 위 ❶과 ❷에서 구한 개수의 차는?

☐ − ☐ = ☐ (개)

❹ 답 _____

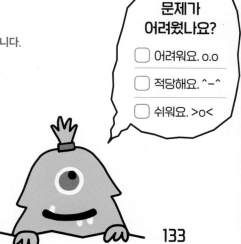

**문제가
어려웠나요?**

☐ 어려워요. o.o

☐ 적당해요. ^-^

☐ 쉬워요. >o<

문장제 실력 쌓기

★ 크기가 같은 두 양의 관계를 이용하여 무게 구하기
★ 규칙에 따라 놓인 바둑돌의 수 구하기

문제를 읽고 '연습하기'에서 했던 것처럼 밑줄을 그어 가며 문제를 풀어 보세요.

1 규칙에 따라 바둑돌을 놓은 것입니다.

다섯째에 놓이는 모양에서 흰색 바둑돌과 검은색 바둑돌의 개수의 차를 구해 보세요.

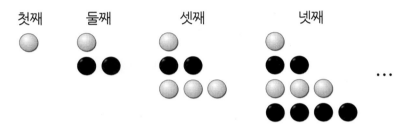

❶ 다섯째에 놓이는 모양에서 흰색 바둑돌의 수는?

❷ 다섯째에 놓이는 모양에서 검은색 바둑돌의 수는?

❸ 위 ❶과 ❷에서 구한 개수의 차는?

답 _____

2 민준이가 여러 가지 구슬의 무게를 재었습니다. 같은 색 구슬끼리는 모두 무게가 같고,
파란색 구슬 한 개의 무게는 14 g입니다. 보라색 구슬 한 개의 무게는 몇 g인가요?

❶ 빨간색 구슬 한 개의 무게는?

❷ 보라색 구슬 한 개의 무게는?

답 _____

3 규칙에 따라 모형을 놓은 것입니다.
여섯째에 놓이는 모양에서 파란색 모형과
주황색 모형의 개수의 차를 구해 보세요.

첫째　　둘째　　셋째

…

❶ 여섯째에 놓이는 모양에서 파란색 모형의 수는?

❷ 여섯째에 놓이는 모양에서 주황색 모형의 수는?

❸ 위 ❶과 ❷에서 구한 개수의 차는?

답 _____

단원 마무리

124쪽 늘어놓은 수에서 규칙 찾기

1 규칙에 따라 수를 늘어놓았습니다. 11번째 수를 구해 보세요.

| 1675 | 1565 | 1455 | 1345 | 1235 | ··· |

풀이

답 _____

126쪽 결괏값에 맞는 계산식 구하기

2 규칙을 찾아 계산 결과가 111111×7이 되는 계산식을 써 보세요.

첫째	$1+1=1\times 2$
둘째	$12+21=11\times 3$
셋째	$123+321=111\times 4$
넷째	$1234+4321=1111\times 5$

풀이

답 _____

132쪽 규칙에 따라 놓인 바둑돌의 수 구하기

3 규칙에 따라 바둑돌을 놓은 것입니다. 넷째에 놓이는 모양에서 흰색 바둑돌과
검은색 바둑돌의 개수의 차를 구해 보세요.

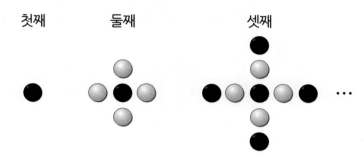

첫째   둘째   셋째

풀이

답 _____

126쪽 결괏값에 맞는 계산식 구하기

4 규칙을 찾아 87654321×9−1의 계산 결과를 구해 보세요.

첫째	1×9−1=8
둘째	21×9−1=188
셋째	321×9−1=2888
넷째	4321×9−1=38888

풀이

답 _____

단원 마무리

130쪽 크기가 같은 두 양의 관계를 이용하여 무게 구하기

5 유민이가 여러 가지 블록의 무게를 재었습니다.
같은 색 블록끼리는 모두 무게가 같고, 빨간색 블록 한 개의 무게는 20 g입니다.
노란색 블록 한 개의 무게는 몇 g인가요?

풀이

답 _____

130쪽 크기가 같은 두 양의 관계를 이용하여 무게 구하기

6 세윤이가 여러 가지 장난감의 무게를 재었습니다.
같은 장난감끼리는 모두 무게가 같고, 곰 인형 한 개의 무게는 80 g입니다.
팽이 한 개의 무게는 몇 g인가요?

 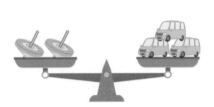

풀이

답 _____

132쪽   규칙에 따라 놓인 바둑돌의 수 구하기

7
규칙에 따라 모형을 놓은 것입니다. 다섯째에 놓이는 모양에서 보라색 모형과
초록색 모형의 개수의 차를 구해 보세요.

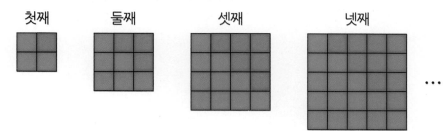

첫째   둘째   셋째   넷째   …

풀이

답 _____

도전!
8
124쪽   늘어놓은 수에서 규칙 찾기

규칙에 따라 수를 늘어놓았습니다. 16번째 수와 20번째 수의 차를 구해 보세요.

507 — 537 — 497 — 527 — 487 …

❶ 16번째 수는?

❷ 20번째 수는?

❸ 위 ❶과 ❷에서 구한 수의 차는?

내가 지다니…

답 _____

✂ 정답과 해설 39쪽에 붙이면 몬스터를 가둘 수 있어요!

1 혜민이가 저금통에 모은 돈은 65만 원입니다.
매월 10만 원씩 더 모은다면 4개월 후 혜민이가 모은 돈은 모두 얼마가 되나요?

풀이

답 _____

2 윤주와 준호가 각도를 어림했습니다.
누가 어림을 더 잘했나요?

풀이

• 윤주: 75°쯤
• 준호: 80°쯤

답 _____

3 사인펜은 한 자루에 900원이고, 형광펜은 한 자루에 650원입니다.
사인펜 14자루와 형광펜 30자루의 값은 모두 얼마인가요?

풀이

답 _____

4 오른쪽 이등변삼각형의 세 변의 길이의 합은 23 cm입니다.
ㄱ의 길이는 몇 cm인가요?

9 cm

풀이

답 _____

5 선웅이네 반 학생들의 취미를 조사하여 나타낸 막대그래프입니다.
취미가 악기 연주인 학생이 취미가 독서인 학생보다 1명 더 많을 때,
취미가 악기 연주인 학생은 몇 명인가요?

취미별 학생 수

풀이

답 _____

실력 평가

6 □ 안에 들어갈 수 있는 자연수 중에서 가장 큰 수를 구해 보세요.

$48 \times \square < 25 \times 30$

풀이

답 ____________

7 규칙에 따라 수를 늘어놓았습니다. 14번째 수를 구해 보세요.

5 — 12 — 19 — 26 — 33 ⋯

풀이

답 ____________

8 어떤 수를 21로 나누어야 할 것을 잘못하여 곱했더니 882가 되었습니다. 바르게 계산하면 몫은 얼마인가요?

풀이

답 ____________

정답과 해설 35쪽

9 조건을 모두 만족하는 일곱 자리 수를 구해 보세요.

- 3부터 9까지의 수를 모두 한 번씩 사용하여 만든 수입니다.
- 3679000보다 크고 3679500보다 작은 수 중 짝수입니다.

 풀이

답 _____

10 오른쪽과 같이 직사각형 모양의 종이를 접었을 때 각 ㄹㅂㅁ의 크기는 몇 도인가요?

 풀이

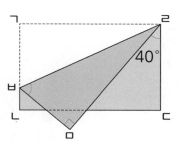

답 _____

1 수영이네 가족은 가족 여행 비용을 모으기 위해
다음 달부터 매월 12만 원씩 모으기로 했습니다.
72만 원을 모으려면 지금으로부터 적어도 몇 개월이 걸리나요?

풀이

답 _____

2 □ 안에 들어갈 수 있는 자연수 중에서 가장 작은 수를 구해 보세요.

$$17 \times \square > 320$$

풀이

답 _____

3 삼각형 ㉮와 ㉯는 모두 이등변삼각형이고,
세 변의 길이의 합은 같습니다.
㉠의 길이는 몇 cm인가요?

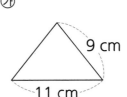

㉮ 9 cm, 11 cm

㉯ ㉠, 7 cm

풀이

답 _____

4 어느 문구점에서 일주일 동안 팔린
색연필 수를 조사하여 나타낸
막대그래프입니다.
일주일 동안 팔린 빨간색 색연필이
100자루라면 일주일 동안 팔린
초록색 색연필은 몇 자루인가요?

일주일 동안 팔린 색깔별 색연필 수

풀이

답 _____

5 세정이가 여러 가지 구슬의 무게를 재었습니다.
같은 색 구슬끼리는 모두 무게가 같고, 노란색 구슬 한 개의 무게는 16 g입니다.
초록색 구슬 한 개의 무게는 몇 g인가요?

풀이

답 _____

145

6 오른쪽 그림에서 삼각형 ㄱㄴㄹ은
직각삼각형입니다.
각 ㄱㅁㄷ의 크기는 몇 도인가요?

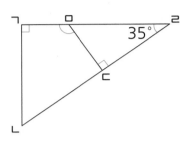

풀이

답 _____

7 영주와 현호는 종이학을 매일 각자 같은 개수만큼 접습니다. 영주는 19일 동안
종이학을 665개 접었고, 현호는 24일 동안 종이학을 768개 접었습니다.
하루에 접은 종이학의 수가 더 많은 사람은 누구인가요?

풀이

답 _____

8 오른쪽 도형에서 찾을 수 있는
크고 작은 예각삼각형은 모두 몇 개인가요?

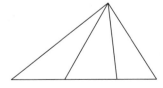

풀이

답 _____

정답과 해설 36쪽

9 길이가 663 m인 도로의 양쪽에 처음부터 끝까지 17 m 간격으로
나무를 심었습니다. 심은 나무는 모두 몇 그루인가요?
(단, 나무의 두께는 생각하지 않습니다.)

풀이

답 _____

10 마을별 포도 수확량을 조사하여 나타낸 막대그래프의 일부분이 찢어졌습니다.
㉯ 마을의 포도 수확량은 ㉰ 마을보다 40상자 더 적고,
㉮ 마을의 포도 수확량은 ㉯ 마을보다 20상자 더 많습니다.
㉮ 마을의 포도 수확량은 몇 상자인가요?

마을별 포도 수확량

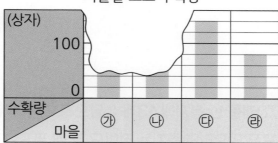

풀이

답 _____

147

1 0부터 9까지의 수 중에서 □ 안에 들어갈 수 있는 수는 모두 몇 개인가요?

> 4319508 > 4319□14

풀이

답 _____

2 오른쪽 그림에서 찾을 수 있는 크고 작은 예각은
모두 몇 개인가요?

풀이

답 _____

3 토마토 270개를 한 봉지에 13개씩 담으려고 합니다.
토마토를 모두 담으려면 봉지는 적어도 몇 개 필요한가요?

풀이

답 _____

정답과 해설 37쪽

4 삼각형 ㄱㄴㄷ은 이등변삼각형입니다.
㉠의 각도를 구해 보세요.

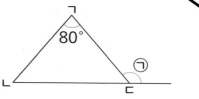

풀이

답 _____

5 어떤 수에 29를 곱해야 할 것을 잘못하여 나누었더니 몫이 7, 나머지가 14가
되었습니다. 바르게 계산하면 얼마인가요?

풀이

답 _____

6 수 카드 5장을 한 번씩만 사용하여 몫이 가장 작은 (세 자리 수)÷(두 자리 수)를
만들고 계산해 보세요.

2 5 9 4 6

풀이

답 □□□ ÷ □□ = □□ … □

7 규칙을 찾아 계산 결과가 1370이 되는 계산식을 써 보세요.

첫째	$620-150+200=670$
둘째	$720-250+300=770$
셋째	$820-350+400=870$
넷째	$920-450+500=970$

풀이

답 _____

8 규칙에 따라 바둑돌을 놓은 것입니다. 다섯째에 놓이는 모양에서 흰색 바둑돌과 검은색 바둑돌의 개수의 차를 구해 보세요.

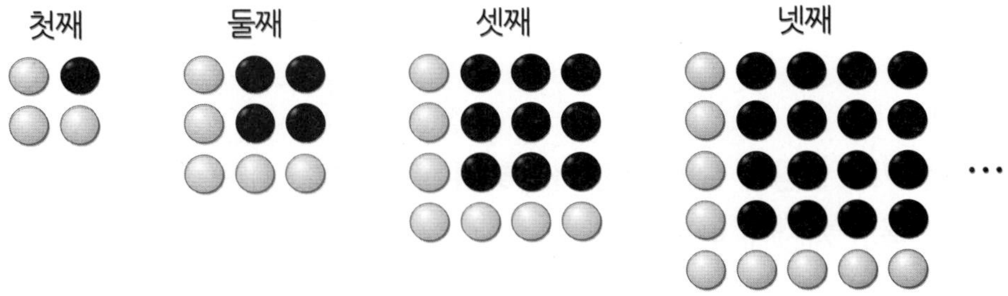

첫째   둘째   셋째   넷째

...

풀이

답 _____

9 초콜릿 38개가 담긴 상자의 무게를 재었더니 1060 g이었습니다.
이 상자에서 초콜릿 15개를 덜어 내고 다시 무게를 재었더니 685 g이었습니다.
빈 상자의 무게는 몇 g인가요? (단, 초콜릿의 무게는 모두 같습니다.)

(풀이)

(답) _____

10 두 모둠 학생들이 가지고 있는 연필 수를 조사하여 나타낸 막대그래프입니다.
상희와 찬주 중 연필을 더 많이 가지고 있는 학생은 누구인가요?

우진이네 모둠 학생들이
가지고 있는 연필 수

(자루)	우진	상희	주연
10			
0			
연필 수 \ 이름	우진	상희	주연

민지네 모둠 학생들이
가지고 있는 연필 수

(자루)	민지	슬비	찬주
5			
0			
연필 수 \ 이름	민지	슬비	찬주

(풀이)

(답) _____

MEMO

공부로 이끄는 힘

완자 공부력

4A
4학년

발전

정답과 해설

교과서 문해력
수학 문장제

정답과 해설
QR코드

 **책 속의 가접 별책** (특허 제 0557442호)

'정답과 해설'은 진도책에서 쉽게 분리할 수 있도록 제작되었으므로
유통 과정에서 분리될 수 있으나 파본이 아닌 정상 제품입니다.

 visang

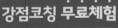

완자 공부력

교과서 문해력 | 수학 문장제 발전 4A

정답과 해설

1. 큰 수

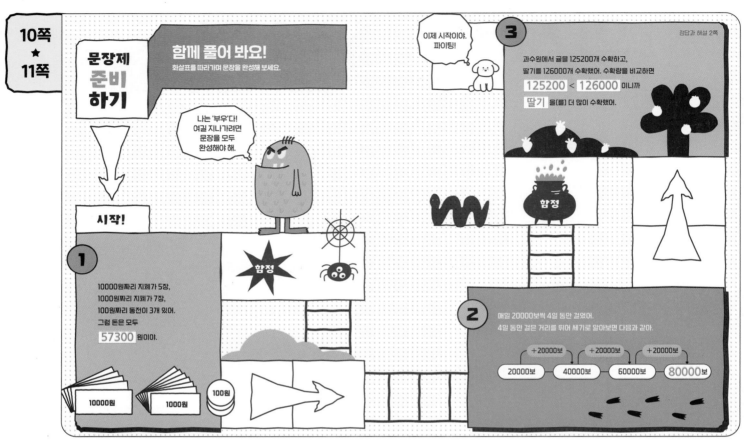

문장제 준비하기

함께 풀어 봐요!
화살표를 따라가며 문장을 완성해 보세요.

정답과 해설 2쪽

시작!

나는 '부우'다! 여길 지나가려면 문장을 모두 완성해야 해.

1
10000원짜리 지폐가 5장,
1000원짜리 지폐가 7장,
100원짜리 동전이 3개 있어.
그럼 돈은 모두
57300 원이야.

10000원 1000원 100원

함정

이제 시작이야.
파이팅!

3
과수원에서 귤을 125200개 수확하고,
딸기를 126000개 수확했어. 수확량을 비교하면
125200 < **126000** 이니까
딸기 을(를) 더 많이 수확했어.

함정

2
매일 20000보씩 4일 동안 걸었어.
4일 동안 걸은 거리를 뛰어 세기로 알아보면 다음과 같아.

+20000보 +20000보 +20000보

20000보 → 40000보 → 60000보 → **80000보**

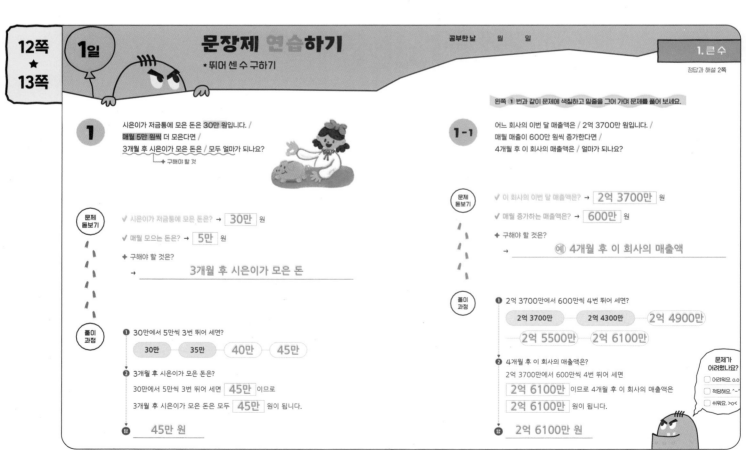

문장제 연습하기
*뛰어 센 수 구하기

공부한 날   월   일

1. 큰 수
정답과 해설 2쪽

1
시온이가 저금통에 모은 돈은 30만 원입니다. /
매월 5만 원씩 더 모은다면 /
3개월 후 시온이가 모은 돈은 / 모두 얼마가 되나요?
→ 구해야 할 것

문제 돌보기

✓ 시은이가 처음에 모은 돈은? → **30만** 원

✓ 매월 모으는 돈은? → **5만** 원

✦ 구해야 할 것은?
→ **3개월 후 시은이가 모은 돈**

풀이 과정

❶ 30만에서 5만씩 3번 뛰어 세면?
30만 35만 **40만** **45만**

❷ 3개월 후 시온이가 모은 돈은?
30만에서 5만씩 3번 뛰어 세면 **45만** 이므로
3개월 후 시온이가 모은 돈은 모두 **45만** 원이 됩니다.

답 **45만 원**

1-1
어느 회사의 이번 달 매출액은 / 2억 3700만 원입니다. /
매월 매출이 600만 원씩 증가한다면 /
4개월 후 이 회사의 매출액은 / 얼마가 되나요?

문제 돌보기

✓ 이 회사의 이번 달 매출액은? → **2억 3700만** 원

✓ 매월 증가하는 매출액은? → **600만** 원

✦ 구해야 할 것은?
→ **예 4개월 후 이 회사의 매출액**

풀이 과정

❶ 2억 3700만에서 600만씩 4번 뛰어 세면?
2억 3700만 2억 4300만 **2억 4900만**
2억 5500만 **2억 6100만**

❷ 4개월 후 이 회사의 매출액은?
2억 3700만에서 600만씩 4번 뛰어 세면
2억 6100만 이므로 4개월 후 이 회사의 매출액은
2억 6100만 원이 됩니다.

답 **2억 6100만 원**

왼쪽 **1** 번과 같이 문제에 색칠하고 밑줄을 그어 가며 문제를 풀어 보세요.

문제가 어려웠나요?
☐ 어려워요. o.o
☐ 적당해요. "-"
☐ 쉬워요. >o<

문장제 연습하기

＊몇 번 뛰어 세어야 하는지 구하기

정답과 해설 3쪽

왼쪽 **2** 번과 같이 문제에 색칠하고 밑줄을 그어 가며 문제를 풀어 보세요.

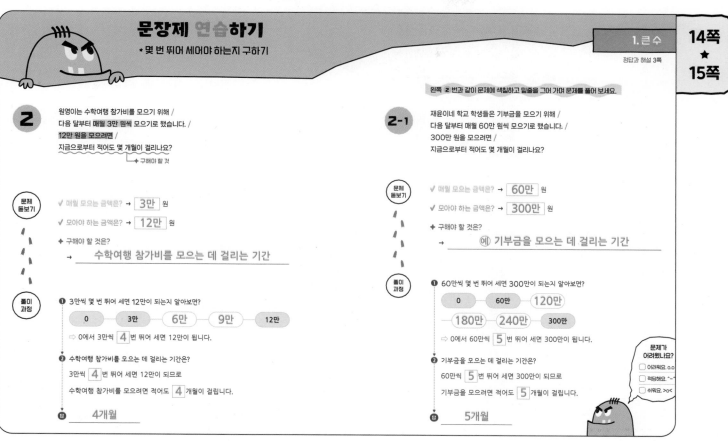

2 원영이는 수학여행 참가비를 모으기 위해 / 다음 달부터 매월 3만 원씩 모으기로 했습니다. / 12만 원을 모으려면 / 지금으로부터 적어도 몇 개월이 걸리나요?
→ 구해야 할 것

문제 돌보기

✓ 매월 모으는 금액은? → 3만 원

✓ 모아야 하는 금액은? → 12만 원

✦ 구해야 할 것은?
→ 수학여행 참가비를 모으는 데 걸리는 기간

풀이 과정

❶ 3만씩 몇 번 뛰어 세면 12만이 되는지 알아보면?

0 — 3만 — 6만 — 9만 — 12만

⇨ 0에서 3만씩 4 번 뛰어 세면 12만이 됩니다.

❷ 수학여행 참가비를 모으는 데 걸리는 기간은?
3만씩 4 번 뛰어 세면 12만이 되므로
수학여행 참가비를 모으려면 적어도 4 개월이 걸립니다.

답 4개월

2-1 재윤이네 학교 학생들은 기부금을 모으기 위해 / 다음 달부터 매월 60만 원씩 모으기로 했습니다. / 300만 원을 모으려면 / 지금으로부터 적어도 몇 개월이 걸리나요?

문제 돌보기

✓ 매월 모으는 금액은? → 60만 원

✓ 모아야 하는 금액은? → 300만 원

✦ 구해야 할 것은?
→ 예 기부금을 모으는 데 걸리는 기간

풀이 과정

❶ 60만씩 몇 번 뛰어 세면 300만이 되는지 알아보면?

0 — 60만 — 120만 — 180만 — 240만 — 300만

⇨ 0에서 60만씩 5 번 뛰어 세면 300만이 됩니다.

❷ 기부금을 모으는 데 걸리는 기간은?
60만씩 5 번 뛰어 세면 300만이 되므로
기부금을 모으려면 적어도 5 개월이 걸립니다.

답 5개월

문제가 어려웠나요?
☐ 어려워요. o.o
☐ 적당해요. ^-^
☐ 쉬워요. >o<

문장제 실력 쌓기

＊뛰어 센 수 구하기
＊몇 번 뛰어 세어야 하는지 구하기

정답과 해설 3쪽

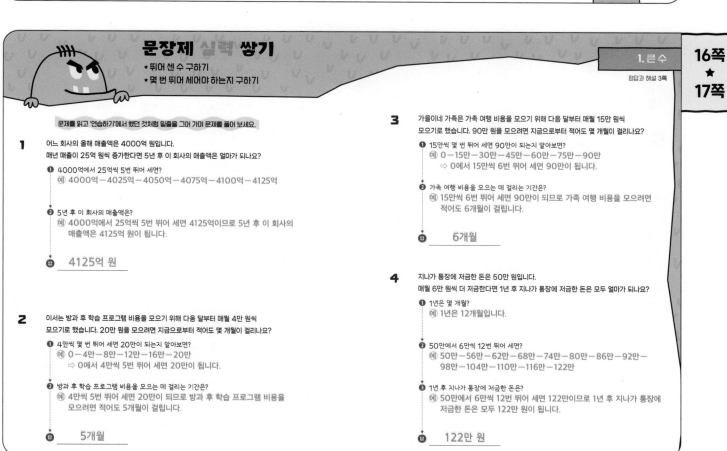

문제를 읽고 '연습하기'에서 했던 것처럼 밑줄을 그어 가며 문제를 풀어 보세요.

1 어느 회사의 올해 매출액은 4000억 원입니다.
매년 매출이 25억 원씩 증가한다면 5년 후 이 회사의 매출액은 얼마가 되나요?

❶ 4000억에서 25억씩 5번 뛰어 세면?
예 4000억 — 4025억 — 4050억 — 4075억 — 4100억 — 4125억

❷ 5년 후 이 회사의 매출액은?
예 4000억에서 25억씩 5번 뛰어 세면 4125억이므로 5년 후 이 회사의 매출액은 4125억 원이 됩니다.

답 4125억 원

2 이서는 방과 후 학습 프로그램 비용을 모으기 위해 다음 달부터 매월 4만 원씩 모으기로 했습니다. 20만 원을 모으려면 지금으로부터 적어도 몇 개월이 걸리나요?

❶ 4만씩 몇 번 뛰어 세면 20만이 되는지 알아보면?
예 0 — 4만 — 8만 — 12만 — 16만 — 20만
⇨ 0에서 4만씩 5번 뛰어 세면 20만이 됩니다.

❷ 방과 후 학습 프로그램 비용을 모으는 데 걸리는 기간은?
예 4만씩 5번 뛰어 세면 20만이 되므로 방과 후 학습 프로그램 비용을 모으려면 적어도 5개월이 걸립니다.

답 5개월

3 가을이네 가족은 가족 여행 비용을 모으기 위해 다음 달부터 매월 15만 원씩 모으기로 했습니다. 90만 원을 모으려면 지금으로부터 적어도 몇 개월이 걸리나요?

❶ 15만씩 몇 번 뛰어 세면 90만이 되는지 알아보면?
예 0 — 15만 — 30만 — 45만 — 60만 — 75만 — 90만
⇨ 0에서 15만 6번 뛰어 세면 90만이 됩니다.

❷ 가족 여행 비용을 모으는 데 걸리는 기간은?
예 15만씩 6번 뛰어 세면 90만이 되므로 가족 여행 비용을 모으려면 적어도 6개월이 걸립니다.

답 6개월

4 지나가 통장에 저금한 돈은 50만 원입니다.
매월 6만 원씩 더 저금한다면 1년 후 지나가 통장에 저금한 돈은 모두 얼마가 되나요?

❶ 1년은 몇 개월?
예 1년은 12개월입니다.

❷ 50만에서 6만씩 12번 뛰어 세면?
예 50만 — 56만 — 62만 — 68만 — 74만 — 80만 — 86만 — 92만 — 98만 — 104만 — 110만 — 116만 — 122만

❸ 1년 후 지나가 통장에 저금한 돈은?
예 50만에서 6만씩 12번 뛰어 세면 122만이므로 1년 후 지나가 통장에 저금한 돈은 모두 122만 원이 됩니다.

답 122만 원

문장제 연습하기

*□ 안에 들어갈 수 있는 수 구하기

정답과 해설 4쪽

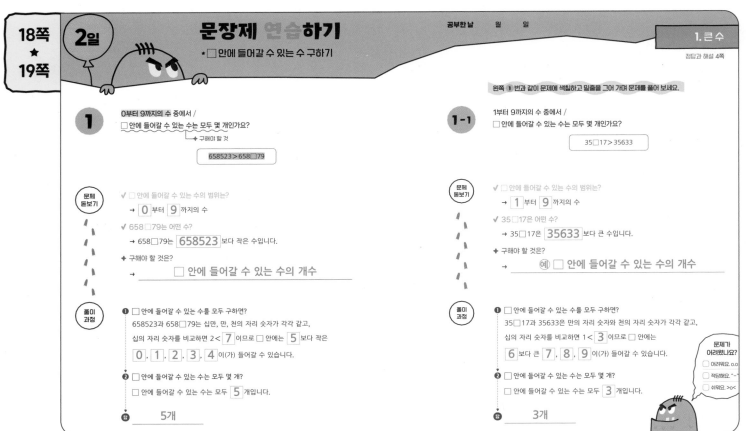

1
0부터 9까지의 수 중에서 /
□ 안에 들어갈 수 있는 수는 모두 몇 개인가요?
→ 구해야 할 것

658523 > 658□79

문제 돌보기

✓ □ 안에 들어갈 수 있는 수의 범위는?
→ 0 부터 9 까지의 수

✓ 658□79는 어떤 수?
→ 658□79는 658523 보다 작은 수입니다.

✦ 구해야 할 것은?
→ □ 안에 들어갈 수 있는 수의 개수

풀이 과정

❶ □ 안에 들어갈 수 있는 수를 모두 구하면?
658523과 658□79는 십만, 만, 천의 자리 숫자가 각각 같고,
십의 자리 숫자를 비교하면 2 < 7 이므로 □ 안에는 5 보다 작은
0 , 1 , 2 , 3 , 4 이(가) 들어갈 수 있습니다.

❷ □ 안에 들어갈 수 있는 수는 모두 몇 개?
□ 안에 들어갈 수 있는 수는 모두 5 개입니다.

답 　5개

왼쪽 **1** 번과 같이 문제에 색칠하고 밑줄을 그어 가며 문제를 풀어 보세요.

1-1
1부터 9까지의 수 중에서 /
□ 안에 들어갈 수 있는 수는 모두 몇 개인가요?

35□17 > 35633

문제 돌보기

✓ □ 안에 들어갈 수 있는 수의 범위는?
→ 1 부터 9 까지의 수

✓ 35□17은 어떤 수?
→ 35□17은 35633 보다 큰 수입니다.

✦ 구해야 할 것은?
→ (예) □ 안에 들어갈 수 있는 수의 개수

풀이 과정

❶ □ 안에 들어갈 수 있는 수를 모두 구하면?
35□17과 35633은 만의 자리 숫자와 천의 자리 숫자가 각각 같고,
십의 자리 숫자를 비교하면 1 < 3 이므로 □ 안에는
6 보다 큰 7 , 8 , 9 이(가) 들어갈 수 있습니다.

❷ □ 안에 들어갈 수 있는 수는 모두 몇 개?
□ 안에 들어갈 수 있는 수는 모두 3 개입니다.

답 　3개

문제가 어려웠나요?
☐ 어려워요. o.o
☐ 적당해요. ^-^
☐ 쉬워요. >o<

문장제 연습하기

*조건에 알맞은 수 구하기

정답과 해설 4쪽

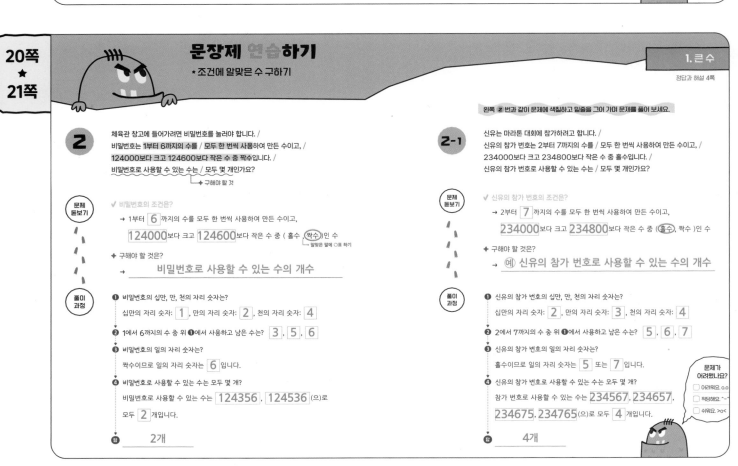

2
체육관 창고에 들어가려면 비밀번호를 눌러야 합니다. /
비밀번호는 1부터 6까지의 수를 / 모두 한 번씩 사용하여 만든 수이고, /
124000보다 크고 124600보다 작은 수 중 짝수입니다. /
비밀번호로 사용할 수 있는 수는 / 모두 몇 개인가요?
→ 구해야 할 것

문제 돌보기

✓ 비밀번호의 조건은?
→ 1부터 6 까지의 수를 모두 한 번씩 사용하여 만든 수이고,
124000 보다 크고 124600 보다 작은 수 중 (홀수 , 짝수)인 수
→ 알맞은 말에 ○표 하기

✦ 구해야 할 것은?
→ 비밀번호로 사용할 수 있는 수의 개수

풀이 과정

❶ 비밀번호의 십만, 만, 천의 자리 숫자는?
십만의 자리 숫자: 1 , 만의 자리 숫자: 2 , 천의 자리 숫자: 4

❷ 1에서 6까지의 수 중 ❶에서 사용하고 남은 수는? 3 , 5 , 6

❸ 비밀번호의 일의 자리 숫자는?
짝수이므로 일의 자리 숫자는 6 입니다.

❹ 비밀번호로 사용할 수 있는 수는 모두 몇 개?
비밀번호로 사용할 수 있는 수는 124356 , 124536 (으)로
모두 2 개입니다.

답 　2개

왼쪽 **2** 번과 같이 문제에 색칠하고 밑줄을 그어 가며 문제를 풀어 보세요.

2-1
신유는 마라톤 대회에 참가하려고 합니다. /
신유의 참가 번호는 2부터 7까지의 수를 / 모두 한 번씩 사용하여 만든 수이고, /
234000보다 크고 234800보다 작은 수 중 홀수입니다. /
신유의 참가 번호로 사용할 수 있는 수는 / 모두 몇 개인가요?

문제 돌보기

✓ 신유의 참가 번호의 조건은?
→ 2부터 7 까지의 수를 모두 한 번씩 사용하여 만든 수이고,
234000 보다 크고 234800 보다 작은 수 중 (홀수 , 짝수)인 수

✦ 구해야 할 것은?
→ (예) 신유의 참가 번호로 사용할 수 있는 수의 개수

풀이 과정

❶ 신유의 참가 번호의 십만, 만, 천의 자리 숫자는?
십만의 자리 숫자: 2 , 만의 자리 숫자: 3 , 천의 자리 숫자: 4

❷ 2에서 7까지의 수 중 ❶에서 사용하고 남은 수는? 5 , 6 , 7

❸ 신유의 참가 번호의 일의 자리 숫자는?
홀수이므로 일의 자리 숫자는 5 또는 7 입니다.

❹ 신유의 참가 번호로 사용할 수 있는 수는 모두 몇 개?
참가 번호로 사용할 수 있는 수는 234567 , 234657 ,
234675 , 234765 (으)로 모두 4 개입니다.

답 　4개

문제가 어려웠나요?
☐ 어려워요. o.o
☐ 적당해요. ^-^
☐ 쉬워요. >o<

문장제 실력 쌓기

* □ 안에 들어갈 수 있는 수 구하기
* 조건에 알맞은 수 구하기

정답과 해설 5쪽

문제를 읽고 '연습하기'에서 했던 것처럼 밑줄을 그어 가며 문제를 풀어 보세요.

1 0부터 9까지의 수 중에서 □ 안에 들어갈 수 있는 가장 큰 수를 구해 보세요.

761532 > 761□38

❶ □ 안에 들어갈 수 있는 수를 모두 구하면?
예 761532와 761□38은 십만, 만, 천, 십의 자리 숫자가 각각 같고, 일의 자리 숫자를 비교하면 2 < 8이므로 □ 안에는 5보다 작은 0, 1, 2, 3, 4가 들어갈 수 있습니다.

❷ □ 안에 들어갈 수 있는 가장 큰 수는?
예 □ 안에 들어갈 수 있는 가장 큰 수는 4입니다.

답   **4**

2 1에서 5까지의 수를 모두 한 번씩 사용하여 31200보다 크고 31500보다 작은 수 중 홀수를 만들려고 합니다. 만들 수 있는 수는 모두 몇 개인가요?

❶ 만들려고 하는 수의 만의 자리 숫자와 천의 자리 숫자는?
예 만의 자리 숫자: 3, 천의 자리 숫자: 1

❷ 1에서 5까지의 수 중 위 ❶에서 사용하고 남은 수는?
예 2, 4, 5

❸ 일의 자리 숫자는?
예 홀수이므로 일의 자리 숫자는 5입니다.

❹ 만들 수 있는 수는 모두 몇 개?
예 만들 수 있는 수는 31245, 31425이므로 모두 2개입니다.

답   **2개**

3 0부터 9까지의 수 중에서 □ 안에 들어갈 수 있는 수는 모두 몇 개인가요?

54783858 < 547□4651

❶ □ 안에 들어갈 수 있는 수를 모두 구하면?
예 54783858과 547□4651은 천만, 백만, 십만의 자리 숫자가 각각 같고, 천의 자리 숫자를 비교하면 3 < 4이므로 □ 안에는 8, 9가 들어갈 수 있습니다.

❷ □ 안에 들어갈 수 있는 수는 모두 몇 개?
예 □ 안에 들어갈 수 있는 수는 모두 2개입니다.

답   **2개**

4 조건을 모두 만족하는 가장 작은 여섯 자리 수를 구해 보세요.

• 0이 3개입니다.
• 백의 자리 숫자가 2입니다.

❶ 가장 작은 여섯 자리 수를 만들기 위해 0이 들어갈 수 있는 자리는?
예 십만의 자리 숫자는 0이 될 수 없고, 백의 자리 숫자는 2이므로 만, 천, 십의 자리에 0이 들어갈 수 있습니다.

❷ 조건을 모두 만족하는 가장 작은 여섯 자리 수는?
예 만, 천, 십의 자리에 0이 들어가고, 남은 십만의 자리와 일의 자리에 각각 1이 들어가야 하므로 100201입니다.

답   **100201**

단원 마무리

공부한 날   월   일

정답과 해설 5쪽

1 [12쪽 뛰어 센 수 구하기]
어느 영화의 관람객 수는 현재까지 200만 명입니다. 매일 관람객 수가 50만 명씩 늘어난다면 3일 후 이 영화의 관람객 수는 모두 몇 명이 되나요?

풀이 예 3일 후 이 영화의 관람객 수는 200만에서 50만씩 3번 뛰어 센 것과 같습니다.
200만—250만—300만—350만
따라서 200만에서 50만씩 3번 뛰어 세면 350만이므로 3일 후 이 영화의 관람객 수는 350만 명이 됩니다.
답   **350만 명**

2 [14쪽 몇 번 뛰어 세어야 하는지 구하기]
한빈이는 영어 캠프 참가비를 모으기 위해 다음 달부터 매월 4만 원씩 모으기로 했습니다. 28만 원을 모으려면 지금으로부터 적어도 몇 개월이 걸리나요?

풀이 예 4만씩 몇 번 뛰어 세면 28만이 되는지 알아봅니다.
0—4만—8만—12만—16만—20만—24만—28만
⇨ 0에서 4만씩 7번 뛰어 세면 28만이 되므로 영어 캠프 참가비를 모으려면 적어도 7개월이 걸립니다.
답   **7개월**

3 [12쪽 뛰어 센 수 구하기]
어느 마을의 이번 주 쓰레기 배출량은 5만 톤입니다. 매주 쓰레기 배출량이 1000톤씩 증가한다면 4주 후 이 마을의 쓰레기 배출량은 몇 톤이 되나요?

풀이 예 4주 후 이 마을의 쓰레기 배출량은 5만에서 1000씩 4번 뛰어 센 것과 같습니다.
5만—5만 1000—5만 2000—5만 3000—5만 4000
따라서 5만에서 1000씩 4번 뛰어 세면 5만 4000이므로 4주 후 이 마을의 쓰레기 배출량은 5만 4000톤이 됩니다.
답   **5만 4000톤**

4 [14쪽 몇 번 뛰어 세어야 하는지 구하기]
어느 회사에서 기부금을 모으기 위해 다음 달부터 매월 1500만 원씩 모으기로 했습니다. 1억 2000만 원을 모으려면 지금으로부터 적어도 몇 개월이 걸리나요?

풀이 예 1500만씩 몇 번 뛰어 세면 1억 2000만이 되는지 알아봅니다.
0—1500만—3000만—4500만—6000만—7500만—9000만—1억 500만—1억 2000만
⇨ 0에서 1500만씩 8번 뛰어 세면 1억 2000만이 되므로 기부금을 모으려면 적어도 8개월이 걸립니다.
답   **8개월**

5 [18쪽 □ 안에 들어갈 수 있는 수 구하기]
1부터 9까지의 수 중에서 □ 안에 들어갈 수 있는 가장 큰 수를 구해 보세요.

1384952 > 138□811

풀이 예 1384952와 138□811은 백만, 십만, 만의 자리 숫자가 각각 같고, 백의 자리 숫자를 비교하면 9 > 8이므로 □ 안에는 1, 2, 3, 4가 들어갈 수 있습니다.
따라서 □ 안에 들어갈 수 있는 가장 큰 수는 4입니다.
답   **4**

6 [18쪽 □ 안에 들어갈 수 있는 수 구하기]
0부터 9까지의 수 중에서 □ 안에 들어갈 수 있는 가장 작은 수를 구해 보세요.

97612 < 97□02

풀이 예 97612와 97□02는 만의 자리 숫자와 천의 자리 숫자가 각각 같고, 십의 자리 숫자를 비교하면 1 > 0이므로 □ 안에는 6보다 큰 7, 8, 9가 들어갈 수 있습니다.
따라서 □ 안에 들어갈 수 있는 가장 작은 수는 7입니다.
답   **7**

26쪽
★
27쪽

단원 마무리

맞은 개수   / 10개   걸린 시간   / 40분

1. 큰 수

정답과 해설 6쪽

7 20쪽 조건에 알맞은 수 구하기

조건을 모두 만족하는 가장 큰 일곱 자리 수를 구해 보세요.

> • 0이 3개입니다.
> • 백의 자리 숫자가 2입니다.
> • 백만, 십만, 만의 자리 숫자가 모두 다릅니다.

풀이 예 조건을 모두 만족하는 가장 큰 일곱 자리 수는 천의 자리, 십의 자리, 일의 자리에 0이 들어가고, 백만, 십만, 만의 자리에 각각 9, 8, 7이 들어가야 하므로 9870200입니다.

답   9870200

8 20쪽 조건에 알맞은 수 구하기

다빈이는 5부터 9까지의 수를 모두 한 번씩 사용하여 75000보다 크고 75900보다 작은 수 중 홀수를 만들려고 합니다. 다빈이가 만들 수 있는 수는 모두 몇 개인가요?

풀이 예 이 수의 만의 자리 숫자는 7, 천의 자리 숫자는 5입니다. 사용하고 남은 수는 6, 8, 9이고, 홀수이므로 일의 자리 숫자는 9입니다. 따라서 다빈이가 만들 수 있는 수는 75689, 75869로 모두 2개입니다.

답   2개

9 20쪽 조건에 알맞은 수 구하기

찬영이는 동요 대회에 참가하려고 합니다. 찬영이의 참가 번호는 1, 3, 5, 7, 9를 모두 한 번씩 사용하여 만든 수이고, 70000보다 크고 80000보다 작은 수 중 두 번째로 큰 수입니다. 찬영이의 참가 번호를 구해 보세요.

풀이 예 찬영이의 참가 번호는 70000보다 크고 80000보다 작은 수이므로 만의 자리 숫자는 7입니다. 사용하고 남은 수는 1, 3, 5, 9이므로 만들 수 있는 가장 큰 수는 79531이고, 두 번째로 큰 수는 79513입니다. 따라서 찬영이의 참가 번호는 79513입니다.

답   79513

도전! 10 18쪽 □ 안에 들어갈 수 있는 수 구하기

1부터 9까지의 수 중에서 ㉠에 들어갈 수 있는 가장 큰 수와 ㉡에 들어갈 수 있는 가장 작은 수의 합을 구해 보세요.

> 841665 > 841㉠75   173㉡54 > 173492

❶ ㉠에 들어갈 수 있는 가장 큰 수는?
예 841665와 841㉠75는 십만, 만, 천의 자리 숫자가 각각 같고, 십의 자리 숫자를 비교하면 6 < 7이므로 ㉠에는 6보다 작은 1, 2, 3, 4, 5가 들어갈 수 있습니다. 따라서 ㉠에 들어갈 수 있는 가장 큰 수는 5입니다.

❷ ㉡에 들어갈 수 있는 가장 작은 수는?
예 173㉡54와 173492는 십만, 만, 천의 자리 숫자가 각각 같고, 십의 자리 숫자를 비교하면 5 < 9이므로 ㉡에는 4보다 큰 5, 6, 7, 8, 9가 들어갈 수 있습니다. 따라서 ㉡에 들어갈 수 있는 가장 작은 수는 5입니다.

❸ 위 ❶과 ❷에서 구한 두 수의 합은?
예 5+5=10

내가
지 마 니
…

답   10

2. 각도

문장제 준비하기

함께 풀어 봐요!
화살표를 따라가며 문장을 완성해 보세요.

이제 본격적으로 문제를 풀어 볼까?

나는 '두비'다! 여기 있는 문장들도 모두 완성할 수 있는지 볼까? 흐흐흐...

시작!

1 보라색 우산의 각의 크기는 연두색 우산의 각의 크기보다 [㉠ , 작아].

함정

함정

3 오른쪽 시계의 긴바늘과 짧은바늘이 이루는 작은 쪽의 각은 [㉔각 , 직각 , 둔각]이야.
정답과 해설 7쪽

2 의자를 눕히기 전과 눕힌 후의 각도의 차는 145°- 110° = 35°야.

110° 눕히기 전   145° 눕힌 후

4일 **문장제 연습하기**
*누가 어림을 더 잘했는지 찾기

공부한 날   월   일

2. 각도
정답과 해설 7쪽

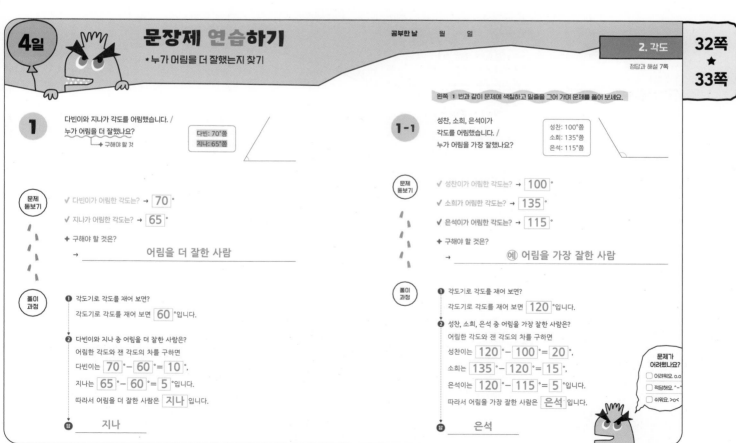

왼쪽 **1** 번과 같이 문제에 색칠하고 밑줄을 그어 가며 문제를 풀어 보세요.

1 다빈이와 지나가 각도를 어림했습니다. / 누가 어림을 더 잘했나요?
└→ 구해야 할 것

다빈: 70°쯤
지나: 65°쯤

문제 돌보기
✓ 다빈이가 어림한 각도는? → 70°
✓ 지나가 어림한 각도는? → 65°
✦ 구해야 할 것은?
→ ___어림을 더 잘한 사람___

풀이 과정
❶ 각도기로 각도를 재어 보면?
각도기로 각도를 재어 보면 60°입니다.

❷ 다빈이와 지나 중 어림을 더 잘한 사람은?
어림한 각도와 잰 각도의 차를 구하면
다빈이는 70°- 60° = 10°,
지나는 65°- 60° = 5°입니다.
따라서 어림을 더 잘한 사람은 지나 입니다.

답 ___지나___

1-1 성찬, 소희, 은석이가 각도를 어림했습니다. / 누가 어림을 가장 잘했나요?

성찬: 100°쯤
소희: 135°쯤
은석: 115°쯤

문제 돌보기
✓ 성찬이가 어림한 각도는? → 100°
✓ 소희가 어림한 각도는? → 135°
✓ 은석이가 어림한 각도는? → 115°
✦ 구해야 할 것은?
→ ㉔ 어림을 가장 잘한 사람

풀이 과정
❶ 각도기로 각도를 재어 보면?
각도기로 각도를 재어 보면 120°입니다.

❷ 성찬, 소희, 은석 중 어림을 가장 잘한 사람은?
어림한 각도와 잰 각도의 차를 구하면
성찬이는 120°- 100° = 20°,
소희는 135°- 120° = 15°,
은석이는 120°- 115° = 5°입니다.
따라서 어림을 가장 잘한 사람은 은석 입니다.

답 ___은석___

문제가 어려웠나요?
☐ 어려워요. o.o
☐ 적당해요. ^-^
☐ 쉬워요. >o<

문장제 연습하기
*크고 작은 예각과 둔각의 수 구하기

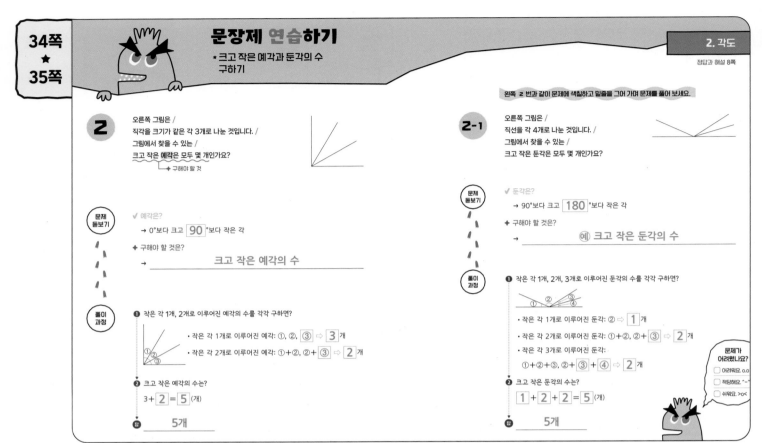

2
오른쪽 그림은 /
직각을 크기가 같은 각 3개로 나눈 것입니다. /
그림에서 찾을 수 있는 /
크고 작은 예각은 모두 몇 개인가요?
└→ 구해야 할 것

문제 돌보기

✓ 예각은?
→ 0°보다 크고 90 °보다 작은 각

✦ 구해야 할 것은?
→   크고 작은 예각의 수

풀이 과정

❶ 작은 각 1개, 2개로 이루어진 예각의 수를 각각 구하면?
· 작은 각 1개로 이루어진 예각: ①, ②, ③ ⇨ 3 개
· 작은 각 2개로 이루어진 예각: ①+②, ②+③ ⇨ 2 개

❷ 크고 작은 예각의 수는?
3+2 = 5 (개)

답 5개

왼쪽 **2** 번과 같이 문제에 색칠하고 밑줄을 그어 가며 문제를 풀어 보세요.

2-1
오른쪽 그림은 /
직선을 각 4개로 나눈 것입니다. /
그림에서 찾을 수 있는 /
크고 작은 둔각은 모두 몇 개인가요?

문제 돌보기

✓ 둔각은?
→ 90°보다 크고 180 °보다 작은 각

✦ 구해야 할 것은?
→   예 크고 작은 둔각의 수

풀이 과정

❶ 작은 각 1개, 2개, 3개로 이루어진 둔각의 수를 각각 구하면?
· 작은 각 1개로 이루어진 둔각: ② ⇨ 1 개
· 작은 각 2개로 이루어진 둔각: ①+②, ②+③ ⇨ 2 개
· 작은 각 3개로 이루어진 둔각:
①+②+③, ②+③+④ ⇨ 2 개

❷ 크고 작은 둔각의 수는?
1 + 2 + 2 = 5 (개)

답 5개

문제가 어려웠나요?
☐ 어려워요. O.O
☐ 적당해요. ^-^
☐ 쉬워요. >O<

문장제 실력 쌓기
*누가 어림을 더 잘했는지 찾기
*크고 작은 예각과 둔각의 수 구하기

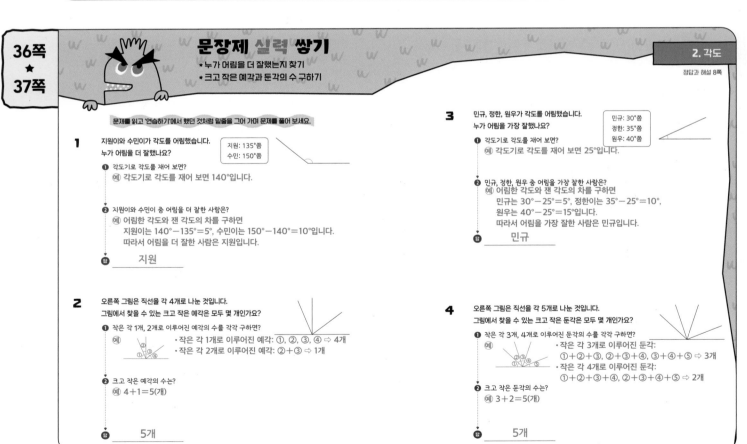

문제를 읽고 '연습하기'에서 했던 것처럼 밑줄을 그어 가며 문제를 풀어 보세요.

1
지원이와 수민이가 각도를 어림했습니다.
누가 어림을 더 잘했나요?

[지원: 135°쯤 / 수민: 150°쯤]

❶ 각도기로 각도를 재어 보면?
예 각도기로 각도를 재어 보면 140°입니다.

❷ 지원이와 수민이 중 어림을 더 잘한 사람은?
예 어림한 각도와 잰 각도의 차를 구하면
지원이는 140°−135°=5°, 수민이는 150°−140°=10°입니다.
따라서 어림을 더 잘한 사람은 지원입니다.

답 지원

2
오른쪽 그림은 직선을 각 4개로 나눈 것입니다.
그림에서 찾을 수 있는 크고 작은 예각은 모두 몇 개인가요?

❶ 작은 각 1개, 2개로 이루어진 예각의 수를 각각 구하면?
예
· 작은 각 1개로 이루어진 예각: ①, ②, ③, ④ ⇨ 4개
· 작은 각 2개로 이루어진 예각: ②+③ ⇨ 1개

❷ 크고 작은 예각의 수는?
예 4+1=5(개)

답 5개

3
민규, 정한, 원우가 각도를 어림했습니다.
누가 어림을 가장 잘했나요?

[민규: 30°쯤 / 정한: 35°쯤 / 원우: 40°쯤]

❶ 각도기로 각도를 재어 보면?
예 각도기로 각도를 재어 보면 25°입니다.

❷ 민규, 정한, 원우 중 어림을 가장 잘한 사람은?
예 어림한 각도와 잰 각도의 차를 구하면
민규는 30°−25°=5°, 정한이는 35°−25°=10°,
원우는 40°−25°=15°입니다.
따라서 어림을 가장 잘한 사람은 민규입니다.

답 민규

4
오른쪽 그림은 직선을 각 5개로 나눈 것입니다.
그림에서 찾을 수 있는 크고 작은 둔각은 모두 몇 개인가요?

❶ 작은 각 3개, 4개로 이루어진 둔각의 수를 각각 구하면?
예
· 작은 각 3개로 이루어진 둔각:
①+②+③, ②+③+④, ③+④+⑤ ⇨ 3개
· 작은 각 4개로 이루어진 둔각:
①+②+③+④, ②+③+④+⑤ ⇨ 2개

❷ 크고 작은 둔각의 수는?
예 3+2=5(개)

답 5개

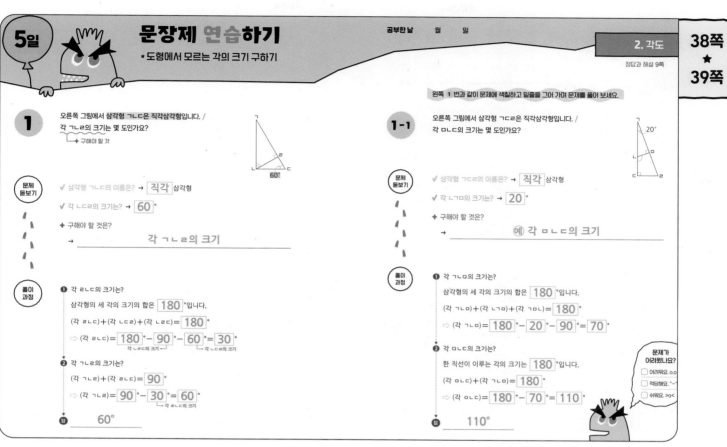

5일 **문장제 연습하기**
*도형에서 모르는 각의 크기 구하기

공부한 날   월   일

1 오른쪽 그림에서 삼각형 ㄱㄴㄷ은 직각삼각형입니다. / 각 ㄱㄴㄹ의 크기는 몇 도인가요?
└→ 구해야 할 것

문제 돋보기

✔ 삼각형 ㄱㄴㄷ의 이름은? → 직각 삼각형

✔ 각 ㄴㄷㄹ의 크기는? → 60°

✦ 구해야 할 것은?
→ 각 ㄱㄴㄹ의 크기

풀이 과정

❶ 각 ㄹㄴㄷ의 크기는?
삼각형의 세 각의 크기의 합은 180°입니다.
(각 ㄹㄴㄷ)+(각 ㄴㄷㄹ)+(각 ㄹㄷㄷ)=180°
⇨ (각 ㄹㄴㄷ)= 180°- 90°- 60°= 30°
      └ 각 ㄷㄴㄹ의 크기 └ 각 ㄴㄷㄹ의 크기

❷ 각 ㄱㄴㄹ의 크기는?
(각 ㄱㄴㄹ)+(각 ㄹㄴㄷ)= 90°
⇨ (각 ㄱㄴㄹ)= 90°- 30°= 60°
      └ 각 ㄹㄴㄷ의 크기

답   60°

왼쪽 **1** 번과 같이 문제에 색칠하고 밑줄을 그어 가며 문제를 풀어 보세요.

1-1 오른쪽 그림에서 삼각형 ㄱㄷㄹ은 직각삼각형입니다. / 각 ㅁㄴㄷ의 크기는 몇 도인가요?

문제 돋보기

✔ 삼각형 ㄱㄷㄹ의 이름은? → 직각 삼각형

✔ 각 ㄴㄱㅁ의 크기는? → 20°

✦ 구해야 할 것은?
→ 예 각 ㅁㄴㄷ의 크기

풀이 과정

❶ 각 ㄱㄴㅁ의 크기는?
삼각형의 세 각의 크기의 합은 180°입니다.
(각 ㄱㄴㅁ)+(각 ㄴㅁㄱ)+(각 ㄱㄴㅁ)= 180°
⇨ (각 ㄱㄴㅁ)= 180°- 20°- 90°= 70°

❷ 각 ㅁㄴㄷ의 크기는?
한 직선이 이루는 각의 크기는 180°입니다.
(각 ㅁㄴㄷ)+(각 ㄱㄴㅁ)= 180°
⇨ (각 ㅁㄴㄷ)= 180°- 70°= 110°

답   110°

문제가 어려웠나요?
☐ 어려워요. ㅇ.ㅇ
☐ 적당해요. ^-^
☐ 쉬워요. >.<

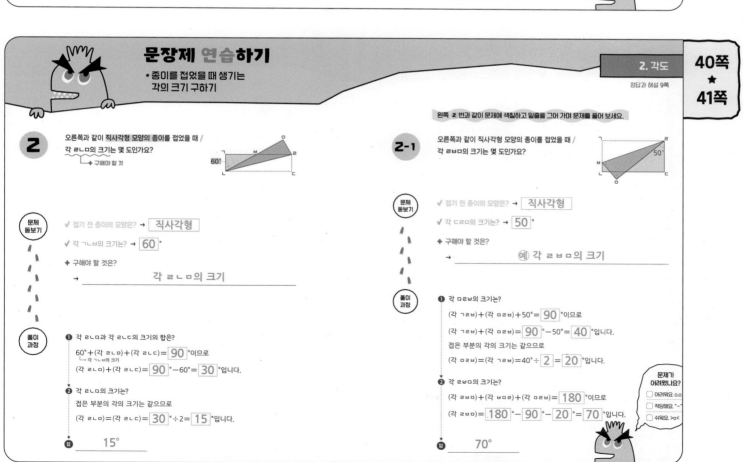

문장제 연습하기
*종이를 접었을 때 생기는
각의 크기 구하기

2 오른쪽과 같이 직사각형 모양의 종이를 접었을 때 / 각 ㄹㄴㅁ의 크기는 몇 도인가요?
└→ 구해야 할 것

문제 돋보기

✔ 접기 전 종이의 모양은? → 직사각형

✔ 각 ㄱㄴㅂ의 크기는? → 60°

✦ 구해야 할 것은?
→ 각 ㄹㄴㅁ의 크기

풀이 과정

❶ 각 ㄹㄴㅁ과 각 ㄹㄴㄷ의 크기의 합은?
60°+(각 ㄹㄴㅁ)+(각 ㄹㄴㄷ)= 90°이므로
└ 각 ㄱㄴㅂ의 크기
(각 ㄹㄴㅁ)+(각 ㄹㄴㄷ)= 90°- 60°= 30°입니다.

❷ 각 ㄹㄴㅁ의 크기는?
접은 부분의 각의 크기는 같으므로
(각 ㄹㄴㅁ)=(각 ㄹㄴㄷ)= 30°÷2= 15°입니다.

답   15°

왼쪽 **2** 번과 같이 문제에 색칠하고 밑줄을 그어 가며 문제를 풀어 보세요.

2-1 오른쪽과 같이 직사각형 모양의 종이를 접었을 때 / 각 ㄹㅂㅁ의 크기는 몇 도인가요?

문제 돋보기

✔ 접기 전 종이의 모양은? → 직사각형

✔ 각 ㄷㄹㅁ의 크기는? → 50°

✦ 구해야 할 것은?
→ 예 각 ㄹㅂㅁ의 크기

풀이 과정

❶ 각 ㅁㄹㅂ의 크기는?
(각 ㄱㄹㅂ)+(각 ㅁㄹㅂ)+50°= 90°이므로
(각 ㄱㄹㅂ)+(각 ㅁㄹㅂ)= 90°-50°= 40°입니다.
접은 부분의 각의 크기는 같으므로
(각 ㅁㄹㅂ)=(각 ㄱㄹㅂ)=40°÷ 2= 20°입니다.

❷ 각 ㄹㅂㅁ의 크기는?
(각 ㄹㅂㅁ)+(각 ㅂㅁㄹ)+(각 ㅁㄹㅂ)= 180°이므로
(각 ㄹㅂㅁ)= 180°- 90°- 20°= 70°입니다.

답   70°

문제가 어려웠나요?
☐ 어려워요. ㅇ.ㅇ
☐ 적당해요. ^-^
☐ 쉬워요. >.<

문장제 실력 쌓기

★ 도형에서 모르는 각의 크기 구하기
★ 종이를 접었을 때 생기는 각의 크기 구하기

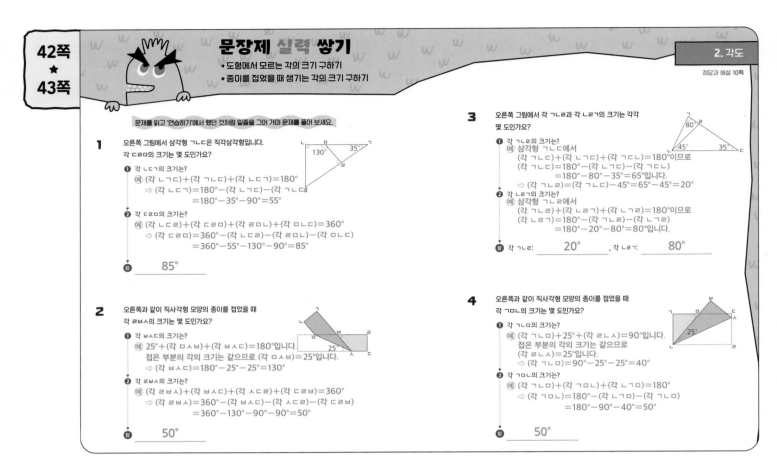

문제를 읽고 '연습하기'에서 했던 것처럼 밑줄을 그어 가며 문제를 풀어 보세요.

1 오른쪽 그림에서 삼각형 ㄱㄴㄷ은 직각삼각형입니다.
각 ㄷㄹㅁ의 크기는 몇 도인가요?

❶ 각 ㄴㄷㄱ의 크기는?
(예) (각 ㄴㄱㄷ)+(각 ㄱㄷㄴ)+(각 ㄴㄷㄱ)=180°
⇨ (각 ㄴㄷㄱ)=180°−(각 ㄱㄷㄴ)−(각 ㄱㄴㄷ)
=180°−35°−90°=55°

❷ 각 ㄷㄹㅁ의 크기는?
(예) (각 ㄴㄷㄹ)+(각 ㄷㄹㅁ)+(각 ㄹㅁㄴ)+(각 ㅁㄴㄷ)=360°
⇨ (각 ㄷㄹㅁ)=360°−(각 ㄴㄷㄹ)−(각 ㄹㅁㄴ)−(각 ㅁㄴㄷ)
=360°−55°−130°−90°=85°

달 **85°**

2 오른쪽과 같이 직사각형 모양의 종이를 접었을 때
각 ㄹㅂㅅ의 크기는 몇 도인가요?

❶ 각 ㅂㅅㄷ의 크기는?
(예) 25°+(각 ㅁㅅㅂ)+(각 ㅂㅅㄷ)=180°입니다.
접은 부분의 각의 크기는 같으므로 (각 ㅁㅅㅂ)=25°입니다.
⇨ (각 ㅂㅅㄷ)=180°−25°−25°=130°

❷ 각 ㄹㅂㅅ의 크기는?
(예) (각 ㄹㅂㅅ)+(각 ㅂㅅㄷ)+(각 ㅅㄷㄹ)+(각 ㄷㄹㅂ)=360°
⇨ (각 ㄹㅂㅅ)=360°−(각 ㅂㅅㄷ)−(각 ㅅㄷㄹ)−(각 ㄷㄹㅂ)
=360°−130°−90°−90°=50°

달 **50°**

3 오른쪽 그림에서 각 ㄱㄴㄹ과 각 ㄴㄹㄱ의 크기는 각각
몇 도인가요?

❶ 각 ㄱㄴㄹ의 크기는?
(예) 삼각형 ㄱㄴㄷ에서
(각 ㄱㄴㄷ)+(각 ㄴㄷㄱ)+(각 ㄱㄴㄷ)=180°이므로
(각 ㄱㄴㄷ)=180°−(각 ㄴㄷㄱ)−(각 ㄱㄴㄷ)
=180°−80°−35°=65°입니다.
⇨ (각 ㄱㄴㄹ)=(각 ㄱㄴㄷ)−45°=65°−45°=20°

❷ 각 ㄴㄹㄱ의 크기는?
(예) 삼각형 ㄱㄴㄹ에서
(각 ㄱㄴㄹ)+(각 ㄴㄹㄱ)+(각 ㄴㄱㄹ)=180°이므로
(각 ㄴㄹㄱ)=180°−(각 ㄱㄴㄹ)−(각 ㄴㄱㄹ)
=180°−20°−80°=80°입니다.

달 각 ㄱㄴㄹ: **20°** , 각 ㄴㄹㄱ: **80°**

4 오른쪽과 같이 직사각형 모양의 종이를 접었을 때
각 ㄱㅁㄴ의 크기는 몇 도인가요?

❶ 각 ㄱㄴㅁ의 크기는?
(예) (각 ㄱㄴㅁ)+25°+(각 ㄹㄴㅅ)=90°입니다.
접은 부분의 각의 크기는 같으므로
(각 ㄹㄴㅅ)=25°입니다.
⇨ (각 ㄱㄴㅁ)=90°−25°−25°=40°

❷ 각 ㄱㅁㄴ의 크기는?
(예) (각 ㄱㄴㅁ)+(각 ㄱㅁㄴ)+(각 ㄴㄱㅁ)=180°
⇨ (각 ㄱㅁㄴ)=180°−(각 ㄴㄱㅁ)−(각 ㄱㄴㅁ)
=180°−90°−40°=50°

달 **50°**

6일

단원 마무리

공부한 날 월 일

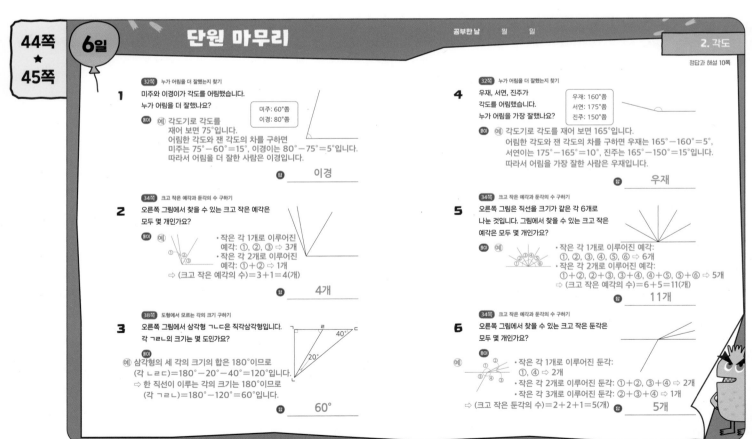

1 **32쪽** 누가 어림을 더 잘했는지 찾기
미주와 이경이가 각도를 어림했습니다.
누가 어림을 더 잘했나요?

미주: 60°쯤
이경: 80°쯤

(풀이) (예) 각도기로 각도를
재어 보면 75°입니다.
어림한 각도와 잰 각도의 차를 구하면
미주는 75°−60°=15°, 이경이는 80°−75°=5°입니다.
따라서 어림을 더 잘한 사람은 이경입니다.

달 **이경**

2 **34쪽** 크고 작은 예각과 둔각의 수 구하기
오른쪽 그림에서 찾을 수 있는 크고 작은 예각은
모두 몇 개인가요?

(풀이) (예)
• 작은 각 1개로 이루어진
예각: ①, ②, ③ ⇒ 3개
• 작은 각 2개로 이루어진
예각: ①+② ⇒ 1개
⇨ (크고 작은 예각의 수)=3+1=4(개)

달 **4개**

3 **38쪽** 도형에서 모르는 각의 크기 구하기
오른쪽 그림에서 삼각형 ㄱㄴㄷ은 직각삼각형입니다.
각 ㄱㄹㄴ의 크기는 몇 도인가요?

(풀이) (예) 삼각형의 세 각의 크기의 합은 180°이므로
(각 ㄴㄷㄹ)=180°−20°−40°=120°입니다.
⇨ 한 직선이 이루는 각의 크기는 180°이므로
(각 ㄱㄹㄴ)=180°−120°=60°입니다.

달 **60°**

4 **32쪽** 누가 어림을 더 잘했는지 찾기
우재, 서연, 진주가
각도를 어림했습니다.
누가 어림을 가장 잘했나요?

우재: 160°쯤
서연: 175°쯤
진주: 150°쯤

(풀이) (예) 각도기로 각도를 재어 보면 165°입니다.
어림한 각도와 잰 각도의 차를 구하면 우재는 165°−160°=5°,
서연이는 175°−165°=10°, 진주는 165°−150°=15°입니다.
따라서 어림을 가장 잘한 사람은 우재입니다.

달 **우재**

5 **34쪽** 크고 작은 예각과 둔각의 수 구하기
오른쪽 그림은 직선을 크기가 같은 각 6개로
나눈 것입니다. 그림에서 찾을 수 있는 크고 작은
예각은 모두 몇 개인가요?

(풀이) (예)
• 작은 각 1개로 이루어진 예각:
①, ②, ③, ④, ⑤, ⑥ ⇒ 6개
• 작은 각 2개로 이루어진 예각:
①+②, ②+③, ③+④, ④+⑤, ⑤+⑥ ⇒ 5개
⇨ (크고 작은 예각의 수)=6+5=11(개)

달 **11개**

6 **34쪽** 크고 작은 예각과 둔각의 수 구하기
오른쪽 그림에서 찾을 수 있는 크고 작은 둔각은
모두 몇 개인가요?

(풀이) (예)
• 작은 각 1개로 이루어진 둔각:
①, ④ ⇒ 2개
• 작은 각 2개로 이루어진 둔각: ①+②, ③+④ ⇒ 2개
• 작은 각 3개로 이루어진 둔각: ②+③+④ ⇒ 1개
⇨ (크고 작은 둔각의 수)=2+2+1=5(개)

달 **5개**

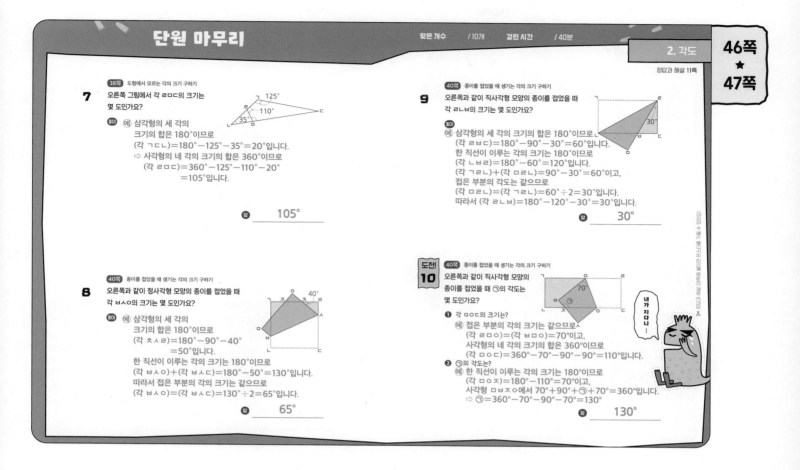

38쪽 도형에서 모르는 각의 크기 구하기

7 오른쪽 그림에서 각 ㄹㅁㄷ의 크기는
몇 도인가요?

풀이 예 삼각형의 세 각의
크기의 합은 180°이므로
(각 ㄱㄷㄴ)=180°−125°−35°=20°입니다.
⇨ 사각형의 네 각의 크기의 합은 360°이므로
(각 ㄹㅁㄷ)=360°−125°−110°−20°
=105°입니다.

답   105°

40쪽 종이를 접었을 때 생기는 각의 크기 구하기

9 오른쪽과 같이 직사각형 모양의 종이를 접었을 때
각 ㄹㄴㅂ의 크기는 몇 도인가요?

풀이 예 삼각형의 세 각의 크기의 합은 180°이므로
(각 ㄹㅂㄷ)=180°−90°−30°=60°입니다.
한 직선이 이루는 각의 크기는 180°이므로
(각 ㄴㅂㄹ)=180°−60°=120°입니다.
(각 ㄱㄹㄴ)+(각 ㅁㄹㄴ)=90°−30°=60°이고,
접은 부분의 각도는 같으므로
(각 ㅁㄹㄴ)=(각 ㄱㄹㄴ)=60°÷2=30°입니다.
따라서 (각 ㄹㄴㅂ)=180°−120°−30°=30°입니다.

답   30°

40쪽 종이를 접었을 때 생기는 각의 크기 구하기

8 오른쪽과 같이 정사각형 모양의 종이를 접었을 때
각 ㅂㅅㅇ의 크기는 몇 도인가요?

풀이 예 삼각형의 세 각의
크기의 합은 180°이므로
(각 ㅊㅅㄹ)=180°−90°−40°
=50°입니다.
한 직선이 이루는 각의 크기는 180°이므로
(각 ㅂㅅㅇ)+(각 ㅂㅅㄷ)=180°−50°=130°입니다.
따라서 접은 부분의 각의 크기는 같으므로
(각 ㅂㅅㅇ)=(각 ㅂㅅㄷ)=130°÷2=65°입니다.

답   65°

도전! 10

40쪽 종이를 접었을 때 생기는 각의 크기 구하기

오른쪽과 같이 직사각형 모양의
종이를 접었을 때 ㉠의 각도는
몇 도인가요?

❶ 각 ㅁㅁㄷ의 크기는?
예 접은 부분의 각의 크기는 같으므로
(각 ㄹㅁㅇ)=(각 ㅂㅁㅇ)=70°이고,
사각형의 네 각의 합은 360°이므로
(각 ㅁㅁㄷ)=360°−70°−90°−90°=110°입니다.

❷ ㉠의 각도는?
예 한 직선이 이루는 각의 크기는 180°이므로
(각 ㅁㅁㅈ)=180°−110°=70°이고,
사각형 ㅁㅂㅈㅇ에서 70°+90°+㉠+70°=360°입니다.
⇨ ㉠=360°−70°−90°−70°=130°

답   130°

내가 지다니…

3. 곱셈과 나눗셈

50쪽 ★ 51쪽

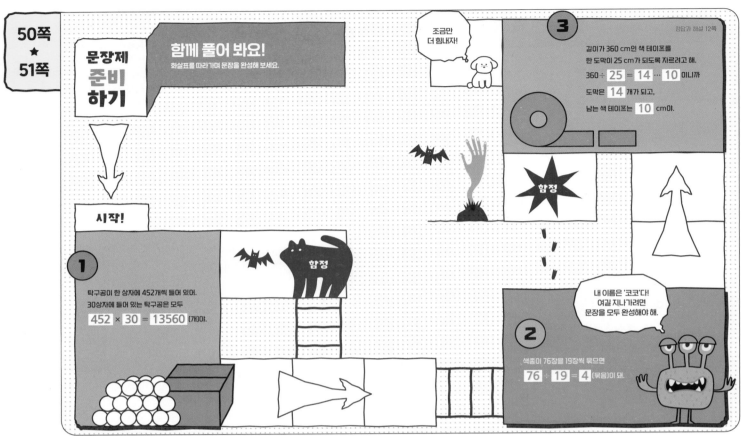

52쪽 ★ 53쪽

7일 문장제 **연습**하기

*모두 얼마인지 구하기

공부한 날   월   일

3. 곱셈과 나눗셈

정답과 해설 12쪽

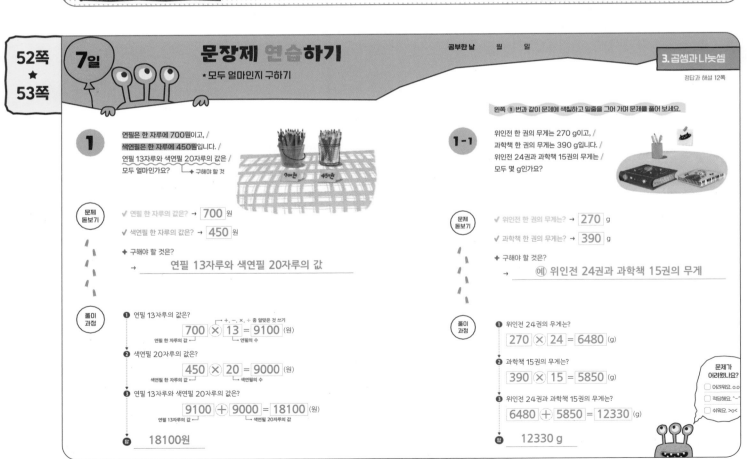

12

문장제 연습하기

*범위에 알맞은 수 구하기

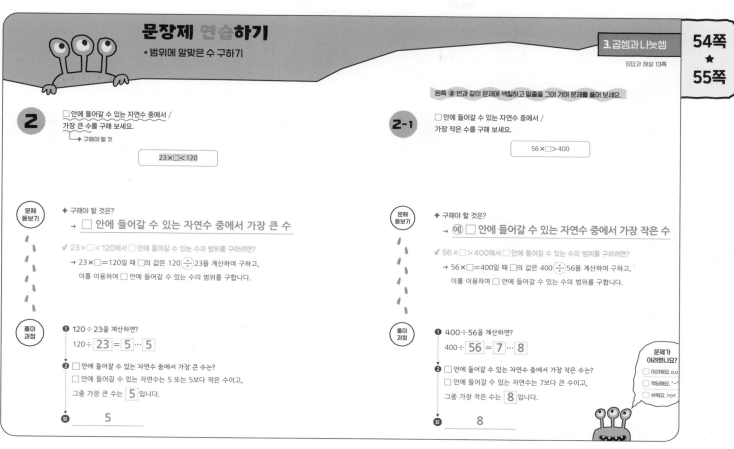

2 □ 안에 들어갈 수 있는 자연수 중에서 /
가장 큰 수를 구해 보세요.
└─→ 구해야 할 것

$$23 \times \square < 120$$

문제
돋보기

◆ 구해야 할 것은?

→ □ 안에 들어갈 수 있는 자연수 중에서 가장 큰 수

✓ 23×□<120에서 □ 안에 들어갈 수 있는 수의 범위를 구하려면?

→ 23×□=120일 때 □의 값은 120÷23을 계산하여 구하고,
이를 이용하여 □ 안에 들어갈 수 있는 수의 범위를 구합니다.

풀이
과정

❶ 120÷23을 계산하면?
$$120 \div \boxed{23} = \boxed{5} \cdots \boxed{5}$$

❷ □ 안에 들어갈 수 있는 자연수 중에서 가장 큰 수는?
□ 안에 들어갈 수 있는 자연수는 5 또는 5보다 작은 수이고,
그중 가장 큰 수는 $\boxed{5}$ 입니다.

답   5

왼쪽 **2** 번과 같이 문제에 색칠하고 밑줄을 그어 가며 문제를 풀어 보세요.

2-1 □ 안에 들어갈 수 있는 자연수 중에서 /
가장 작은 수를 구해 보세요.

$$56 \times \square > 400$$

문제
돋보기

◆ 구해야 할 것은?

→ 예 □ 안에 들어갈 수 있는 자연수 중에서 가장 작은 수

✓ 56×□>400에서 □ 안에 들어갈 수 있는 수의 범위를 구하려면?

→ 56×□=400일 때 □의 값은 400÷56을 계산하여 구하고,
이를 이용하여 □ 안에 들어갈 수 있는 수의 범위를 구합니다.

풀이
과정

❶ 400÷56을 계산하면?
$$400 \div \boxed{56} = \boxed{7} \cdots \boxed{8}$$

❷ □ 안에 들어갈 수 있는 자연수 중에서 가장 작은 수는?
□ 안에 들어갈 수 있는 자연수는 7보다 큰 수이고,
그중 가장 작은 수는 $\boxed{8}$ 입니다.

답   8

문제가
어려웠나요?

□ 어려워요. o.o
□ 적당해요. ^-~
□ 쉬워요. >o<

문장제 실력 쌓기

*모두 얼마인지 구하기
*범위에 알맞은 수 구하기

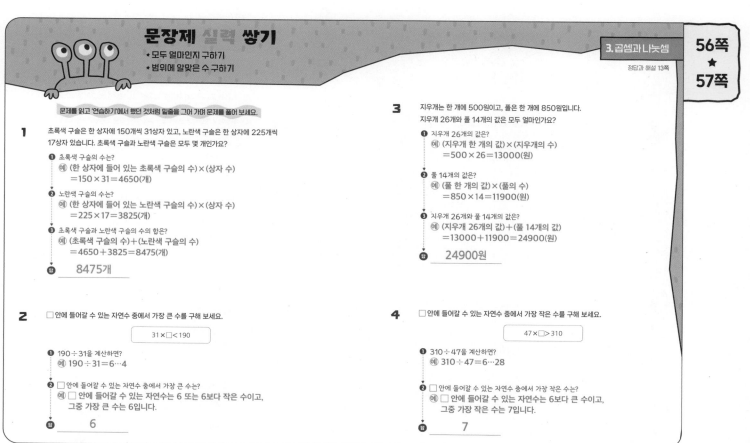

문제를 읽고 '연습하기'에서 했던 것처럼 밑줄을 그어 가며 문제를 풀어 보세요.

1 초록색 구슬은 한 상자에 150개씩 31상자 있고, 노란색 구슬은 한 상자에 225개씩
17상자 있습니다. 초록색 구슬과 노란색 구슬은 모두 몇 개인가요?

❶ 초록색 구슬의 수는?
예 (한 상자에 들어 있는 초록색 구슬의 수)×(상자 수)
=150×31=4650(개)

❷ 노란색 구슬의 수는?
예 (한 상자에 들어 있는 노란색 구슬의 수)×(상자 수)
=225×17=3825(개)

❸ 초록색 구슬과 노란색 구슬의 수의 합은?
예 (초록색 구슬의 수)+(노란색 구슬의 수)
=4650+3825=8475(개)

답   8475개

2 □ 안에 들어갈 수 있는 자연수 중에서 가장 큰 수를 구해 보세요.

$$31 \times \square < 190$$

❶ 190÷31을 계산하면?
예 190÷31=6…4

❷ □ 안에 들어갈 수 있는 자연수 중에서 가장 큰 수는?
예 □ 안에 들어갈 수 있는 자연수는 6 또는 6보다 작은 수이고,
그중 가장 큰 수는 6입니다.

답   6

3 지우개는 한 개에 500원이고, 풀은 한 개에 850원입니다.
지우개 26개와 풀 14개의 값은 모두 얼마인가요?

❶ 지우개 26개의 값은?
예 (지우개 한 개의 값)×(지우개의 수)
=500×26=13000(원)

❷ 풀 14개의 값은?
예 (풀 한 개의 값)×(풀의 수)
=850×14=11900(원)

❸ 지우개 26개와 풀 14개의 값은?
예 (지우개 26개의 값)+(풀 14개의 값)
=13000+11900=24900(원)

답   24900원

4 □ 안에 들어갈 수 있는 자연수 중에서 가장 작은 수를 구해 보세요.

$$47 \times \square > 310$$

❶ 310÷47을 계산하면?
예 310÷47=6…28

❷ □ 안에 들어갈 수 있는 자연수 중에서 가장 작은 수는?
예 □ 안에 들어갈 수 있는 자연수는 6보다 큰 수이고,
그중 가장 작은 수는 7입니다.

답   7

문장제 연습하기

*적어도 얼마나 필요한지 구하기

왼쪽 **1** 번과 같이 문제에 색칠하고 밑줄을 그어 가며 문제를 풀어 보세요.

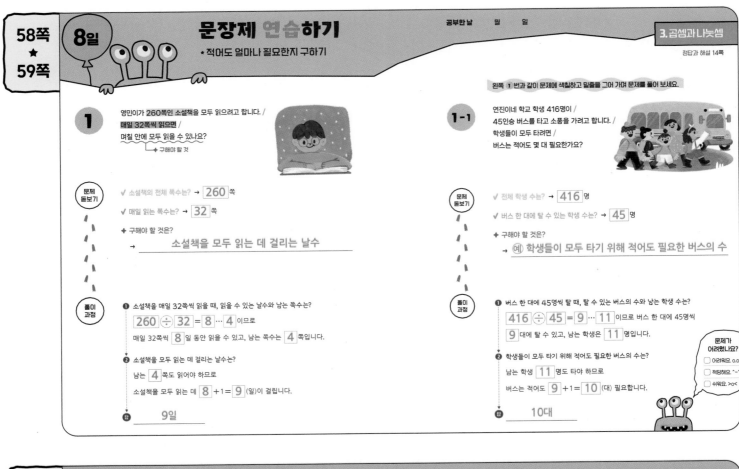

1 영민이가 260쪽인 소설책을 모두 읽으려고 합니다. /
매일 32쪽씩 읽으면 /
며칠 안에 모두 읽을 수 있나요?
→ 구해야 할 것

문제 돌보기

✓ 소설책의 전체 쪽수는? → 260 쪽

✓ 매일 읽는 쪽수는? → 32 쪽

✦ 구해야 할 것은?
→ 소설책을 모두 읽는 데 걸리는 날수

풀이 과정

❶ 소설책을 매일 32쪽씩 읽을 때, 읽을 수 있는 날수와 남는 쪽수는?
260 ÷ 32 = 8 ⋯ 4 이므로
매일 32쪽씩 8 일 동안 읽을 수 있고, 남는 쪽수는 4 쪽입니다.

❷ 소설책을 모두 읽는 데 걸리는 날수는?
남는 4 쪽도 읽어야 하므로
소설책을 모두 읽는 데 8 +1= 9 (일)이 걸립니다.

답 9일

1-1 연진이네 학교 학생 416명이 /
45인승 버스를 타고 소풍을 가려고 합니다. /
학생들이 모두 타려면 /
버스는 적어도 몇 대 필요한가요?

문제 돌보기

✓ 전체 학생 수는? → 416 명

✓ 버스 한 대에 탈 수 있는 학생 수는? → 45 명

✦ 구해야 할 것은?
→ 예 학생들이 모두 타기 위해 적어도 필요한 버스의 수

풀이 과정

❶ 버스 한 대에 45명씩 탈 때, 탈 수 있는 버스의 수와 남는 학생 수는?
416 ÷ 45 = 9 ⋯ 11 이므로 버스 한 대에 45명씩
9 대에 탈 수 있고, 남는 학생은 11 명입니다.

❷ 학생들이 모두 타기 위해 적어도 필요한 버스의 수는?
남는 학생 11 명도 타야 하므로
버스는 적어도 9 +1= 10 (대) 필요합니다.

답 10대

문제가 어려웠나요?
☐ 어려워요. 0.0
☐ 적당해요. ^-^
☐ 쉬워요. >o<

문장제 연습하기

*나눗셈 결과를 비교하여
더 많은(적은) 것 구하기

왼쪽 **2** 번과 같이 문제에 색칠하고 밑줄을 그어 가며 문제를 풀어 보세요.

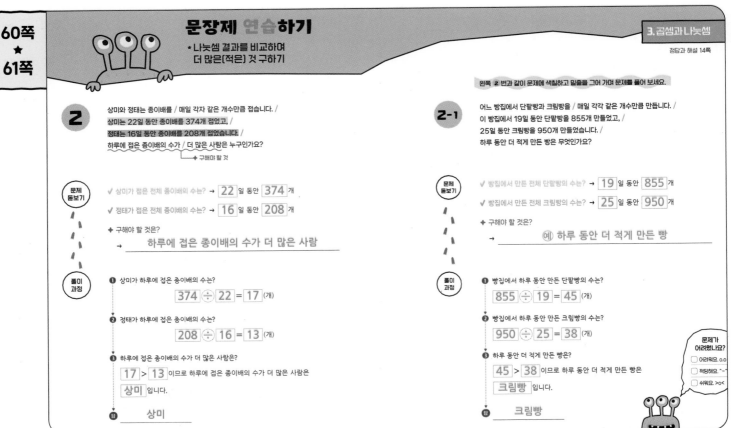

2 상미와 정태는 종이배를 / 매일 각자 같은 개수만큼 접습니다. /
상미는 22일 동안 종이배를 374개 접었고, /
정태는 16일 동안 종이배를 208개 접었습니다. /
하루에 접은 종이배의 수가 / 더 많은 사람은 누구인가요?
→ 구해야 할 것

문제 돌보기

✓ 상미가 접은 전체 종이배의 수는? → 22 일 동안 374 개

✓ 정태가 접은 전체 종이배의 수는? → 16 일 동안 208 개

✦ 구해야 할 것은?
→ 하루에 접은 종이배의 수가 더 많은 사람

풀이 과정

❶ 상미가 하루에 접은 종이배의 수는?
374 ÷ 22 = 17 (개)

❷ 정태가 하루에 접은 종이배의 수는?
208 ÷ 16 = 13 (개)

❸ 하루에 접은 종이배의 수가 더 많은 사람은?
17 > 13 이므로 하루에 접은 종이배의 수가 더 많은 사람은
상미 입니다.

답 상미

2-1 어느 빵집에서 단팥빵과 크림빵을 / 매일 각각 같은 개수만큼 만듭니다. /
이 빵집에서 19일 동안 단팥빵을 855개 만들었고, /
25일 동안 크림빵을 950개 만들었습니다. /
하루 동안 더 적게 만든 빵은 무엇인가요?

문제 돌보기

✓ 빵집에서 만든 전체 단팥빵의 수는? → 19 일 동안 855 개

✓ 빵집에서 만든 전체 크림빵의 수는? → 25 일 동안 950 개

✦ 구해야 할 것은?
→ 예 하루 동안 더 적게 만든 빵

풀이 과정

❶ 빵집에서 하루 동안 만든 단팥빵의 수는?
855 ÷ 19 = 45 (개)

❷ 빵집에서 하루 동안 만든 크림빵의 수는?
950 ÷ 25 = 38 (개)

❸ 하루 동안 더 적게 만든 빵은?
45 > 38 이므로 하루 동안 더 적게 만든 빵은
크림빵 입니다.

답 크림빵

문제가 어려웠나요?
☐ 어려워요. 0.0
☐ 적당해요. ^-^
☐ 쉬워요. >o<

문장제 실력 쌓기

* 적어도 얼마나 필요한지 구하기
* 나눗셈 결과를 비교하며 더 많은(적은) 것 구하기

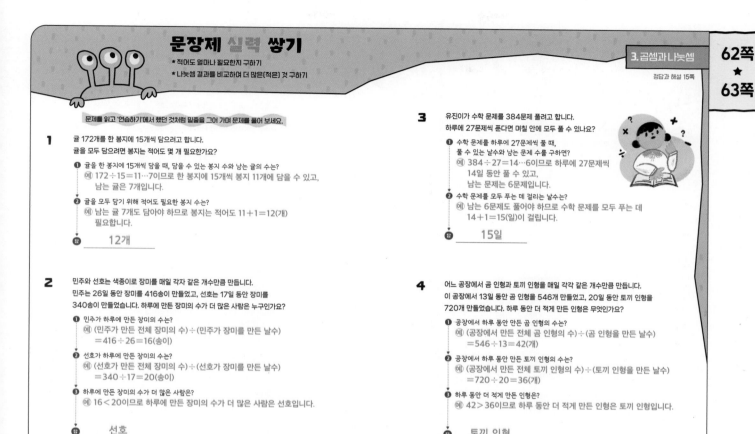

문제를 읽고 '연습하기'에서 했던 것처럼 밑줄을 그어 가며 문제를 풀어 보세요.

1 귤 172개를 한 봉지에 15개씩 담으려고 합니다.
귤을 모두 담으려면 봉지는 적어도 몇 개 필요한가요?

❶ 귤을 한 봉지에 15개씩 담을 때, 담을 수 있는 봉지 수와 남는 귤의 수는?
예 172÷15=11…7이므로 한 봉지에 15개씩 봉지 11개에 담을 수 있고,
남는 귤은 7개입니다.

❷ 귤을 모두 담기 위해 적어도 필요한 봉지 수는?
예 남는 귤 7개도 담아야 하므로 봉지는 적어도 11+1=12(개)
필요합니다.

답 __12개__

2 민주와 선호는 색종이로 장미를 매일 각자 같은 개수만큼 만듭니다.
민주는 26일 동안 장미를 416송이 만들었고, 선호는 17일 동안 장미를
340송이 만들었습니다. 하루에 만든 장미의 수가 더 많은 사람은 누구인가요?

❶ 민주가 하루에 만든 장미의 수는?
예 (민주가 만든 전체 장미의 수)÷(민주가 장미를 만든 날수)
=416÷26=16(송이)

❷ 선호가 하루에 만든 장미의 수는?
예 (선호가 만든 전체 장미의 수)÷(선호가 장미를 만든 날수)
=340÷17=20(송이)

❸ 하루에 만든 장미의 수가 더 많은 사람은?
예 16<20이므로 하루에 만든 장미의 수가 더 많은 사람은 선호입니다.

답 __선호__

3 유진이가 수학 문제를 384문제 풀려고 합니다.
하루에 27문제씩 푼다면 며칠 안에 모두 풀 수 있나요?

❶ 수학 문제를 하루에 27문제씩 풀 때,
풀 수 있는 날수와 남는 문제 수를 구하면?
예 384÷27=14…6이므로 하루에 27문제씩
14일 동안 풀 수 있고,
남는 문제는 6문제입니다.

❷ 수학 문제를 모두 푸는 데 걸리는 날수는?
예 남은 6문제도 풀어야 하므로 수학 문제를 모두 푸는 데
14+1=15(일)이 걸립니다.

답 __15일__

4 어느 공장에서 곰 인형과 토끼 인형을 매일 각각 같은 개수만큼 만듭니다.
이 공장에서 13일 동안 곰 인형을 546개 만들었고, 20일 동안 토끼 인형을
720개 만들었습니다. 하루 동안 더 적게 만든 인형은 무엇인가요?

❶ 공장에서 하루 동안 만든 곰 인형의 수는?
예 (공장에서 만든 전체 곰 인형의 수)÷(곰 인형을 만든 날수)
=546÷13=42(개)

❷ 공장에서 하루 동안 만든 토끼 인형의 수는?
예 (공장에서 만든 전체 토끼 인형의 수)÷(토끼 인형을 만든 날수)
=720÷20=36(개)

❸ 하루 동안 더 적게 만든 인형은?
예 42>36이므로 하루 동안 더 적게 만든 인형은 토끼 인형입니다.

답 __토끼 인형__

9일

문장제 연습하기

공부한 날   월   일

* 바르게 계산한 값 구하기

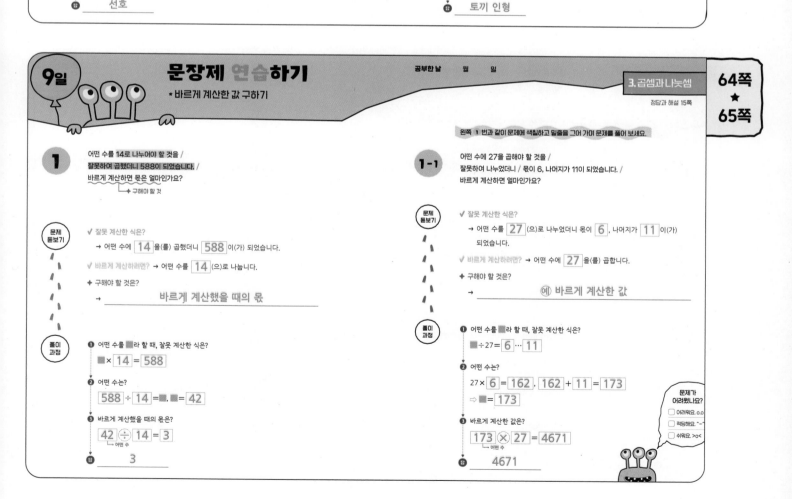

1 어떤 수를 14로 나누어야 할 것을 /
잘못하여 곱했더니 588이 되었습니다. /
바르게 계산하면 몫은 얼마인가요?
└→ 구해야 할 것

문제
돌보기

✓ 잘못 계산한 식은?
→ 어떤 수에 **14** 을(를) 곱했더니 **588** 이(가) 되었습니다.

✓ 바르게 계산하려면? → 어떤 수를 **14** (으)로 나눕니다.

✦ 구해야 할 것은?
→ 　바르게 계산했을 때의 몫

풀이
과정

❶ 어떤 수를 ■라 할 때, 잘못 계산한 식은?
■×**14**=**588**

❷ 어떤 수는?
588÷**14**=■, ■=**42**

❸ 바르게 계산했을 때의 몫은?
42÷**14**=**3**
　└→ 어떤 수

답 __3__

1-1 어떤 수에 27을 곱해야 할 것을 /
잘못하여 나누었더니 / 몫이 6, 나머지가 11이 되었습니다. /
바르게 계산하면 얼마인가요?

문제
돌보기

✓ 잘못 계산한 식은?
→ 어떤 수를 **27** (으)로 나누었더니 몫이 **6** , 나머지가 **11** 이(가)
되었습니다.

✓ 바르게 계산하려면? → 어떤 수에 **27** 을(를) 곱합니다.

✦ 구해야 할 것은?
→ 　예 바르게 계산한 값

풀이
과정

❶ 어떤 수를 ■라 할 때, 잘못 계산한 식은?
■÷27=**6** … **11**

❷ 어떤 수는?
27×**6**=**162** , **162**+**11**=**173**
⇨ ■=**173**

❸ 바르게 계산한 값은?
173×27=**4671**
　└→ 어떤 수

답 __4671__

문제가
어려웠나요?
☐ 어려워요. o.o
☐ 적당해요. ^-^
☐ 쉬워요. >o<

문장제 연습하기

* 수 카드로 나눗셈식 만들기

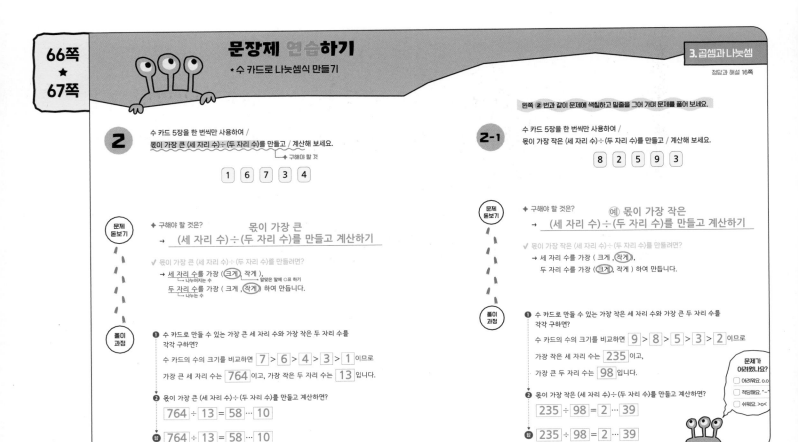

왼쪽 **2** 번과 같이 문제에 색칠하고 밑줄을 그어 가며 문제를 풀어 보세요.

2 수 카드 5장을 한 번씩만 사용하여 /
몫이 가장 큰 (세 자리 수)÷(두 자리 수)를 만들고 / 계산해 보세요.
└→ 구해야 할 것

[1] [6] [7] [3] [4]

문제 돌보기

✦ 구해야 할 것은?   몫이 가장 큰
→ (세 자리 수)÷(두 자리 수)를 만들고 계산하기

✓ 몫이 가장 큰 (세 자리 수)÷(두 자리 수)를 만들려면?
→ 세 자리 수를 가장 (크게), 작게)하여 ← 알맞은 말에 ○표 하기
└→ 나누어지는 수
두 자리 수를 가장 (크게, (작게))하여 만듭니다.
└→ 나누는 수

풀이 과정

❶ 수 카드로 만들 수 있는 가장 큰 세 자리 수와 가장 작은 두 자리 수를
각각 구하면?
수 카드의 수의 크기를 비교하면 [7] > [6] > [4] > [3] > [1] 이므로
가장 큰 세 자리 수는 [764] 이고, 가장 작은 두 자리 수는 [13] 입니다.

❷ 몫이 가장 큰 (세 자리 수)÷(두 자리 수)를 만들고 계산하면?
[764] ÷ [13] = [58] … [10]

❸ 답 [764] ÷ [13] = [58] … [10]

2-1 수 카드 5장을 한 번씩만 사용하여 /
몫이 가장 작은 (세 자리 수)÷(두 자리 수)를 만들고 / 계산해 보세요.

[8] [2] [5] [9] [3]

문제 돌보기

✦ 구해야 할 것은?   ⑩ 몫이 가장 작은
→ (세 자리 수)÷(두 자리 수)를 만들고 계산하기

✓ 몫이 가장 작은 (세 자리 수)÷(두 자리 수)를 만들려면?
→ 세 자리 수를 가장 (크게, (작게)),
두 자리 수를 가장 ((크게), 작게) 하여 만듭니다.

풀이 과정

❶ 수 카드로 만들 수 있는 가장 작은 세 자리 수와 가장 큰 두 자리 수를
각각 구하면?
수 카드의 수의 크기를 비교하면 [9] > [8] > [5] > [3] > [2] 이므로
가장 작은 세 자리 수는 [235] 이고,
가장 큰 두 자리 수는 [98] 입니다.

❷ 몫이 가장 작은 (세 자리 수)÷(두 자리 수)를 만들고 계산하면?
[235] ÷ [98] = [2] … [39]

❸ 답 [235] ÷ [98] = [2] … [39]

문제가
어려웠나요?
☐ 어려워요. o.o
☐ 적당해요. ^-^
☐ 쉬워요. >o<

문장제 실력 쌓기

* 바르게 계산한 값 구하기
* 수 카드로 나눗셈식 만들기

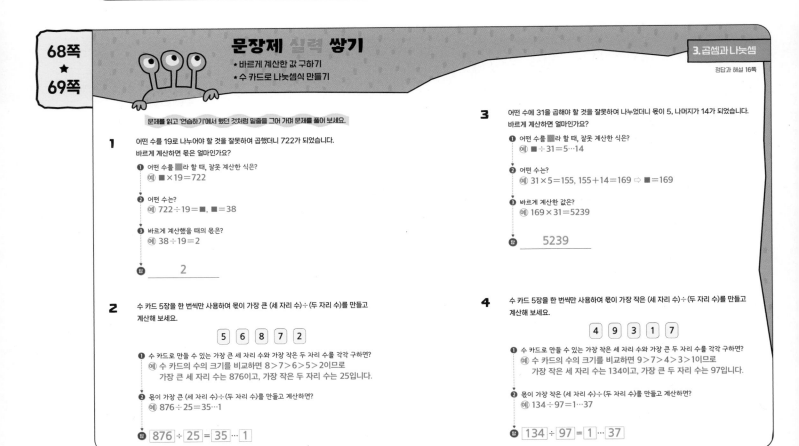

문제를 읽고 '연습하기'에서 했던 것처럼 밑줄을 그어 가며 문제를 풀어 보세요.

1 어떤 수를 19로 나누어야 할 것을 잘못하여 곱했더니 722가 되었습니다.
바르게 계산하면 몫은 얼마인가요?

❶ 어떤 수를 ■라 할 때, 잘못 계산한 식은?
⑩ ■×19=722

❷ 어떤 수는?
⑩ 722÷19=■, ■=38

❸ 바르게 계산했을 때의 몫은?
⑩ 38÷19=2

답   2

2 수 카드 5장을 한 번씩만 사용하여 몫이 가장 큰 (세 자리 수)÷(두 자리 수)를 만들고
계산해 보세요.

[5] [6] [8] [7] [2]

❶ 수 카드로 만들 수 있는 가장 큰 세 자리 수와 가장 작은 두 자리 수를 각각 구하면?
⑩ 수 카드의 수의 크기를 비교하면 8>7>6>5>2이므로
가장 큰 세 자리 수는 876이고, 가장 작은 두 자리 수는 25입니다.

❷ 몫이 가장 큰 (세 자리 수)÷(두 자리 수)를 만들고 계산하면?
⑩ 876÷25=35…1

❸ 답 [876] ÷ [25] = [35] … [1]

3 어떤 수에 31을 곱해야 할 것을 잘못하여 나누었더니 몫이 5, 나머지가 14가 되었습니다.
바르게 계산하면 얼마인가요?

❶ 어떤 수를 ■라 할 때, 잘못 계산한 식은?
⑩ ■÷31=5…14

❷ 어떤 수는?
⑩ 31×5=155, 155+14=169 ⇨ ■=169

❸ 바르게 계산한 값은?
⑩ 169×31=5239

답   5239

4 수 카드 5장을 한 번씩만 사용하여 몫이 가장 작은 (세 자리 수)÷(두 자리 수)를 만들고
계산해 보세요.

[4] [9] [3] [1] [7]

❶ 수 카드로 만들 수 있는 가장 작은 세 자리 수와 가장 큰 두 자리 수를 각각 구하면?
⑩ 수 카드의 수의 크기를 비교하면 9>7>4>3>1이므로
가장 작은 세 자리 수는 134이고, 가장 큰 두 자리 수는 97입니다.

❷ 몫이 가장 작은 (세 자리 수)÷(두 자리 수)를 만들고 계산하면?
⑩ 134÷97=1…37

❸ 답 [134] ÷ [97] = [1] … [37]

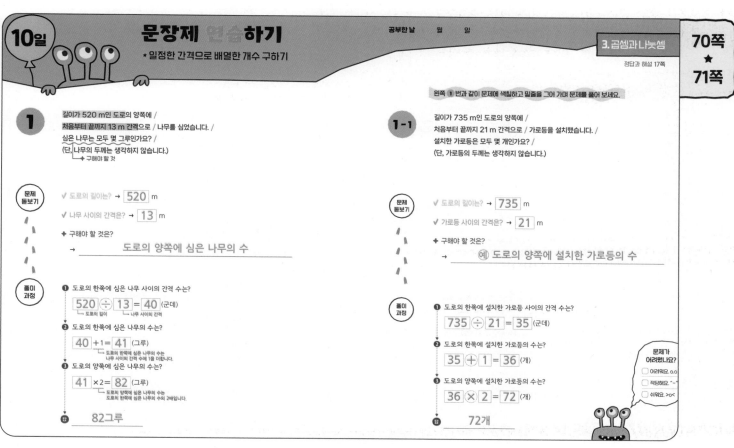

10일

문장제 연습하기

*일정한 간격으로 배열한 개수 구하기

공부한 날   월   일

정답과 해설 17쪽

1

길이가 520 m인 도로의 양쪽에 /
처음부터 끝까지 13 m 간격으로 / 나무를 심었습니다. /
심은 나무는 모두 몇 그루인가요? /
(단, 나무의 두께는 생각하지 않습니다.)
└─ 구해야 할 것

문제 돋보기

✔ 도로의 길이는? → $\boxed{520}$ m

✔ 나무 사이의 간격은? → $\boxed{13}$ m

✦ 구해야 할 것은?
→ 도로의 양쪽에 심은 나무의 수

풀이 과정

❶ 도로의 한쪽에 심은 나무 사이의 간격 수는?

$\boxed{520} \div \boxed{13} = \boxed{40}$ (군데)
└ 도로의 길이 └ 나무 사이의 간격

❷ 도로의 한쪽에 심은 나무의 수는?

$\boxed{40} + 1 = \boxed{41}$ (그루)
└ 도로의 한쪽에 심은 나무의 수는
나무 사이의 간격 수에 1을 더합니다.

❸ 도로의 양쪽에 심은 나무의 수는?

$\boxed{41} \times 2 = \boxed{82}$ (그루)
└ 도로의 양쪽에 심은 나무의 수는
도로의 한쪽에 심은 나무의 수의 2배입니다.

답 ___82그루___

왼쪽 **1** 번과 같이 문제에 색칠하고 밑줄을 그어 가며 문제를 풀어 보세요.

1-1

길이가 735 m인 도로의 양쪽에 /
처음부터 끝까지 21 m 간격으로 / 가로등을 설치했습니다. /
설치한 가로등은 모두 몇 개인가요? /
(단, 가로등의 두께는 생각하지 않습니다.)

문제 돋보기

✔ 도로의 길이는? → $\boxed{735}$ m

✔ 가로등 사이의 간격은? → $\boxed{21}$ m

✦ 구해야 할 것은?
→ ⟨예⟩ 도로의 양쪽에 설치한 가로등의 수

풀이 과정

❶ 도로의 한쪽에 설치한 가로등 사이의 간격 수는?

$\boxed{735} \div \boxed{21} = \boxed{35}$ (군데)

❷ 도로의 한쪽에 설치한 가로등의 수는?

$\boxed{35} + \boxed{1} = \boxed{36}$ (개)

❸ 도로의 양쪽에 설치한 가로등의 수는?

$\boxed{36} \times \boxed{2} = \boxed{72}$ (개)

답 ___72개___

문제가 어려웠나요?
☐ 어려워요. o.o
☐ 적당해요. ˝-˝
☐ 쉬워요. >o<

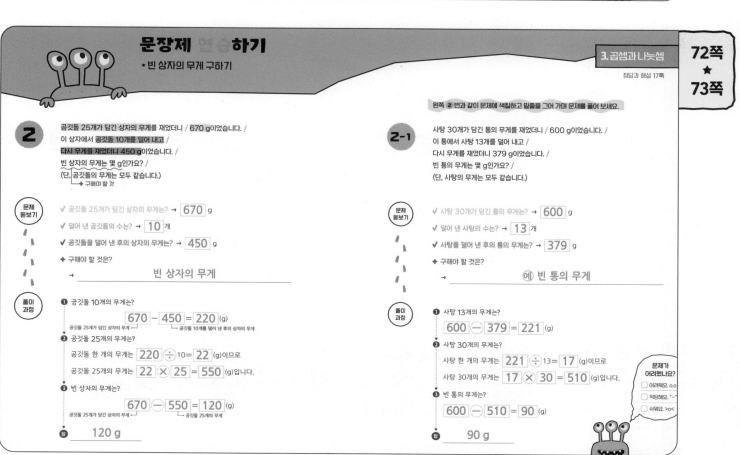

문장제 연습하기

*빈 상자의 무게 구하기

정답과 해설 17쪽

2

공깃돌 25개가 담긴 상자의 무게를 재었더니 / 670 g이었습니다. /
이 상자에서 공깃돌 10개를 덜어 내고 /
다시 무게를 재었더니 450 g이었습니다. /
빈 상자의 무게는 몇 g인가요? /
(단, 공깃돌의 무게는 모두 같습니다.)
└─ 구해야 할 것

문제 돋보기

✔ 공깃돌 25개가 담긴 상자의 무게는? → $\boxed{670}$ g

✔ 덜어 낸 공깃돌의 수는? → $\boxed{10}$ 개

✔ 공깃돌을 덜어 낸 후의 상자의 무게는? → $\boxed{450}$ g

✦ 구해야 할 것은?
→ 빈 상자의 무게

풀이 과정

❶ 공깃돌 10개의 무게는?

$\boxed{670} - \boxed{450} = \boxed{220}$ (g)
└ 공깃돌 25개가 담긴 상자의 무게 └ 공깃돌 10개를 덜어 낸 후의 상자의 무게

❷ 공깃돌 25개의 무게는?

공깃돌 한 개의 무게는 $\boxed{220} \div 10 = \boxed{22}$ (g)이므로

공깃돌 25개의 무게는 $\boxed{22} \times \boxed{25} = \boxed{550}$ (g)입니다.

❸ 빈 상자의 무게는?

$\boxed{670} - \boxed{550} = \boxed{120}$ (g)
└ 공깃돌 25개가 담긴 상자의 무게 └ 공깃돌 25개의 무게

답 ___120 g___

왼쪽 **2** 번과 같이 문제에 색칠하고 밑줄을 그어 가며 문제를 풀어 보세요.

2-1

사탕 30개가 담긴 통의 무게를 재었더니 / 600 g이었습니다. /
이 통에서 사탕 13개를 덜어 내고 /
다시 무게를 재었더니 379 g이었습니다. /
빈 통의 무게는 몇 g인가요? /
(단, 사탕의 무게는 모두 같습니다.)

문제 돋보기

✔ 사탕 30개가 담긴 통의 무게는? → $\boxed{600}$ g

✔ 덜어 낸 사탕의 수는? → $\boxed{13}$ 개

✔ 사탕을 덜어 낸 후의 통의 무게는? → $\boxed{379}$ g

✦ 구해야 할 것은?
→ ⟨예⟩ 빈 통의 무게

풀이 과정

❶ 사탕 13개의 무게는?

$\boxed{600} - \boxed{379} = \boxed{221}$ (g)

❷ 사탕 30개의 무게는?

사탕 한 개의 무게는 $\boxed{221} \div 13 = \boxed{17}$ (g)이므로

사탕 30개의 무게는 $\boxed{17} \times \boxed{30} = \boxed{510}$ (g)입니다.

❸ 빈 통의 무게는?

$\boxed{600} - \boxed{510} = \boxed{90}$ (g)

답 ___90 g___

문제가 어려웠나요?
☐ 어려워요. o.o
☐ 적당해요. ˝-˝
☐ 쉬워요. >o<

문장제 실력 쌓기

* 일정한 간격으로 배열한 개수 구하기
* 빈 상자의 무게 구하기

문제를 읽고 '연습하기'에서 했던 것처럼 밑줄을 그어 가며 문제를 풀어 보세요.

1 길이가 432 m인 도로의 양쪽에 처음부터 끝까지 12 m 간격으로 나무를 심었습니다.
심은 나무는 모두 몇 그루인가요? (단, 나무의 두께는 생각하지 않습니다.)

❶ 도로의 한쪽에 심은 나무 사이의 간격 수는?
　(예) (도로의 길이)÷(나무 사이의 간격)
　　＝432÷12＝36(군데)
❷ 도로의 한쪽에 심은 나무의 수는?
　(예) (도로의 한쪽에 심은 나무 사이의 간격 수)+1
　　＝36+1＝37(그루)
❸ 도로의 양쪽에 심은 나무의 수는?
　(예) (도로의 한쪽에 심은 나무의 수)×2
　　＝37×2＝74(그루)

답 ___74그루___

2 구슬 23개가 담긴 상자의 무게를 재었더니 885 g이었습니다.
이 상자에서 구슬 11개를 덜어 내고 다시 무게를 재었더니 500 g이었습니다.
빈 상자의 무게는 몇 g인가요? (단, 구슬의 무게는 모두 같습니다.)

❶ 구슬 11개의 무게는?
　(예) (구슬 23개가 담긴 상자의 무게)－(구슬 11개를 덜어 낸 후의 상자의 무게)
　　＝885－500＝385(g)
❷ 구슬 23개의 무게는?
　(예) 구슬 한 개의 무게는 385÷11＝35(g)이므로
　　구슬 23개의 무게는 35×23＝805(g)입니다.
❸ 빈 상자의 무게는?
　(예) (구슬 23개가 담긴 상자의 무게)－(구슬 23개의 무게)
　　＝885－805＝80(g)

답 ___80 g___

3 길이가 986 m인 도로의 양쪽에 처음부터 끝까지 34 m 간격으로 깃발을 세웠습니다.
세운 깃발은 모두 몇 개인가요? (단, 깃발의 두께는 생각하지 않습니다.)

❶ 도로의 한쪽에 세운 깃발 사이의 간격 수는?
　(예) (도로의 길이)÷(깃발 사이의 간격)
　　＝986÷34＝29(군데)
❷ 도로의 한쪽에 세운 깃발의 수는?
　(예) (도로의 한쪽에 세운 깃발 사이의 간격 수)+1
　　＝29+1＝30(개)
❸ 도로의 양쪽에 세운 깃발의 수는?
　(예) (도로의 한쪽에 세운 깃발의 수)×2
　　＝30×2＝60(개)

답 ___60개___

4 볼펜 26자루가 담긴 필통의 무게를 재었더니 842 g이었습니다.
이 필통에서 볼펜 16자루를 꺼내고 다시 무게를 재었더니 410 g이었습니다.
빈 필통의 무게는 몇 g인가요? (단, 볼펜의 무게는 모두 같습니다.)

❶ 볼펜 16자루의 무게는?
　(예) (볼펜 26자루가 담긴 필통의 무게)
　　－(볼펜 16자루를 꺼낸 후의 필통의 무게)
　　＝842－410＝432(g)
❷ 볼펜 26자루의 무게는?
　(예) 볼펜 한 자루의 무게는 432÷16＝27(g)이므로
　　볼펜 26자루의 무게는 27×26＝702(g)입니다.
❸ 빈 필통의 무게는?
　(예) (볼펜 26자루가 담긴 필통의 무게)－(볼펜 26자루의 무게)
　　＝842－702＝140(g)

답 ___140 g___

76쪽
11일
★
77쪽

공부한 날　　월　　일

3. 곱셈과 나눗셈
정답과 해설 18쪽

단원 마무리

1 52쪽 모두 얼마인지 구하기
파란색 단추는 한 상자에 176개씩 25상자 있고, 보라색 단추는 한 상자에
238개씩 19상자 있습니다. 파란색 단추와 보라색 단추는 모두 몇 개인가요?

풀이 (예) (파란색 단추의 수)＝176×25＝4400(개)
　(보라색 단추의 수)＝238×19＝4522(개)
　⇨ (파란색 단추와 보라색 단추의 수의 합)
　　＝4400+4522＝8922(개)

답 ___8922개___

2 54쪽 범위에 알맞은 수 구하기
□ 안에 들어갈 수 있는 자연수 중에서 가장 큰 수를 구해 보세요.

> 34×□<570

풀이 (예) 570÷34＝16…26이므로 □ 안에 들어갈 수 있는
　자연수는 16 또는 16보다 작아야 합니다.
　따라서 □ 안에 들어갈 수 있는 자연수 중에서 가장 큰 수는
　16입니다.

답 ___16___

3 58쪽 적어도 얼마나 필요한지 구하기
튤립 325송이를 모두 꽃병에 꽂으려고 합니다.
꽃병 한 개에 14송이씩 꽂을 수 있다면 꽃병은 적어도 몇 개 필요한가요?

풀이 (예) 325÷14＝23…3이므로 꽃병 한 개에 14송이씩 23개에
　꽂을 수 있고, 남는 튤립은 3송이입니다.
　남는 튤립 3송이도 꽂아야 하므로 꽃병은 적어도
　23+1＝24(개) 필요합니다.

답 ___24개___

4 60쪽 나눗셈 결과를 비교하여 더 많은(적은) 것 구하기
혜미와 민우는 영어 단어를 매일 각자 같은 개수만큼 외웁니다. 혜미는 29일
동안 영어 단어 899개를 외웠고, 민우는 16일 동안 영어 단어 544개를
외웠습니다. 하루에 외운 영어 단어의 수가 더 많은 사람은 누구인가요?

풀이 (예) (혜미가 하루에 외운 영어 단어의 수)＝899÷29＝31(개)
　(민우가 하루에 외운 영어 단어의 수)＝544÷16＝34(개)
　⇨ 31<34이므로 하루에 외운 영어 단어의 수가 더 많은
　사람은 민우입니다.

답 ___민우___

5 64쪽 바르게 계산한 값 구하기
어떤 수를 12로 나누어야 할 것을 잘못하여 곱했더니 576이 되었습니다.
바르게 계산하면 몫은 얼마인가요?

풀이 (예) 어떤 수를 ■라 하면
　■×12＝576 ⇨ 576÷12＝■, ■＝48입니다.
　따라서 바르게 계산하면 몫은 48÷12＝4입니다.

답 ___4___

6 64쪽 바르게 계산한 값 구하기
어떤 수에 34를 곱해야 할 것을 잘못하여 나누었더니 몫이 4, 나머지가 17이
되었습니다. 바르게 계산하면 얼마인가요?

풀이 (예) 어떤 수를 ■라 하면 ■÷34＝4…17입니다.
　34×4＝136, 136+17＝153 ⇨ ■＝153입니다.
　따라서 바르게 계산한 값은 153×34＝5202입니다.

답 ___5202___

7 (66쪽) 수 카드로 나눗셈식 만들기

수 카드 5장을 한 번씩만 사용하여 몫이 가장 큰 (세 자리 수)÷(두 자리 수)를 만들고 계산해 보세요.

[2] [1] [9] [8] [6]

(풀이) (예) 몫이 가장 큰 (세 자리 수)÷(두 자리 수)는 세 자리 수를 가장 크게, 두 자리 수를 가장 작게 하여 만듭니다.
수 카드의 수의 크기를 비교하면 9>8>6>2>1이므로 가장 큰 세 자리 수는 986이고, 가장 작은 두 자리 수는 12입니다.
따라서 몫이 가장 큰 (세 자리 수)÷(두 자리 수)를 만들고 계산하면 986÷12=82…2입니다.

(답) 986 ÷ 12 = 82 … 2

8 (70쪽) 일정한 간격으로 배열한 개수 구하기

길이가 850 m인 도로의 양쪽에 처음부터 끝까지 25 m 간격으로 나무를 심었습니다. 심은 나무는 모두 몇 그루인가요?
(단, 나무의 두께는 생각하지 않습니다.)

(풀이) (예) 도로의 한쪽에 심은 나무 사이의 간격 수는
850÷25=34(군데)입니다.
도로의 한쪽에 심은 나무의 수는 34+1=35(그루)입니다.
따라서 도로의 양쪽에 심은 나무의 수는
35×2=70(그루)입니다.

(답) 70그루

9 (72쪽) 빈 상자의 무게 구하기

밤 27개가 담긴 상자의 무게를 재었더니 1264 g이었습니다.
이 상자에서 밤 14개를 덜어 내고 다시 무게를 재었더니 676 g이었습니다.
빈 상자의 무게는 몇 g인가요? (단, 밤의 무게는 모두 같습니다.)

(풀이) (예) 밤 14개의 무게는 1264−676=588(g)입니다.
밤 한 개의 무게는 588÷14=42(g)이므로
밤 27개의 무게는 42×27=1134(g)입니다.
따라서 빈 상자의 무게는 1264−1134=130(g)입니다.

(답) 130 g

도전! 10 (54쪽) 범위에 알맞은 수 구하기

□ 안에 들어갈 수 있는 자연수 중에서 가장 작은 수를 13으로 나누었을 때의 나머지를 구해 보세요.

29 × □ > 975

❶ 975÷29를 계산하면?
(예) 975÷29=33…18

❷ □ 안에 들어갈 수 있는 자연수 중에서 가장 작은 수는?
(예) □ 안에 들어갈 수 있는 자연수는 33보다 큰 수이고, 그중 가장 작은 수는 34입니다.

❸ 위 ❷에서 구한 수를 13으로 나누었을 때의 나머지는?
(예) 34÷13=2…8이므로 나머지는 8입니다.

내가 지다니…

(답) 8

4. 삼각형

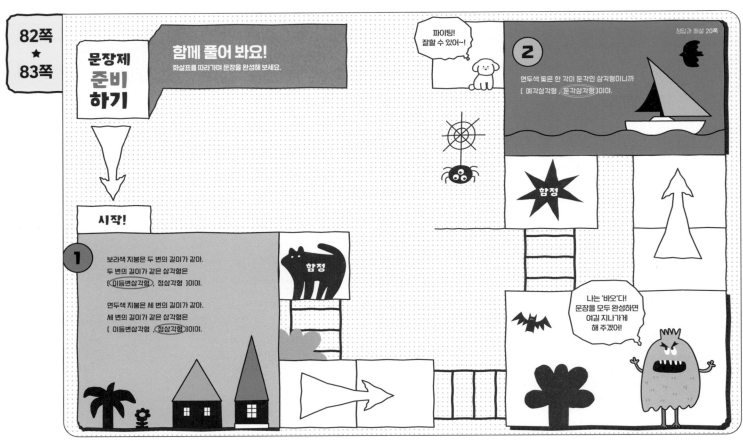

12일 **문장제 연습하기**

★삼각형의 한 변의 길이 구하기

공부한 날   월   일

4. 삼각형

정답과 해설 20쪽

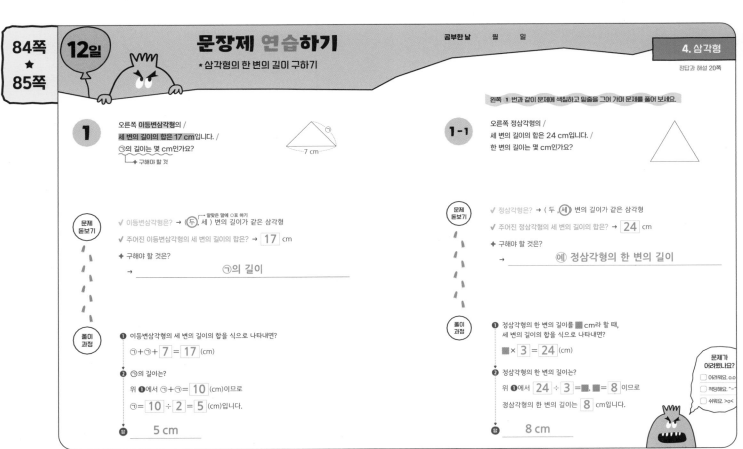

문장제 연습하기

*세 변의 길이의 합이 같은
두 삼각형에서 한 변의 길이 구하기

정답과 해설 21쪽

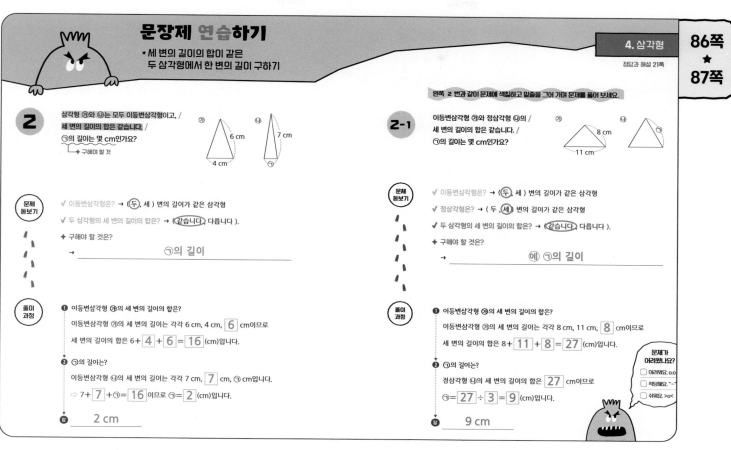

2 삼각형 ㉮와 ㉯는 모두 이등변삼각형이고, /
세 변의 길이의 합은 같습니다. /
㉠의 길이는 몇 cm인가요?
└→ 구해야 할 것

㉮ 6 cm, 4 cm
㉯ 7 cm

문제 돌보기

✓ 이등변삼각형은? → ((두), 세) 변의 길이가 같은 삼각형

✓ 두 삼각형의 세 변의 길이의 합은? → ((같습니다), 다릅니다).

✦ 구해야 할 것은?
→ ㉠의 길이

풀이 과정

❶ 이등변삼각형 ㉮의 세 변의 길이의 합은?
이등변삼각형 ㉮의 세 변의 길이는 각각 6 cm, 4 cm, [6] cm이므로
세 변의 길이의 합은 6+[4]+[6]=[16](cm)입니다.

❷ ㉠의 길이는?
이등변삼각형 ㉯의 세 변의 길이는 각각 7 cm, [7] cm, ㉠입니다.
⇨ 7+[7]+㉠=[16]이므로 ㉠=[2](cm)입니다.

답 ___2 cm___

왼쪽 2 번과 같이 문제에 색칠하고 밑줄을 그어 가며 문제를 풀어 보세요.

2-1 이등변삼각형 ㉮와 정삼각형 ㉯의 /
세 변의 길이의 합은 같습니다. /
㉠의 길이는 몇 cm인가요?

㉮ 8 cm, 11 cm
㉯ ㉠

문제 돌보기

✓ 이등변삼각형은? → ((두), 세) 변의 길이가 같은 삼각형

✓ 정삼각형은? → (두, (세)) 변의 길이가 같은 삼각형

✓ 두 삼각형의 세 변의 길이의 합은? → ((같습니다), 다릅니다).

✦ 구해야 할 것은?
→ (예) ㉠의 길이

풀이 과정

❶ 이등변삼각형 ㉮의 세 변의 길이의 합은?
이등변삼각형 ㉮의 세 변의 길이는 각각 8 cm, 11 cm, [8] cm이므로
세 변의 길이의 합은 8+[11]+[8]=[27](cm)입니다.

❷ ㉠의 길이는?
정삼각형 ㉯의 세 변의 길이의 합은 [27] cm이므로
㉠=[27]÷[3]=[9](cm)입니다.

답 ___9 cm___

문제가 어려웠나요?
☐ 어려요. o.o
☐ 적당요. *-*
☐ 쉬워요. >.<

문장제 실력 쌓기

*삼각형의 한 변의 길이 구하기
*세 변의 길이의 합이 같은 두 삼각형에서
한 변의 길이 구하기

정답과 해설 21쪽

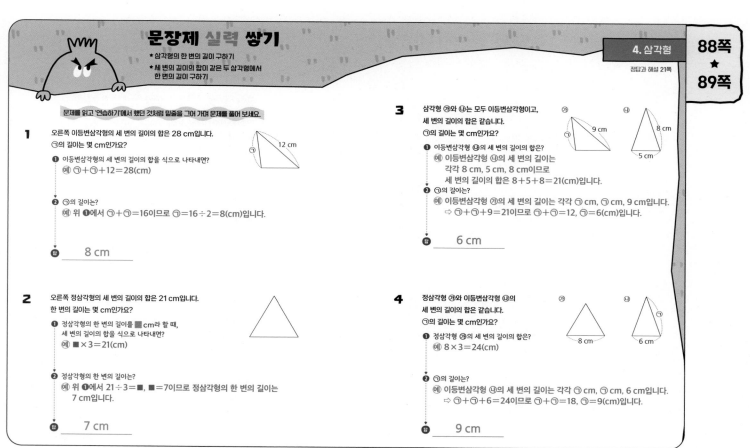

문제를 읽고 '연습하기'에서 했던 것처럼 밑줄을 그어 가며 문제를 풀어 보세요.

1 오른쪽 이등변삼각형의 세 변의 길이의 합은 28 cm입니다.
㉠의 길이는 몇 cm인가요?

㉠ 12 cm

❶ 이등변삼각형의 세 변의 길이의 합을 식으로 나타내면?
(예) ㉠+㉠+12=28(cm)

❷ ㉠의 길이는?
(예) 위 ❶에서 ㉠+㉠=16이므로 ㉠=16÷2=8(cm)입니다.

답 ___8 cm___

2 오른쪽 정삼각형의 세 변의 길이의 합은 21입니다.
한 변의 길이는 몇 cm인가요?

❶ 정삼각형의 한 변의 길이를 ■ cm라 할 때,
세 변의 길이의 합을 식으로 나타내면?
(예) ■×3=21(cm)

❷ 정삼각형의 한 변의 길이는?
(예) 위 ❶에서 21÷3=■, ■=7이므로 정삼각형의 한 변의 길이는
7 cm입니다.

답 ___7 cm___

3 삼각형 ㉮와 ㉯는 모두 이등변삼각형이고,
세 변의 길이의 합은 같습니다.
㉠의 길이는 몇 cm인가요?

㉮ 9 cm
㉯ 8 cm, 5 cm

❶ 이등변삼각형 ㉯의 세 변의 길이의 합은?
(예) 이등변삼각형 ㉯의 세 변의 길이는
각각 8 cm, 5 cm, 8 cm이므로
세 변의 길이의 합은 8+5+8=21(cm)입니다.

❷ ㉠의 길이는?
(예) 이등변삼각형 ㉮의 세 변의 길이는 각각 ㉠ cm, ㉠ cm, 9 cm입니다.
⇨ ㉠+㉠+9=21이므로 ㉠+㉠=12, ㉠=6(cm)입니다.

답 ___6 cm___

4 정삼각형 ㉮와 이등변삼각형 ㉯의
세 변의 길이의 합은 같습니다.
㉠의 길이는 몇 cm인가요?

㉮ 8 cm
㉯ 6 cm, ㉠

❶ 정삼각형 ㉮의 세 변의 길이의 합은?
(예) 8×3=24(cm)

❷ ㉠의 길이는?
(예) 이등변삼각형 ㉯의 세 변의 길이는 각각 ㉠ cm, ㉠ cm, 6 cm입니다.
⇨ ㉠+㉠+6=24이므로 ㉠+㉠=18, ㉠=9(cm)입니다.

답 ___9 cm___

문장제 연습하기

공부한 날   월   일

*이등변삼각형과 정삼각형의 밖에 있는 각도 구하기

정답과 해설 22쪽

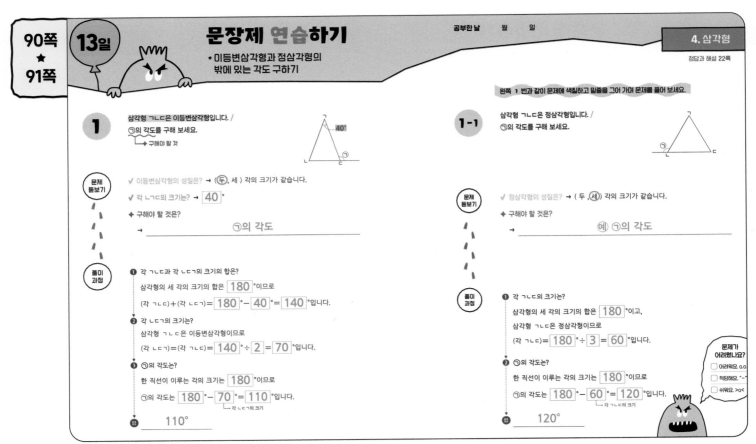

1 삼각형 ㄱㄴㄷ은 이등변삼각형입니다. / ㉠의 각도를 구해 보세요.
→ 구해야 할 것

문제 돌보기

✓ 이등변삼각형의 성질은? → (두 , 세) 각의 크기가 같습니다.

✓ 각 ㄴㄷㄱ의 크기는? → 40 °

✦ 구해야 할 것은?
→ ㉠의 각도

풀이 과정

❶ 각 ㄱㄴㄷ과 각 ㄴㄷㄱ의 크기의 합은?
삼각형의 세 각의 크기의 합은 180 °이므로
(각 ㄱㄴㄷ)+(각 ㄴㄷㄱ)= 180 °− 40 °= 140 °입니다.

❷ 각 ㄴㄷㄱ의 크기는?
삼각형 ㄱㄴㄷ은 이등변삼각형이므로
(각 ㄴㄷㄱ)=(각 ㄱㄴㄷ)= 140 °÷ 2 = 70 °입니다.

❸ ㉠의 각도는?
한 직선이 이루는 각의 크기는 180 °이므로
㉠의 각도는 180 °− 70 °= 110 °입니다.
└ 각 ㄴㄷㄱ의 크기

답   110°

왼쪽 **1** 번과 같이 문제에 색칠하고 밑줄을 그어 가며 문제를 풀어 보세요.

1-1 삼각형 ㄱㄴㄷ은 정삼각형입니다. / ㉠의 각도를 구해 보세요.

문제 돌보기

✓ 정삼각형의 성질은? → (두 , 세) 각의 크기가 같습니다.

✦ 구해야 할 것은?
→ 예 ㉠의 각도

풀이 과정

❶ 각 ㄱㄴㄷ의 크기는?
삼각형의 세 각의 크기의 합은 180 °이고,
삼각형 ㄱㄴㄷ은 정삼각형이므로
(각 ㄱㄴㄷ)= 180 °÷ 3 = 60 °입니다.

❷ ㉠의 각도는?
한 직선이 이루는 각의 크기는 180 °이므로
㉠의 각도는 180 °− 60 °= 120 °입니다.
└ 각 ㄱㄴㄷ의 크기

답   120°

문제가 어려웠나요?
☐ 어려워요. o.o
☐ 적당해요. ^-^
☐ 쉬워요. >o<

문장제 연습하기

*크고 작은 삼각형의 수 구하기

정답과 해설 22쪽

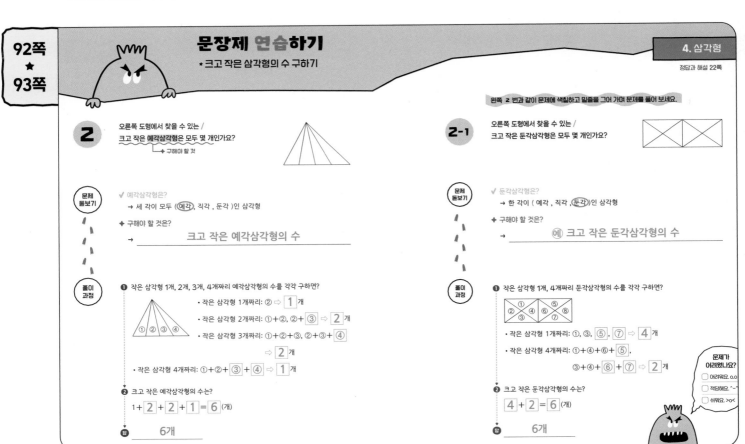

2 오른쪽 도형에서 찾을 수 있는 / 크고 작은 예각삼각형은 모두 몇 개인가요?
→ 구해야 할 것

문제 돌보기

✓ 예각삼각형은?
→ 세 각이 모두 (예각 , 직각 , 둔각)인 삼각형

✦ 구해야 할 것은?
→ 크고 작은 예각삼각형의 수

풀이 과정

❶ 작은 삼각형 1개, 2개, 3개, 4개짜리 예각삼각형의 수를 각각 구하면?

• 작은 삼각형 1개짜리: ②⇨ 1 개
• 작은 삼각형 2개짜리: ①+②, ②+ ③ ⇨ 2 개
• 작은 삼각형 3개짜리: ①+②+③, ②+③+ ④
⇨ 2 개
• 작은 삼각형 4개짜리: ①+②+ ③ + ④ ⇨ 1 개

❷ 크고 작은 예각삼각형의 수는?
1+ 2 + 2 + 1 = 6 (개)

답   6개

왼쪽 **2** 번과 같이 문제에 색칠하고 밑줄을 그어 가며 문제를 풀어 보세요.

2-1 오른쪽 도형에서 찾을 수 있는 / 크고 작은 둔각삼각형은 모두 몇 개인가요?

문제 돌보기

✓ 둔각삼각형은?
→ 한 각이 (예각 , 직각 , 둔각)인 삼각형

✦ 구해야 할 것은?
→ 예 크고 작은 둔각삼각형의 수

풀이 과정

❶ 작은 삼각형 1개, 4개짜리 둔각삼각형의 수를 각각 구하면?

• 작은 삼각형 1개짜리: ①, ③, ⑤ , ⑦ ⇨ 4 개
• 작은 삼각형 4개짜리: ①+④+⑥+ ⑤ ,
③+④+ ⑥ + ⑦ ⇨ 2 개

❷ 크고 작은 둔각삼각형의 수는?
4 + 2 = 6 (개)

답   6개

문제가 어려웠나요?
☐ 어려워요. o.o
☐ 적당해요. ^-^
☐ 쉬워요. >o<

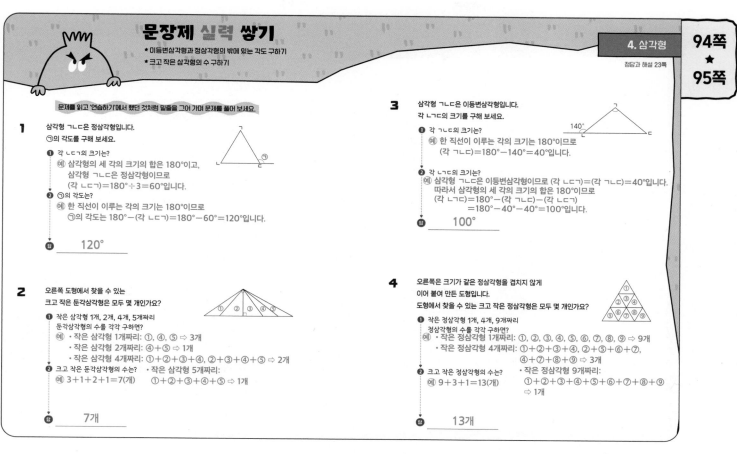

문장제 실력 쌓기

★ 이등변삼각형과 정삼각형의 밖에 있는 각도 구하기
★ 크고 작은 삼각형의 수 구하기

정답과 해설 23쪽

문제를 읽고 '연습하기'에서 했던 것처럼 밑줄을 그어 가며 문제를 풀어 보세요.

1 삼각형 ㄱㄴㄷ은 정삼각형입니다.
㉠의 각도를 구해 보세요.

❶ 각 ㄴㄷㄱ의 크기는?
예 삼각형의 세 각의 크기의 합은 180°이고,
삼각형 ㄱㄴㄷ은 정삼각형이므로
(각 ㄴㄷㄱ)=180°÷3=60°입니다.

❷ ㉠의 각도는?
예 한 직선이 이루는 각의 크기는 180°이므로
㉠의 각도는 180°−(각 ㄴㄷㄱ)=180°−60°=120°입니다.

답 **120°**

2 오른쪽 도형에서 찾을 수 있는
크고 작은 둔각삼각형은 모두 몇 개인가요?

❶ 작은 삼각형 1개, 2개, 4개, 5개짜리
둔각삼각형의 수를 각각 구하면?
예 · 작은 삼각형 1개짜리: ①, ④, ⑤ ⇨ 3개
· 작은 삼각형 2개짜리: ④+⑤ ⇨ 1개
· 작은 삼각형 4개짜리: ①+②+③+④, ②+③+④+⑤ ⇨ 2개
· 작은 삼각형 5개짜리: ①+②+③+④+⑤ ⇨ 1개

❷ 크고 작은 둔각삼각형의 수는?
예 3+1+2+1=7(개)

답 **7개**

3 삼각형 ㄱㄴㄷ은 이등변삼각형입니다.
각 ㄴㄷㄱ의 크기를 구해 보세요.

❶ 각 ㄱㄴㄷ의 크기는?
예 한 직선이 이루는 각의 크기는 180°이므로
(각 ㄱㄴㄷ)=180°−140°=40°입니다.

❷ 각 ㄴㄷㄱ의 크기는?
예 삼각형 ㄱㄴㄷ은 이등변삼각형이므로 (각 ㄴㄷㄱ)=(각 ㄱㄴㄷ)=40°입니다.
따라서 삼각형의 세 각의 크기의 합은 180°이므로
(각 ㄴㄷㄱ)=180°−(각 ㄱㄴㄷ)−(각 ㄴㄷㄱ)
=180°−40°−40°=100°입니다.

답 **100**

4 오른쪽은 크기가 같은 정삼각형을 겹치지 않게
이어 붙여 만든 도형입니다.
도형에서 찾을 수 있는 크고 작은 정삼각형은 모두 몇 개인가요?

❶ 작은 정삼각형 1개, 4개, 9개짜리
정삼각형의 수를 각각 구하면?
예 · 작은 정삼각형 1개짜리: ①, ②, ③, ④, ⑤, ⑥, ⑦, ⑧, ⑨ ⇨ 9개
· 작은 정삼각형 4개짜리: ①+②+③+④, ②+⑤+⑥+⑦, ④+⑦+⑧+⑨ ⇨ 3개
· 작은 정삼각형 9개짜리: ①+②+③+④+⑤+⑥+⑦+⑧+⑨ ⇨ 1개

❷ 크고 작은 정삼각형의 수는?
예 9+3+1=13(개)

답 **13개**

정답과 해설 23쪽

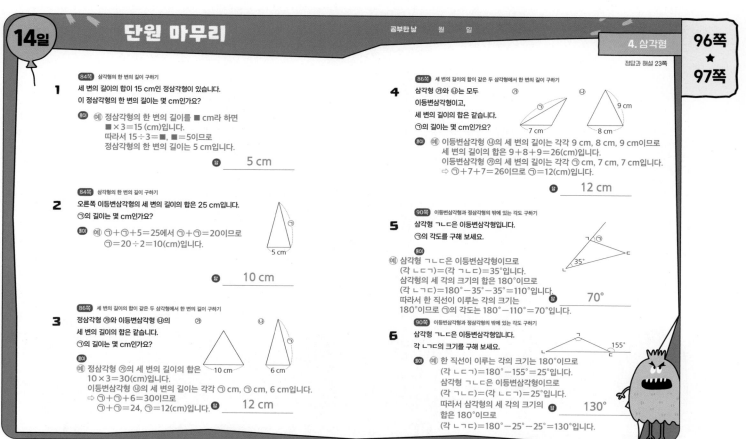

1 84쪽 삼각형의 한 변의 길이 구하기
세 변의 길이의 합이 15 cm인 정삼각형이 있습니다.
이 정삼각형의 한 변의 길이는 몇 cm인가요?

풀이 예 정삼각형의 한 변의 길이를 ■ cm라 하면
■×3=15 (cm)입니다.
따라서 15÷3=■, ■=5이므로
정삼각형의 한 변의 길이는 5 cm입니다.

답 **5 cm**

2 84쪽 삼각형의 한 변의 길이 구하기
오른쪽 이등변삼각형의 세 변의 길이의 합은 25 cm입니다.
㉠의 길이는 몇 cm인가요?

풀이 예 ㉠+㉠+5=25에서 ㉠+㉠=20이므로
㉠=20÷2=10(cm)입니다.

답 **10 cm**

3 86쪽 세 변의 길이의 합이 같은 두 삼각형에서 한 변의 길이 구하기
정삼각형 ㉮와 이등변삼각형 ㉯의
세 변의 길이의 합은 같습니다.
㉠의 길이는 몇 cm인가요?

풀이 예 정삼각형 ㉮의 세 변의 길이의 합은
10×3=30(cm)입니다.
이등변삼각형 ㉯의 세 변의 길이는 각각 ㉠ cm, ㉠ cm, 6 cm입니다.
⇨ ㉠+㉠+6=30이므로
㉠+㉠=24, ㉠=12(cm)입니다.

답 **12 cm**

4 86쪽 세 변의 길이의 합이 같은 두 삼각형에서 한 변의 길이 구하기
삼각형 ㉮와 ㉯는 모두
이등변삼각형이고,
세 변의 길이의 합은 같습니다.
㉠의 길이는 몇 cm인가요?

풀이 예 이등변삼각형 ㉯의 세 변의 길이는 각각 9 cm, 8 cm, 9 cm이므로
세 변의 길이의 합은 9+8+9=26(cm)입니다.
이등변삼각형 ㉮의 세 변의 길이는 각각 ㉠ cm, 7 cm, 7 cm입니다.
⇨ ㉠+7+7=26이므로 ㉠=12(cm)입니다.

답 **12 cm**

5 90쪽 이등변삼각형과 정삼각형의 밖에 있는 각도 구하기
삼각형 ㄱㄴㄷ은 이등변삼각형입니다.
㉠의 각도를 구해 보세요.

예 삼각형 ㄱㄴㄷ은 이등변삼각형이므로
(각 ㄴㄷㄱ)=(각 ㄱㄴㄷ)=35°입니다.
삼각형의 세 각의 크기의 합은 180°이므로
(각 ㄴㄱㄷ)=180°−35°−35°=110°입니다.
따라서 한 직선이 이루는 각의 크기는
180°이므로 ㉠의 각도는 180°−110°=70°입니다.

답 **70°**

6 90쪽 이등변삼각형과 정삼각형의 밖에 있는 각도 구하기
삼각형 ㄱㄴㄷ은 이등변삼각형입니다.
각 ㄴㄷㄱ의 크기를 구해 보세요.

풀이 예 한 직선이 이루는 각의 크기는 180°−155°=25°입니다.
삼각형 ㄱㄴㄷ은 이등변삼각형이므로
(각 ㄱㄴㄷ)=(각 ㄴㄷㄱ)=25°입니다.
따라서 삼각형의 세 각의 크기의
합은 180°이므로
(각 ㄴㄷㄱ)=180°−25°−25°=130°입니다.

답 **130°**

단원 마무리

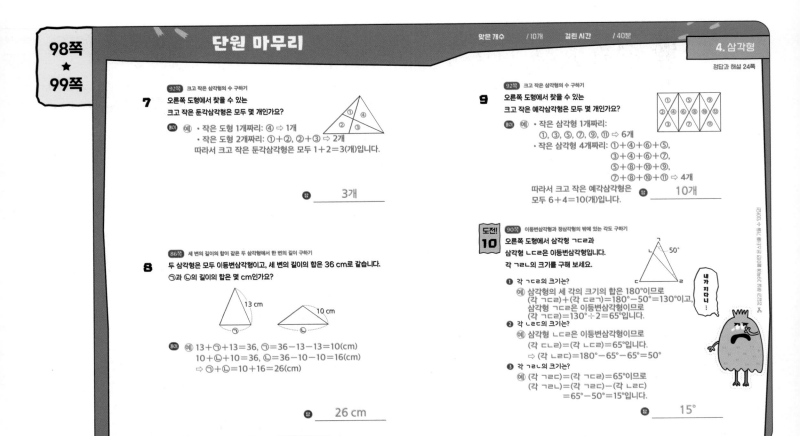

92쪽 크고 작은 삼각형의 수 구하기

7 오른쪽 도형에서 찾을 수 있는
크고 작은 둔각삼각형은 모두 몇 개인가요?

풀이 **예** • 작은 도형 1개짜리: ④ ⇨ 1개
• 작은 도형 2개짜리: ①+②, ②+③ ⇨ 2개
따라서 크고 작은 둔각삼각형은 모두 1+2=3(개)입니다.

답 _____3개_____

86쪽 세 변의 길이의 합이 같은 두 삼각형에서 한 변의 길이 구하기

8 두 삼각형은 모두 이등변삼각형이고, 세 변의 길이의 합은 36 cm로 같습니다.
㉠과 ㉡의 길이의 합은 몇 cm인가요?

13 cm

10 cm

풀이 **예** 13+㉠+13=36, ㉠=36−13−13=10(cm)
10+㉡+10=36, ㉡=36−10−10=16(cm)
⇨ ㉠+㉡=10+16=26(cm)

답 _____26 cm_____

92쪽 크고 작은 삼각형의 수 구하기

9 오른쪽 도형에서 찾을 수 있는
크고 작은 예각삼각형은 모두 몇 개인가요?

풀이 **예** • 작은 삼각형 1개짜리:
①, ③, ⑤, ⑦, ⑨, ⑪ ⇨ 6개
• 작은 삼각형 4개짜리: ①+④+⑥+⑤,
③+④+⑥+⑦,
⑤+⑧+⑩+⑨,
⑦+⑧+⑩+⑪ ⇨ 4개
따라서 크고 작은 예각삼각형은
모두 6+4=10(개)입니다.

답 _____10개_____

도전! **90쪽** 이등변삼각형과 정삼각형의 밖에 있는 각도 구하기

10 오른쪽 도형에서 삼각형 ㄱㄷㄹ과
삼각형 ㄴㄷㄹ은 이등변삼각형입니다.
각 ㄱㄹㄴ의 크기를 구해 보세요.

50°

❶ 각 ㄱㄷㄹ의 크기는?
예 삼각형의 세 각의 크기의 합은 180°이므로
(각 ㄱㄷㄹ)+(각 ㄷㄹㄱ)=180°−50°=130°이고,
삼각형 ㄱㄷㄹ은 이등변삼각형이므로
(각 ㄱㄷㄹ)=130°÷2=65°입니다.
❷ 각 ㄴㄷㄹ의 크기는?
예 삼각형 ㄴㄷㄹ은 이등변삼각형이므로
(각 ㄷㄹㄴ)=(각 ㄴㄷㄹ)=65°.
⇨ (각 ㄴㄷㄹ)=180°−65°−65°=50°
❸ 각 ㄱㄹㄴ의 크기는?
예 (각 ㄱㄹㄷ)=(각 ㄱㄷㄹ)=65°이므로
(각 ㄱㄹㄴ)=(각 ㄱㄹㄷ)−(각 ㄴㄹㄷ)
=65°−50°=15°입니다.

답 _____15°_____

내가 지다니…

5. 막대그래프

102쪽 ★ 103쪽

문장제 **준비하기**

함께 풀어 봐요!
화살표를 따라가며 문장을 완성해 보세요.

시작!

나는 '햄'이다!
벌써 여기까지 왔군.
여기 있는 문장도
완성해 보시지!

함정

조금만
더 힘내자!

정답과 해설 25쪽

① 종류별 책의 수를 표로 나타내면 다음과 같아.

종류별 책의 수

종류	위인전	과학책	만화책	합계
책의 수(권)	5	3	7	15

표를 막대그래프로 나타내면?

종류별 책의 수

가장 많은 책은 **만화책** 이야.

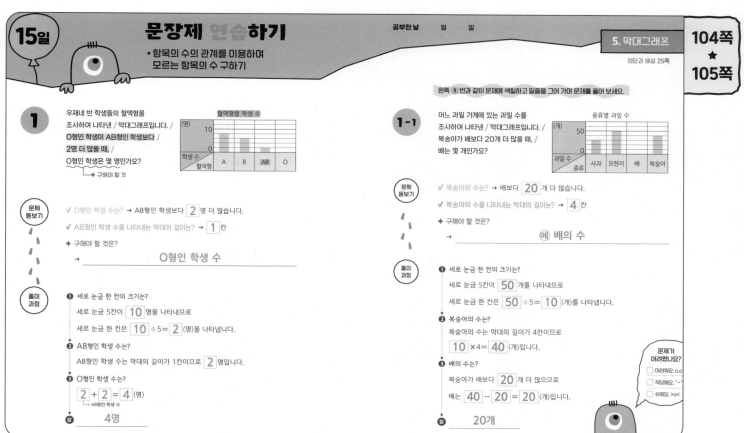

15일

문장제 연습하기
* 항목의 수의 관계를 이용하여
  모르는 항목의 수 구하기

공부한 날   월   일

5. 막대그래프 / 104쪽 ★ 105쪽

정답과 해설 25쪽

왼쪽 **1** 번과 같이 문제에 색칠하고 밑줄을 그어 가며 문제를 풀어 보세요.

① 우재네 반 학생들의 혈액형을
조사하여 나타낸 / 막대그래프입니다. /
O형인 학생이 AB형인 학생보다 /
2명 더 많을 때, /
O형인 학생은 몇 명인가요?
└→ 구해야 할 것

혈액형별 학생 수

문제 돋보기

✔ O형인 학생 수는? → AB형인 학생보다 **2** 명 더 많습니다.

✔ AB형인 학생 수를 나타내는 막대의 길이는? → **1** 칸

✚ 구해야 할 것은?
→ _____O형인 학생 수_____

풀이 과정

❶ 세로 눈금 한 칸의 크기는?
세로 눈금 5칸이 **10** 명을 나타내므로
세로 눈금 한 칸은 **10** ÷5= **2** (명)을 나타냅니다.

❷ AB형인 학생 수는?
AB형인 학생 수는 막대의 길이가 1칸이므로 **2** 명입니다.

❸ O형인 학생 수는?
2 + **2** = **4** (명)
└→ AB형인 학생 수

답 _____4명_____

1-1 어느 과일 가게에 있는 과일 수를
조사하여 나타낸 / 막대그래프입니다. /
복숭아가 배보다 20개 더 많을 때, /
배는 몇 개인가요?

종류별 과일 수

문제 돋보기

✔ 복숭아의 수는? → 배보다 **20** 개 더 많습니다.

✔ 복숭아의 수를 나타내는 막대의 길이는? → **4** 칸

✚ 구해야 할 것은?
→ _____(예) 배의 수_____

풀이 과정

❶ 세로 눈금 한 칸의 크기는?
세로 눈금 5칸이 **50** 개를 나타내므로
세로 눈금 한 칸은 **50** ÷5= **10** (개)를 나타냅니다.

❷ 복숭아의 수는?
복숭아의 수는 막대의 길이가 4칸이므로
10 × 4= **40** (개)입니다.

❸ 배의 수는?
복숭아가 배보다 **20** 개 더 많으므로
배는 **40** - **20** = **20** (개)입니다.

답 _____20개_____

문제가 어려웠나요?
☐ 어려워요. o.o
☐ 적당해요. ˆ-ˆ
☐ 쉬워요. >o<

문장제 연습하기

★ 눈금의 크기를 구하여
항목의 수 구하기

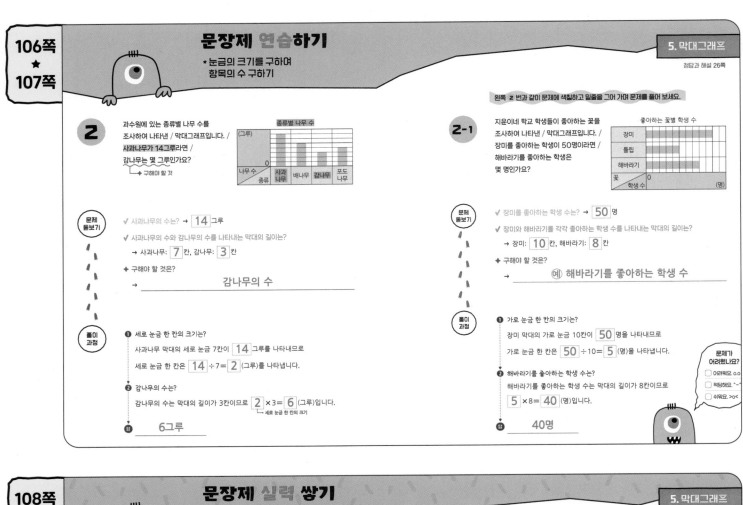

2 과수원에 있는 종류별 나무 수를
조사하여 나타낸 / 막대그래프입니다. /
사과나무가 14그루라면 /
감나무는 몇 그루인가요?
→ 구해야 할 것

문제 돌보기

✓ 사과나무의 수는? → [14] 그루

✓ 사과나무의 수와 감나무의 수를 나타내는 막대의 길이는?
→ 사과나무: [7] 칸, 감나무: [3] 칸

✦ 구해야 할 것은?
→ 감나무의 수

풀이 과정

❶ 세로 눈금 한 칸의 크기는?
사과나무 막대의 세로 눈금 7칸이 [14] 그루를 나타내므로
세로 눈금 한 칸은 [14] ÷7= [2] (그루)를 나타냅니다.

❷ 감나무의 수는?
감나무의 수는 막대의 길이가 3칸이므로 [2] ×3= [6] (그루)입니다.
→ 세로 눈금 한 칸의 크기

답 6그루

왼쪽 **2** 번과 같이 문제에 색칠하고 밑줄을 그어 가며 문제를 풀어 보세요.

2-1 지윤이네 학교 학생들이 좋아하는 꽃을
조사하여 나타낸 / 막대그래프입니다. /
장미를 좋아하는 학생이 50명이라면 /
해바라기를 좋아하는 학생은
몇 명인가요?

문제 돌보기

✓ 장미를 좋아하는 학생 수는? → [50] 명

✓ 장미와 해바라기를 각각 좋아하는 학생 수를 나타내는 막대의 길이는?
→ 장미: [10] 칸, 해바라기: [8] 칸

✦ 구해야 할 것은?
→ 예) 해바라기를 좋아하는 학생 수

풀이 과정

❶ 가로 눈금 한 칸의 크기는?
장미 막대의 가로 눈금 10칸이 [50] 명을 나타내므로
가로 눈금 한 칸은 [50] ÷10= [5] (명)을 나타냅니다.

❷ 해바라기를 좋아하는 학생 수는?
해바라기를 좋아하는 학생 수는 막대의 길이가 8칸이므로
[5] ×8= [40] (명)입니다.

답 40명

문제가 어려웠나요?
☐ 어려워요. o.o
☐ 적당해요. ˇˉˇ
☐ 쉬워요. >o<

문장제 실력 쌓기

★ 항목의 수의 관계를 이용하여 모르는 항목의 수 구하기
★ 눈금의 크기를 구하여 항목의 수 구하기

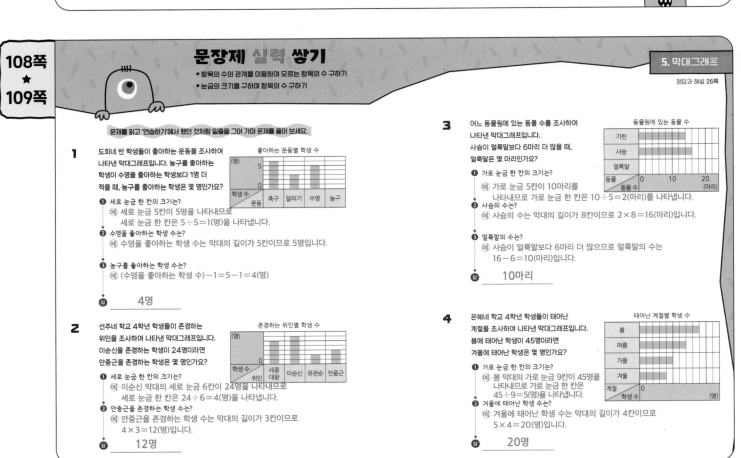

문제를 읽고 '연습하기'에서 했던 것처럼 밑줄을 그어 가며 문제를 풀어 보세요.

1 도희네 반 학생들이 좋아하는 운동을 조사하여
나타낸 막대그래프입니다. 농구를 좋아하는
학생이 수영을 좋아하는 학생보다 1명 더
적을 때, 농구를 좋아하는 학생은 몇 명인가요?

❶ 세로 눈금 한 칸의 크기는?
예) 세로 눈금 5칸이 5명을 나타내므로
세로 눈금 한 칸은 5÷5=1(명)을 나타냅니다.

❷ 수영을 좋아하는 학생 수는?
예) 수영을 좋아하는 학생 수는 막대의 길이가 5칸이므로 5명입니다.

❸ 농구를 좋아하는 학생 수는?
예) (수영을 좋아하는 학생 수)−1=5−1=4(명)

답 4명

2 선주네 학교 4학년 학생들이 존경하는
위인을 조사하여 나타낸 막대그래프입니다.
이순신을 존경하는 학생이 24명이라면
안중근을 존경하는 학생은 몇 명인가요?

❶ 세로 눈금 한 칸의 크기는?
예) 이순신 막대의 세로 눈금 6칸이 24명을 나타내므로
세로 눈금 한 칸은 24÷6=4(명)을 나타냅니다.

❷ 안중근을 존경하는 학생 수는?
예) 안중근을 존경하는 학생 수는 막대의 길이가 3칸이므로
4×3=12(명)입니다.

답 12명

3 어느 동물원에 있는 동물 수를 조사하여
나타낸 막대그래프입니다.
사슴이 얼룩말보다 6마리 더 많을 때,
얼룩말은 몇 마리인가요?

❶ 가로 눈금 한 칸의 크기는?
예) 가로 눈금 5칸이 10마리를
나타내므로 가로 눈금 한 칸은 10÷5=2(마리)를
나타냅니다.

❷ 사슴의 수는?
예) 사슴의 수는 막대의 길이가 8칸이므로 2×8=16(마리)입니다.

❸ 얼룩말의 수는?
예) 사슴이 얼룩말보다 6마리 더 많으므로 얼룩말의 수는
16−6=10(마리)입니다.

답 10마리

4 은혜네 학교 4학년 학생들이 태어난
계절을 조사하여 나타낸 막대그래프입니다.
봄에 태어난 학생이 45명이라면
겨울에 태어난 학생은 몇 명인가요?

❶ 가로 눈금 한 칸의 크기는?
예) 봄 막대의 가로 눈금 9칸이 45명을
나타내므로 가로 눈금 한 칸은
45÷9=5(명)을 나타냅니다.

❷ 겨울에 태어난 학생 수는?
예) 겨울에 태어난 학생 수는 막대의 길이가 4칸이므로
5×4=20(명)입니다.

답 20명

문장제 연습하기

16일

*막대그래프의 일부를 보고 모르는 항목의 수 구하기

공부한 날   월   일

5. 막대그래프
정답과 해설 27쪽

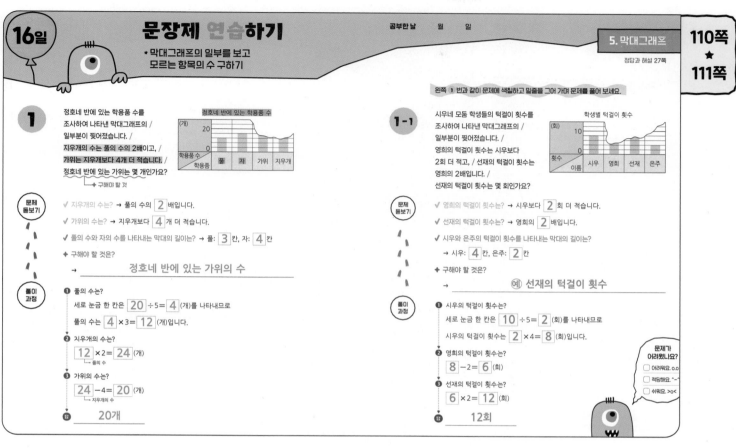

1 정호네 반에 있는 학용품 수를 조사하여 나타낸 막대그래프의 / 일부분이 찢어졌습니다. / 지우개의 수는 풀의 수의 2배이고, / 가위는 지우개보다 4개 더 적습니다. / 정호네 반에 있는 가위는 몇 개인가요?

문제 돌보기
✓ 지우개의 수는? → 풀의 수의 2 배입니다.
✓ 가위의 수는? → 지우개보다 4 개 더 적습니다.
✓ 풀의 수와 자의 수를 나타내는 막대의 길이는? → 풀: 3 칸, 자: 4 칸
✦ 구해야 할 것은?
→ 정호네 반에 있는 가위의 수

풀이 과정
❶ 풀의 수는?
세로 눈금 한 칸은 20 ÷5= 4 (개)를 나타내므로
풀의 수는 4 ×3= 12 (개)입니다.
❷ 지우개의 수는?
12 ×2= 24 (개)
❸ 가위의 수는?
24 - 4 = 20 (개)
답 20개

왼쪽 **1** 번과 같이 문제에 색칠하고 밑줄을 그어 가며 문제를 풀어 보세요.

1-1 시우네 모둠 학생들의 턱걸이 횟수를 조사하여 나타낸 막대그래프의 / 일부분이 찢어졌습니다. / 영희의 턱걸이 횟수는 시우보다 2회 더 적고, / 선재의 턱걸이 횟수는 영희의 2배입니다. / 선재의 턱걸이 횟수는 몇 회인가요?

문제 돌보기
✓ 영희의 턱걸이 횟수는? → 시우보다 2 회 더 적습니다.
✓ 선재의 턱걸이 횟수는? → 영희의 2 배입니다.
✓ 시우와 은주의 턱걸이 횟수를 나타내는 막대의 길이는?
→ 시우: 4 칸, 은주: 2 칸
✦ 구해야 할 것은?
→ 예 선재의 턱걸이 횟수

풀이 과정
❶ 시우의 턱걸이 횟수는?
세로 눈금 한 칸은 10 ÷5= 2 (회)를 나타내므로
시우의 턱걸이 횟수는 2 ×4= 8 (회)입니다.
❷ 영희의 턱걸이 횟수는?
8 -2= 6 (회)
❸ 선재의 턱걸이 횟수는?
6 ×2= 12 (회)
답 12회

문제가 어려웠나요?
☐ 어려워요. o.o
☐ 적당해요. ^-^
☐ 쉬워요. >o<

문장제 연습하기

*두 막대그래프 비교하기

5. 막대그래프
정답과 해설 27쪽

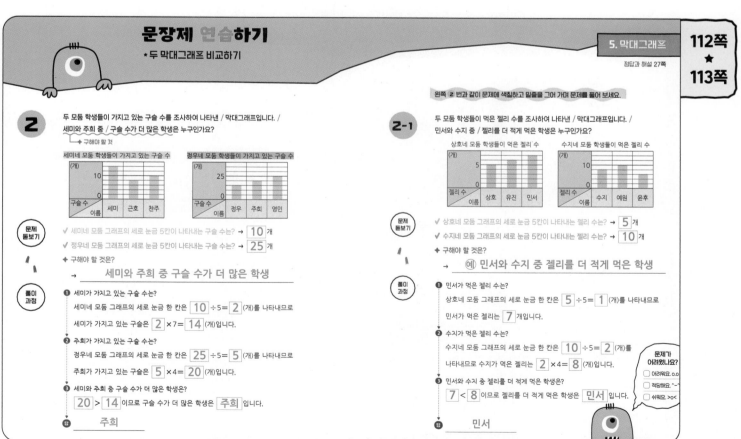

2 두 모둠 학생들이 가지고 있는 구슬 수를 조사하여 나타낸 / 막대그래프입니다. / 세미와 주희 중 / 구슬 수가 더 많은 학생은 누구인가요?

문제 돌보기
✓ 세미네 모둠 그래프의 세로 눈금 5칸이 나타내는 구슬 수는? → 10 개
✓ 정우네 모둠 그래프의 세로 눈금 5칸이 나타내는 구슬 수는? → 25 개
✦ 구해야 할 것은?
→ 세미와 주희 중 구슬 수가 더 많은 학생

풀이 과정
❶ 세미가 가지고 있는 구슬 수는?
세미네 모둠 그래프의 세로 눈금 한 칸은 10 ÷5= 2 (개)를 나타내므로
세미가 가지고 있는 구슬은 2 ×7= 14 (개)입니다.
❷ 주희가 가지고 있는 구슬 수는?
정우네 모둠 그래프의 세로 눈금 한 칸은 25 ÷5= 5 (개)를 나타내므로
주희가 가지고 있는 구슬은 5 ×4= 20 (개)입니다.
❸ 세미와 주희 중 구슬 수가 더 많은 학생은?
20 > 14 이므로 구슬 수가 더 많은 학생은 주희 입니다.
답 주희

왼쪽 **2** 번과 같이 문제에 색칠하고 밑줄을 그어 가며 문제를 풀어 보세요.

2-1 두 모둠 학생들이 먹은 젤리 수를 조사하여 나타낸 / 막대그래프입니다. / 민서와 수지 중 / 젤리를 더 적게 먹은 학생은 누구인가요?

문제 돌보기
✓ 상호네 모둠 그래프의 세로 눈금 5칸이 나타내는 젤리 수는? → 5 개
✓ 수지네 모둠 그래프의 세로 눈금 5칸이 나타내는 젤리 수는? → 10 개
✦ 구해야 할 것은?
→ 예 민서와 수지 중 젤리를 더 적게 먹은 학생

풀이 과정
❶ 민서가 먹은 젤리 수는?
상호네 모둠 그래프의 세로 눈금 한 칸은 5 ÷5= 1 (개)를 나타내므로
민서가 먹은 젤리는 7 개입니다.
❷ 수지가 먹은 젤리 수는?
수지네 모둠 그래프의 세로 눈금 한 칸은 10 ÷5= 2 (개)를 나타내므로 수지가 먹은 젤리는 2 ×4= 8 (개)입니다.
❸ 민서와 수지 중 젤리를 더 적게 먹은 학생은?
7 < 8 이므로 젤리를 더 적게 먹은 학생은 민서 입니다.
답 민서

문제가 어려웠나요?
☐ 어려워요. o.o
☐ 적당해요. ^-^
☐ 쉬워요. >o<

문장제 실력 쌓기

★ 막대그래프의 일부를 보고 모르는 항목의 수 구하기
★ 두 막대그래프 비교하기

문제를 읽고 '연습하기'에서 했던 것처럼 밑줄을 그어 가며 문제를 풀어 보세요.

1 은진이네 반 학생들이 좋아하는 분식을 남학생과 여학생으로 나누어 조사하여 나타낸 막대그래프입니다. 은진이네 반에서 가장 많은 학생들이 좋아하는 분식은 무엇인가요?

분식별 좋아하는 남학생 수

분식별 좋아하는 여학생 수

❶ 은진이네 반에서 김밥을 좋아하는 학생 수는?
예) 두 그래프의 세로 눈금 한 칸은 5÷5=1(명)을 나타내므로 김밥을 좋아하는 남학생은 5명, 여학생은 3명입니다.
⇨ (김밥을 좋아하는 학생 수)=5+3=8(명)

❷ 은진이네 반에서 떡볶이를 좋아하는 학생 수는?
예) 떡볶이를 좋아하는 남학생은 4명, 여학생은 6명입니다.
⇨ (떡볶이를 좋아하는 학생 수)=4+6=10(명)

❸ 은진이네 반에서 라면을 좋아하는 학생 수는?
예) 라면을 좋아하는 남학생은 3명, 여학생은 2명입니다.
⇨ (라면을 좋아하는 학생 수)=3+2=5(명)

❹ 은진이네 반에서 가장 많은 학생들이 좋아하는 분식은?
예) 위 ❶, ❷, ❸에서 10>8>5이므로 은진이네 반에서 가장 많은 학생들이 좋아하는 분식은 떡볶이입니다.

답 ___떡볶이___

2 어느 체육관에 있는 공의 수를 조사하여 나타낸 막대그래프의 일부분이 찢어졌습니다. 농구공은 축구공보다 4개 더 적고, 야구공 수는 농구공 수의 2배입니다. 체육관에 있는 야구공은 몇 개인가요?

체육관에 있는 공의 수

❶ 축구공의 수는?
예) 세로 눈금 한 칸은 20÷5=4(개)를 나타내므로 축구공은 4×4=16(개)입니다.
❷ 농구공의 수는?
예) (축구공의 수)−4=16−4=12(개)
❸ 야구공의 수는?
예) (농구공의 수)×2=12×2=24(개)

답 ___24개___

3 유미네 반 학급문고에 있는 책의 수를 조사하여 나타낸 막대그래프의 일부분이 찢어졌습니다. 동화책 수는 과학책 수의 2배이고, 위인전은 동화책보다 5권 더 많습니다. 학급문고에 있는 위인전은 몇 권인가요?

학급문고에 있는 책의 수

❶ 과학책의 수는?
예) 세로 눈금 한 칸은 25÷5=5(권)을 나타내므로 과학책은 5×3=15(권)입니다.
❷ 동화책의 수는?
예) (과학책의 수)×2=15×2=30(권)
❸ 위인전의 수는?
예) (동화책의 수)+5=30+5=35(권)

답 ___35권___

17일

단원 마무리

공부한 날   월   일

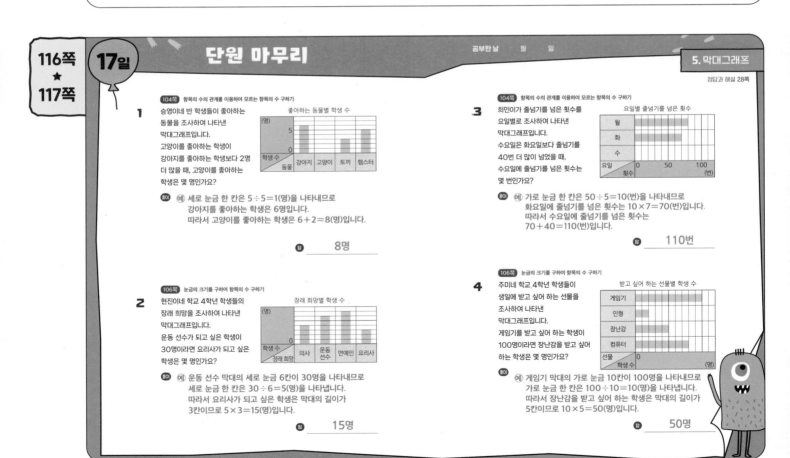

104쪽 항목의 수의 관계를 이용하여 모르는 항목의 수 구하기

1 승영이네 반 학생들이 좋아하는 동물을 조사하여 나타낸 막대그래프입니다. 고양이를 좋아하는 학생이 강아지를 좋아하는 학생보다 2명 더 많을 때, 고양이를 좋아하는 학생은 몇 명인가요?

좋아하는 동물별 학생 수

풀이 예) 세로 눈금 한 칸은 5÷5=1(명)을 나타내므로 강아지를 좋아하는 학생은 6명입니다. 따라서 고양이를 좋아하는 학생은 6+2=8(명)입니다.

답 ___8명___

106쪽 눈금의 크기를 구하여 항목의 수 구하기

2 현진이네 학교 4학년 학생들의 장래 희망을 조사하여 나타낸 막대그래프입니다. 운동 선수가 되고 싶은 학생이 30명이라면 요리사가 되고 싶은 학생은 몇 명인가요?

장래 희망별 학생 수

풀이 예) 운동 선수 막대의 세로 눈금 6칸이 30명을 나타내므로 세로 눈금 한 칸은 30÷6=5(명)을 나타냅니다. 따라서 요리사가 되고 싶은 학생은 막대의 길이가 3칸이므로 5×3=15(명)입니다.

답 ___15명___

104쪽 항목의 수의 관계를 이용하여 모르는 항목의 수 구하기

3 희민이가 줄넘기를 넘은 횟수를 요일별로 조사하여 나타낸 막대그래프입니다. 수요일은 화요일보다 줄넘기를 40번 더 많이 넘었을 때, 수요일에 줄넘기를 넘은 횟수는 몇 번인가요?

요일별 줄넘기를 넘은 횟수

풀이 예) 가로 눈금 한 칸은 50÷5=10(번)을 나타내므로 화요일에 줄넘기를 넘은 횟수는 10×7=70(번)입니다. 따라서 수요일에 줄넘기를 넘은 횟수는 70+40=110(번)입니다.

답 ___110번___

106쪽 눈금의 크기를 구하여 항목의 수 구하기

4 주미네 학교 4학년 학생들이 생일에 받고 싶어 하는 선물을 조사하여 나타낸 막대그래프입니다. 게임기를 받고 싶어 하는 학생이 100명이라면 장난감을 받고 싶어 하는 학생은 몇 명인가요?

받고 싶어 하는 선물별 학생 수

풀이 예) 게임기 막대의 가로 눈금 10칸이 100명을 나타내므로 가로 눈금 한 칸은 100÷10=10(명)을 나타냅니다. 따라서 장난감을 받고 싶어 하는 학생은 막대의 길이가 5칸이므로 10×5=50(명)입니다.

답 ___50명___

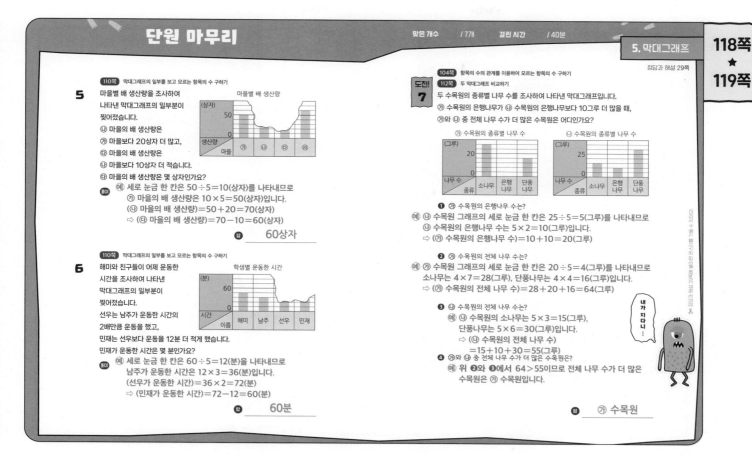

110쪽 막대그래프의 일부를 보고 모르는 항목의 수 구하기

5 마을별 배 생산량을 조사하여 나타낸 막대그래프의 일부분이 찢어졌습니다.
④ 마을의 배 생산량은
㉮ 마을보다 20상자 더 많고,
④ 마을의 배 생산량은
④ 마을보다 10상자 더 적습니다.
④ 마을의 배 생산량은 몇 상자인가요?

풀이 예 세로 눈금 한 칸은 50÷5=10(상자)를 나타내므로
㉮ 마을의 배 생산량은 10×5=50(상자)입니다.
(④ 마을의 배 생산량)=50+20=70(상자)
⇨ (④ 마을의 배 생산량)=70−10=60(상자)

답   60상자

110쪽 막대그래프의 일부를 보고 모르는 항목의 수 구하기

6 해미와 친구들이 어제 운동한 시간을 조사하여 나타낸 막대그래프의 일부분이 찢어졌습니다.
선우는 남주가 운동한 시간의 2배만큼 운동을 했고,
민재는 선우보다 운동을 12분 더 적게 했습니다.
민재가 운동한 시간은 몇 분인가요?

풀이 예 세로 눈금 한 칸은 60÷5=12(분)을 나타내므로
남주가 운동한 시간은 12×3=36(분)입니다.
(선우가 운동한 시간)=36×2=72(분)
⇨ (민재가 운동한 시간)=72−12=60(분)

답   60분

104쪽 항목의 수의 관계를 이용하여 모르는 항목의 수 구하기

도전! 7 112쪽 두 막대그래프 비교하기

두 수목원의 종류별 나무 수를 조사하여 나타낸 막대그래프입니다.
㉮ 수목원의 은행나무가 ④ 수목원의 은행나무보다 10그루 더 많을 때,
㉮와 ④ 중 전체 나무 수가 더 많은 수목원은 어디인가요?

❶ ④ 수목원의 은행나무 수는?
예 ④ 수목원 그래프의 세로 눈금 한 칸은 25÷5=5(그루)를 나타내므로
④ 수목원의 은행나무 수는 5×2=10(그루)입니다.
⇨ ㉮ 수목원의 은행나무 수)=10+10=20(그루)

❷ ㉮ 수목원의 전체 나무 수는?
예 ㉮ 수목원 그래프의 세로 눈금 한 칸은 20÷5=4(그루)를 나타내므로
소나무는 4×7=28(그루), 단풍나무는 4×4=16(그루)입니다.
⇨ ㉮ 수목원의 전체 나무 수)=28+20+16=64(그루)

❸ ④ 수목원의 전체 나무 수는?
예 ④ 수목원의 소나무는 5×3=15(그루),
단풍나무는 5×6=30(그루)입니다.
⇨ (④ 수목원의 전체 나무 수)
=15+10+30=55(그루)

❹ ㉮와 ④ 중 전체 나무 수가 더 많은 수목원은?
예 위 ❷와 ❸에서 64>55이므로 전체 나무 수가 더 많은
수목원은 ㉮ 수목원입니다.

내가 지다니…

답   ㉮ 수목원

6. 관계와 규칙

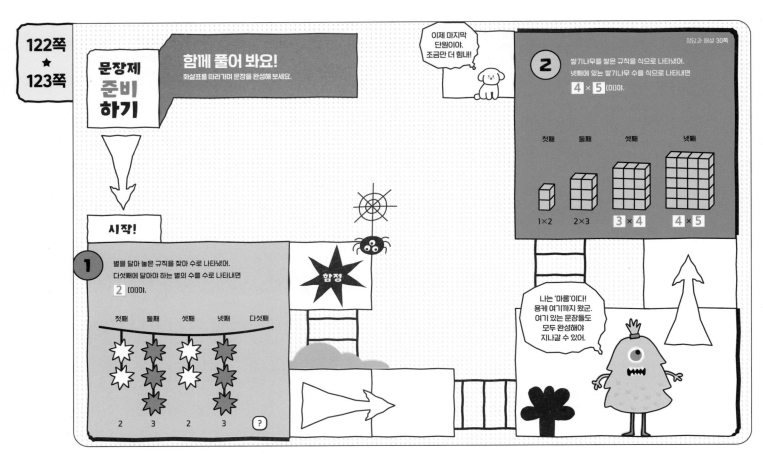

문장제 준비하기

함께 풀어 봐요!
화살표를 따라가며 문장을 완성해 보세요.

이제 마지막 단원이야. 조금만 더 힘내!

시작!

① 별을 달아 놓은 규칙을 찾아 수로 나타냈어.
다섯째에 달아야 하는 별의 수를 수로 나타내면 2 (이)야.

| 첫째 | 둘째 | 셋째 | 넷째 | 다섯째 |
| 2 | 3 | 2 | 3 | ? |

함정

② 쌓기나무를 쌓은 규칙을 식으로 나타냈어.
넷째에 있는 쌓기나무 수를 식으로 나타내면 4 × 5 (이)야.

| 첫째 | 둘째 | 셋째 | 넷째 |
| 1×2 | 2×3 | 3×4 | 4×5 |

나는 '마롱'이다! 용케 여기까지 왔군. 여기 있는 문장들도 모두 완성해야 지나갈 수 있어.

18일

문장제 연습하기
*늘어놓은 수에서 규칙 찾기

공부한 날   월   일

정답과 해설 30쪽

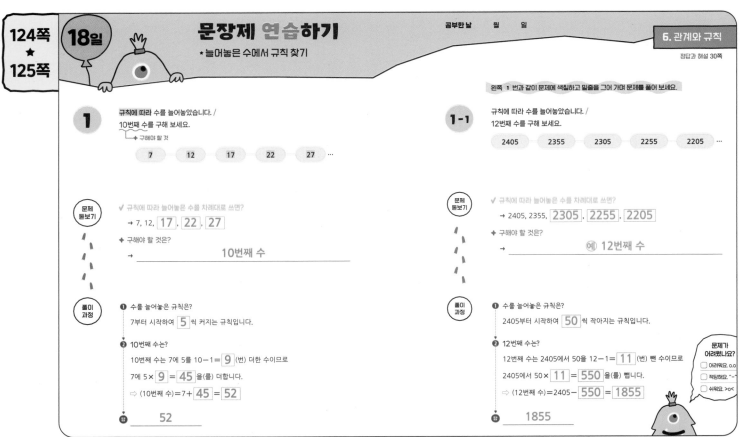

왼쪽 **1**번과 같이 문제에 색칠하고 밑줄을 그어 가며 문제를 풀어 보세요.

1 규칙에 따라 수를 늘어놓았습니다. /
10번째 수를 구해 보세요.
┗ 구해야 할 것

7   12   17   22   27   …

문제 돌보기
✓ 규칙에 따라 늘어놓은 수를 차례대로 쓰면?
→ 7, 12, 17 , 22 , 27

✦ 구해야 할 것은?
→ _____10번째 수_____

풀이 과정
① 수를 늘어놓은 규칙은?
7부터 시작하여 5 씩 커지는 규칙입니다.

② 10번째 수는?
10번째 수는 7에 5를 10−1= 9 (번) 더한 수이므로
7에 5× 9 = 45 을(를) 더합니다.
⇒ (10번째 수)=7+ 45 = 52

답 _____52_____

1-1 규칙에 따라 수를 늘어놓았습니다. /
12번째 수를 구해 보세요.

2405   2355   2305   2255   2205   …

문제 돌보기
✓ 규칙에 따라 늘어놓은 수를 차례대로 쓰면?
→ 2405, 2355, 2305 , 2255 , 2205

✦ 구해야 할 것은?
→ (예) 12번째 수

풀이 과정
① 수를 늘어놓은 규칙은?
2405부터 시작하여 50 씩 작아지는 규칙입니다.

② 12번째 수는?
12번째 수는 2405에서 50을 12−1= 11 (번) 뺀 수이므로
2405에서 50× 11 = 550 을(를) 뺍니다.
⇒ (12번째 수)=2405− 550 = 1855

답 _____1855_____

문제가 어려웠나요?
□ 어려워요. o.o
□ 적당해요. ^-^
□ 쉬워요. >o<

문장제 연습하기
* 결괏값에 맞는 계산식 구하기

정답과 해설 31쪽

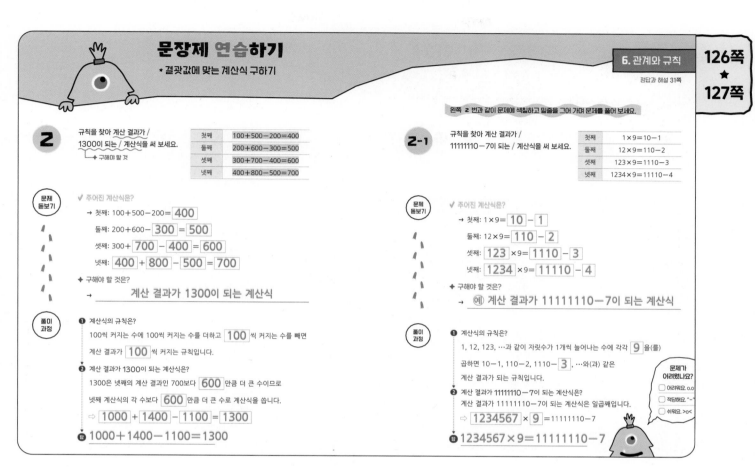

2 규칙을 찾아 계산 결과가 / 1300이 되는 / 계산식을 써 보세요.
→ 구해야 할 것

첫째	100+500−200=400
둘째	200+600−300=500
셋째	300+700−400=600
넷째	400+800−500=700

문제 돋보기

✓ 주어진 계산식은?
→ 첫째: 100+500−200= 400
둘째: 200+600− 300 = 500
셋째: 300+ 700 − 400 = 600
넷째: 400 + 800 − 500 = 700

◆ 구해야 할 것은?
→ 계산 결과가 1300이 되는 계산식

풀이 과정

❶ 계산식의 규칙은?
100씩 커지는 수에 100씩 커지는 수를 더하고 100 씩 커지는 수를 빼면
계산 결과가 100 씩 커지는 규칙입니다.

❷ 계산 결과가 1300이 되는 계산식은?
1300은 넷째의 계산 결과인 700보다 600 만큼 더 큰 수이므로
넷째 계산식의 각 수보다 600 만큼 더 큰 수로 계산식을 씁니다.
⇨ 1000 + 1400 − 1100 = 1300

🔑 1000+1400−1100=1300

왼쪽 **2**번과 같이 문제에 색칠하고 밑줄을 그어 가며 문제를 풀어 보세요.

2-1 규칙을 찾아 계산 결과가 / 11111110−7이 되는 / 계산식을 써 보세요.

첫째	1×9=10−1
둘째	12×9=110−2
셋째	123×9=1110−3
넷째	1234×9=11110−4

문제 돋보기

✓ 주어진 계산식은?
→ 첫째: 1×9= 10 − 1
둘째: 12×9= 110 − 2
셋째: 123 ×9= 1110 − 3
넷째: 1234 ×9= 11110 − 4

◆ 구해야 할 것은?
→ ㉎ 계산 결과가 11111110−7이 되는 계산식

풀이 과정

❶ 계산식의 규칙은?
1, 12, 123, …과 같이 자릿수가 1개씩 늘어나는 수에 각각 9 을(를)
곱하면 10−1, 110−2, 1110− 3 , …와(과) 같은
계산 결과가 되는 규칙입니다.

문제가 어려웠나요?
- ☐ 어려워요 o.O
- ☐ 적당해요 ˝-˝
- ☐ 쉬워요 >o<

❷ 계산 결과가 11111110−7이 되는 계산식은?
계산 결과가 11111110−7이 되는 계산식은 일곱째입니다.
⇨ 1234567 × 9 =11111110−7

🔑 1234567×9=11111110−7

문장제 실력 쌓기
* 늘어놓은 수에서 규칙 찾기
* 결괏값에 맞는 계산식 구하기

정답과 해설 31쪽

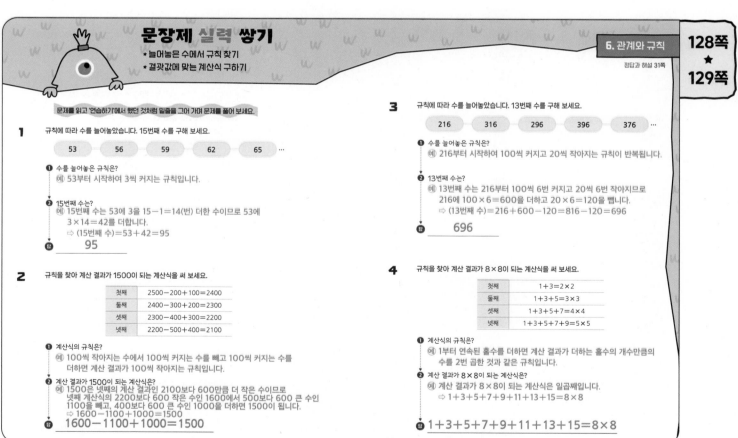

문제를 읽고 '연습하기'에서 했던 것처럼 밑줄을 그어 가며 문제를 풀어 보세요.

1 규칙에 따라 수를 늘어놓았습니다. 15번째 수를 구해 보세요.

| 53 | 56 | 59 | 62 | 65 | … |

❶ 수를 늘어놓은 규칙은?
㉎ 53부터 시작하여 3씩 커지는 규칙입니다.

❷ 15번째 수는?
㉎ 15번째 수는 53에 3을 15−1=14(번) 더한 수이므로 53에
3×14=42를 더합니다.
⇨ (15번째 수)=53+42=95

🔑 95

2 규칙을 찾아 계산 결과가 1500이 되는 계산식을 써 보세요.

첫째	2500−200+100=2400
둘째	2400−300+200=2300
셋째	2300−400+300=2200
넷째	2200−500+400=2100

❶ 계산식의 규칙은?
㉎ 100씩 작아지는 수에서 100씩 커지는 수를 빼고 100씩 커지는 수를
더하면 계산 결과가 100씩 작아지는 규칙입니다.

❷ 계산 결과가 1500이 되는 계산식은?
㉎ 1500은 넷째의 계산 결과인 2100보다 600만큼 더 작은 수이므로
넷째 계산식의 2200보다 600 작은 수인 1600에서 500보다 600 큰 수인
1100을 빼고, 400보다 600 큰 수인 1000을 더하면 1500이 됩니다.
⇨ 1600−1100+1000=1500

🔑 1600−1100+1000=1500

3 규칙에 따라 수를 늘어놓았습니다. 13번째 수를 구해 보세요.

| 216 | 316 | 296 | 396 | 376 | … |

❶ 수를 늘어놓은 규칙은?
㉎ 216부터 시작하여 100씩 커지고 20씩 작아지는 규칙이 반복됩니다.

❷ 13번째 수는?
㉎ 13번째 수는 216부터 100씩 6번 커지고 20씩 6번 작아지므로
216에 100×6=600을 더하고 20×6=120을 뺍니다.
⇨ (13번째 수)=216+600−120=816−120=696

🔑 696

4 규칙을 찾아 계산 결과가 8×8이 되는 계산식을 써 보세요.

첫째	1+3=2×2
둘째	1+3+5=3×3
셋째	1+3+5+7=4×4
넷째	1+3+5+7+9=5×5

❶ 계산식의 규칙은?
㉎ 1부터 연속된 홀수를 더하면 계산 결과가 더하는 홀수의 개수만큼의
수를 2번 곱한 것과 같은 규칙입니다.

❷ 계산 결과가 8×8이 되는 계산식은?
㉎ 계산 결과가 8×8이 되는 계산식은 일곱째입니다.
⇨ 1+3+5+7+9+11+13+15=8×8

🔑 1+3+5+7+9+11+13+15=8×8

문장제 연습하기

*크기가 같은 두 양의 관계를
이용하여 무게 구하기

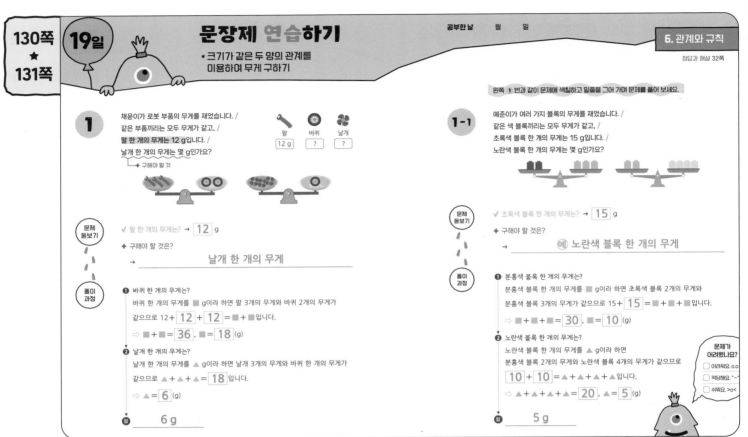

1 채윤이가 로봇 부품의 무게를 재었습니다. /
같은 부품끼리는 모두 무게가 같고, /
팔 한 개의 무게는 12 g입니다. /
날개 한 개의 무게는 몇 g인가요?

→ 구해야 할 것

팔 12 g   바퀴 ?   날개 ?

문제 돌보기

✓ 팔 한 개의 무게는? → 12 g

✦ 구해야 할 것은?

→ 날개 한 개의 무게

풀이 과정

❶ 바퀴 한 개의 무게는?
바퀴 한 개의 무게를 ■ g이라 하면 팔 3개의 무게와 바퀴 2개의 무게가
같으므로 12+ 12 + 12 = ■ + ■ 입니다.
⇨ ■ + ■ = 36 , ■ = 18 (g)

❷ 날개 한 개의 무게는?
날개 한 개의 무게를 ▲ g이라 하면 날개 3개의 무게와 바퀴 한 개의 무게가
같으므로 ▲ + ▲ + ▲ = 18 입니다.
⇨ ▲ = 6 (g)

답 6 g

왼쪽 **1** 번과 같이 문제에 색칠하고 밑줄을 그어 가며 문제를 풀어 보세요.

1-1 예준이가 여러 가지 블록의 무게를 재었습니다. /
같은 색 블록끼리는 모두 무게가 같고, /
초록색 블록 한 개의 무게는 15 g입니다. /
노란색 블록 한 개의 무게는 몇 g인가요?

문제 돌보기

✓ 초록색 블록 한 개의 무게는? → 15 g

✦ 구해야 할 것은?

→ 예 노란색 블록 한 개의 무게

풀이 과정

❶ 분홍색 블록 한 개의 무게는?
분홍색 블록 한 개의 무게를 ■ g이라 하면 초록색 블록 2개의 무게와
분홍색 블록 3개의 무게가 같으므로 15+ 15 = ■ + ■ + ■ 입니다.
⇨ ■ + ■ + ■ = 30 , ■ = 10 (g)

❷ 노란색 블록 한 개의 무게는?
노란색 블록 한 개의 무게를 ▲ g이라 하면
분홍색 블록 2개의 무게와 노란색 블록 4개의 무게가 같으므로
10 + 10 = ▲ + ▲ + ▲ + ▲ 입니다.
⇨ ▲ + ▲ + ▲ + ▲ = 20 , ▲ = 5 (g)

답 5 g

문제가 어려웠나요?
☐ 어려워요. o.o
☐ 적당해요. ˆ-ˆ
☐ 쉬워요. >o<

문장제 연습하기

*규칙에 따라 놓인
바둑돌의 수 구하기

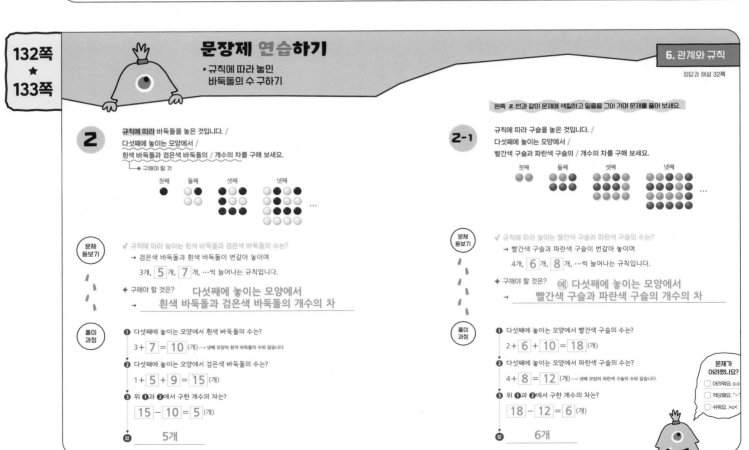

2 규칙에 따라 바둑돌을 놓은 것입니다. /
다섯째에 놓이는 모양에서 /
흰색 바둑돌과 검은색 바둑돌의 / 개수의 차를 구해 보세요.

→ 구해야 할 것

첫째   둘째   셋째   넷째   …

문제 돌보기

✓ 규칙에 따라 놓이는 흰색 바둑돌과 검은색 바둑돌의 수는?
→ 검은색 바둑돌과 흰색 바둑돌이 번갈아 놓이며
3개, 5 개, 7 개, …씩 늘어나는 규칙입니다.

✦ 구해야 할 것은? 다섯째에 놓이는 모양에서
→ 흰색 바둑돌과 검은색 바둑돌의 개수의 차

풀이 과정

❶ 다섯째에 놓이는 모양에서 흰색 바둑돌의 수는?
3+ 7 = 10 (개) → 넷째 모양의 흰색 바둑돌의 수와 같습니다.

❷ 다섯째에 놓이는 모양에서 검은색 바둑돌의 수는?
1+ 5 + 9 = 15 (개)

❸ 위 ❶과 ❷에서 구한 개수의 차는?
15 − 10 = 5 (개)

답 5개

왼쪽 **2** 번과 같이 문제에 색칠하고 밑줄을 그어 가며 문제를 풀어 보세요.

2-1 규칙에 따라 구슬을 놓은 것입니다. /
다섯째에 놓이는 모양에서 /
빨간색 구슬과 파란색 구슬의 / 개수의 차를 구해 보세요.

첫째   둘째   셋째   넷째   …

문제 돌보기

✓ 규칙에 따라 놓이는 빨간색 구슬과 파란색 구슬의 수는?
→ 빨간색 구슬과 파란색 구슬이 번갈아 놓이며
4개, 6 개, 8 개, …씩 늘어나는 규칙입니다.

✦ 구해야 할 것은? 예 다섯째에 놓이는 모양에서
→ 빨간색 구슬과 파란색 구슬의 개수의 차

풀이 과정

❶ 다섯째에 놓이는 모양에서 빨간색 구슬의 수는?
2+ 6 + 10 = 18 (개)

❷ 다섯째에 놓이는 모양에서 파란색 구슬의 수는?
4+ 8 = 12 (개) → 넷째 모양의 파란색 구슬의 수와 같습니다.

❸ 위 ❶과 ❷에서 구한 개수의 차는?
18 − 12 = 6 (개)

답 6개

문제가 어려웠나요?
☐ 어려워요. o.o
☐ 적당해요. ˆ-ˆ
☐ 쉬워요. >o<

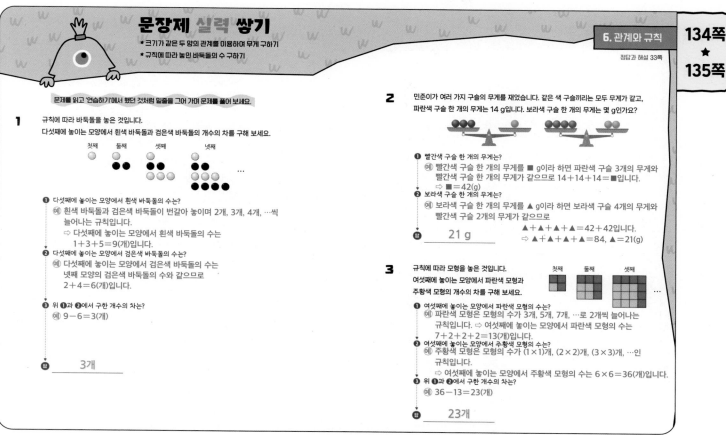

문장제 실력 쌓기

★ 크기가 같은 두 양의 관계를 이용하여 무게 구하기
★ 규칙에 따라 놓인 바둑돌의 수 구하기

문제를 읽고 '연습하기'에서 했던 것처럼 밑줄을 그어 가며 문제를 풀어 보세요.

1 규칙에 따라 바둑돌을 놓은 것입니다.
다섯째에 놓이는 모양에서 흰색 바둑돌과 검은색 바둑돌의 개수의 차를 구해 보세요.

첫째   둘째   셋째   넷째
...

① 다섯째에 놓이는 모양에서 흰색 바둑돌의 수는?
(예) 흰색 바둑돌과 검은색 바둑돌이 번갈아 놓이며 2개, 3개, 4개, ···씩
늘어나는 규칙입니다.
➡ 다섯째에 놓이는 모양에서 흰색 바둑돌의 수는
1+3+5=9(개)입니다.

② 다섯째에 놓이는 모양에서 검은색 바둑돌의 수는?
(예) 다섯째에 놓이는 모양에서 검은색 바둑돌의 수는
넷째 모양의 검은색 바둑돌의 수와 같으므로
2+4=6(개)입니다.

③ 위 **①**과 **②**에서 구한 개수의 차는?
(예) 9−6=3(개)

답 ___3개___

2 민준이가 여러 가지 구슬의 무게를 재었습니다. 같은 색 구슬끼리는 모두 무게가 같고,
파란색 구슬 한 개의 무게는 14 g입니다. 보라색 구슬 한 개의 무게는 몇 g인가요?

① 빨간색 구슬 한 개의 무게는?
(예) 빨간색 구슬 한 개의 무게를 ■라 하면 파란색 구슬 3개의 무게와
빨간색 구슬 한 개의 무게가 같으므로 14+14+14=■입니다.
➡ ■=42(g)

② 보라색 구슬 한 개의 무게는?
(예) 보라색 구슬 한 개의 무게를 ▲ g이라 하면 보라색 구슬 4개의 무게와
빨간색 구슬 2개의 무게가 같으므로
▲+▲+▲+▲=42+42입니다.
➡ ▲+▲+▲+▲=84, ▲=21(g)

답 ___21 g___

3 규칙에 따라 모형을 놓은 것입니다.
여섯째에 놓이는 모양에서 파란색 모형과
주황색 모형의 개수의 차를 구해 보세요.

첫째   둘째   셋째
...

① 여섯째에 놓이는 모양에서 파란색 모형의 수는?
(예) 파란색 모형은 모형의 수가 3개, 5개, 7개, ···로 2개씩 늘어나는
규칙입니다. ➡ 여섯째에 놓이는 모양에서 파란색 모형의 수는
7+2+2+2=13(개)입니다.

② 여섯째에 놓이는 모양에서 주황색 모형의 수는?
(예) 주황색 모형은 모형의 수가 (1×1)개, (2×2)개, (3×3)개, ···인
규칙입니다.
➡ 여섯째에 놓이는 모양에서 주황색 모형의 수는 6×6=36(개)입니다.

③ 위 **①**과 **②**에서 구한 개수의 차는?
(예) 36−13=23(개)

답 ___23개___

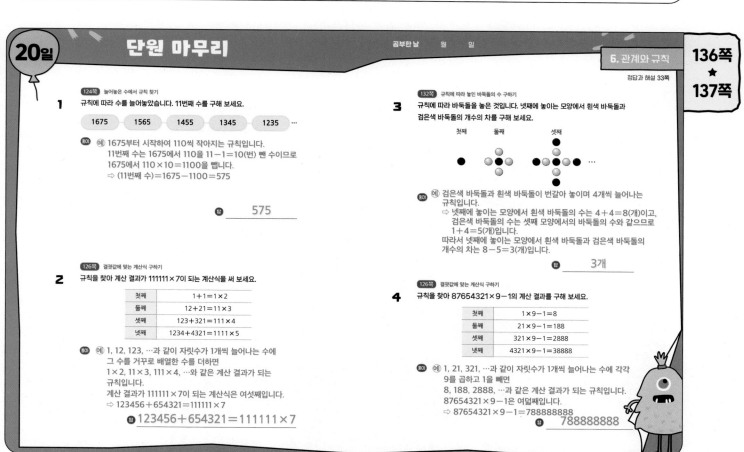

단원 마무리

20일

곰부한 날   월   일

1 ┃124쪽┃ 늘어놓은 수에서 규칙 찾기
규칙에 따라 수를 늘어놓았습니다. 11번째 수를 구해 보세요.

| 1675 | 1565 | 1455 | 1345 | 1235 | ... |

풀이 (예) 1675부터 시작하여 110씩 작아지는 규칙입니다.
11번째 수는 1675에서 110을 11−1=10(번) 뺀 수이므로
1675에서 110×10=1100을 뺍니다.
➡ (11번째 수)=1675−1100=575

답 ___575___

2 ┃126쪽┃ 결괏값에 맞는 계산식 구하기
규칙을 찾아 계산 결과가 111111×7이 되는 계산식을 써 보세요.

첫째	1+1=1×2
둘째	12+21=11×3
셋째	123+321=111×4
넷째	1234+4321=1111×5

풀이 (예) 1, 12, 123, ···과 같이 자릿수가 1개씩 늘어나는 수에
그 수를 거꾸로 배열한 수를 더하면
1×2, 11×3, 111×4, ···와 같은 계산 결과가 되는
규칙입니다.
계산 결과가 111111×7이 되는 계산식은 여섯째입니다.
➡ 123456+654321=111111×7

답 123456+654321=111111×7

3 ┃132쪽┃ 규칙에 따라 놓인 바둑돌의 수 구하기
규칙에 따라 바둑돌을 놓은 것입니다. 넷째에 놓이는 모양에서 흰색 바둑돌과
검은색 바둑돌의 개수의 차를 구해 보세요.

첫째   둘째   셋째
...

풀이 (예) 검은색 바둑돌과 흰색 바둑돌이 번갈아 놓이며 4개씩 늘어나는
규칙입니다.
➡ 넷째에 놓이는 모양에서 흰색 바둑돌의 수는 4+4=8(개)이고,
검은색 바둑돌의 수는 셋째 모양에서의 바둑돌의 수와 같으므로
1+4=5(개)입니다.
따라서 넷째에 놓이는 모양에서 흰색 바둑돌과 검은색 바둑돌의
개수의 차는 8−5=3(개)입니다.

답 ___3개___

4 ┃126쪽┃ 결괏값에 맞는 계산식 구하기
규칙을 찾아 87654321×9−1의 계산 결과를 구해 보세요.

첫째	1×9−1=8
둘째	21×9−1=188
셋째	321×9−1=2888
넷째	4321×9−1=38888

풀이 (예) 1, 21, 321, ···과 같이 자릿수가 1개씩 늘어나는 수에 각각
9를 곱하고 1을 빼면
8, 188, 2888, ···과 같은 계산 결과가 되는 규칙입니다.
87654321×9−1은 여덟째입니다.
➡ 87654321×9−1=788888888

답 ___788888888___

5 `130쪽` 크기가 같은 두 양의 관계를 이용하여 무게 구하기

유민이가 여러 가지 블록의 무게를 재었습니다.
같은 색 블록끼리는 모두 무게가 같고, 빨간색 블록 한 개의 무게는 20 g입니다.
노란색 블록 한 개의 무게는 몇 g인가요?

(풀이) (예) 파란색 블록 한 개의 무게를 ■ g이라 하면 빨간색 블록 3개의 무게와 파란색 블록 한 개의 무게가 같으므로 20+20+20=■입니다. ⇨ ■=60(g)
노란색 블록 한 개의 무게를 ▲ g이라 하면 노란색 블록 2개의 무게와 파란색 블록 3개의 무게가 같으므로 ▲+▲=60+60+60입니다.
⇨ ▲+▲=180, ▲=90(g)
따라서 노란색 블록 한 개의 무게는 90 g입니다.

(답) __90 g__

6 `130쪽` 크기가 같은 두 양의 관계를 이용하여 무게 구하기

세윤이가 여러 가지 장난감의 무게를 재었습니다.
같은 장난감끼리는 모두 무게가 같고, 곰 인형 한 개의 무게는 80 g입니다.
팽이 한 개의 무게는 몇 g인가요?

(풀이) (예) 자동차 한 개의 무게를 ■ g이라 하면 자동차 2개의 무게와 곰 인형 3개의 무게가 같으므로 ■+■=80+80+80입니다.
⇨ ■+■=240, ■=120(g)
팽이 한 개의 무게를 ▲ g이라 하면 팽이 2개의 무게와 자동차 3개의 무게가 같으므로 ▲+▲=120+120+120입니다.
⇨ ▲+▲=360, ▲=180(g)
따라서 팽이 한 개의 무게는 180 g입니다.

(답) __180 g__

7 `132쪽` 규칙에 따라 놓인 바둑돌의 수 구하기

규칙에 따라 모형을 놓은 것입니다. 다섯째에 놓이는 모양에서 보라색 모형과 초록색 모형의 개수의 차를 구해 보세요.

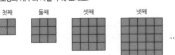

첫째 둘째 셋째 넷째 …

(풀이) (예) 보라색 모형은 모형의 수가 (1+2)개, (1+2+3)개, (1+2+3+4)개, …인 규칙입니다.
⇨ (다섯째에 놓이는 모양에서 보라색 모형의 수)=1+2+3+4+5+6=21(개)
초록색 모형은 모형의 수가 1개, (1+2)개, (1+2+3)개, …인 규칙입니다.
⇨ (다섯째에 놓이는 모양에서 초록색 모형의 수)=1+2+3+4+5=15(개)
따라서 다섯째에 놓이는 모양에서 보라색 모형과 초록색 모형의 개수의 차는 21-15=6(개)입니다.

(답) __6개__

도전! **8** `124쪽` 늘어놓은 수에서 규칙 찾기

규칙에 따라 수를 늘어놓았습니다. 16번째 수와 20번째 수의 차를 구해 보세요.

507 - 537 - 497 - 527 - 487 …

내가 지다니!

(예) ❶ 16번째 수는?
507부터 시작하여 30씩 커지고 40씩 작아지는 규칙이 반복됩니다.
16번째 수는 507부터 30씩 8번 커지고 40씩 7번 작아지므로 507에 30×8=240을 더하고 40×7=280을 뺍니다.
⇨ (16번째 수)=507+240-280=747-280=467

(예) ❷ 20번째 수는?
20번째 수는 507부터 30씩 10번 커지고 40씩 9번 작아지므로 507에 30×10=300을 더하고 40×9=360을 뺍니다.
⇨ (20번째 수)=507+300-360=807-360=447

❸ 위 ❶과 ❷에서 구한 수의 차는?
(예) 467-447=20

(답) __20__

실력 평가

140쪽 ★ 141쪽
정답과 해설 35쪽

1 혜민이가 저금통에 모은 돈은 65만 원입니다.
매월 10만 원씩 더 모은다면 4개월 후 혜민이가 모은 돈은 모두 얼마가 되나요?

풀이 예 4개월 후 혜민이가 모은 돈은 65만에서 10만씩 4번 뛰어
센 것과 같습니다.
65만－75만－85만－95만－105만
따라서 65만에서 10만씩 4번 뛰어 세면 105만이므로
4개월 후 혜민이가 모은 돈은 모두 105만 원이 됩니다.

답 __105만 원__

2 윤주와 준호가 각도를 어림했습니다.
누가 어림을 더 잘했나요?

・윤주: 75°쯤
・준호: 80°쯤

풀이 예 각도기로 각도를 재어 보면 85°입니다.
어림한 각도와 잰 각도의 차를 각각 구하면
윤주는 85°－75°＝10°, 준호는 85°－80°＝5°입니다.
따라서 어림을 더 잘한 사람은 준호입니다.

답 __준호__

3 사인펜은 한 자루에 900원이고, 형광펜은 한 자루에 650원입니다.
사인펜 14자루와 형광펜 30자루의 값은 모두 얼마인가요?

풀이 예 (사인펜 14자루의 값)＝900×14＝12600(원)
(형광펜 30자루의 값)＝650×30＝19500(원)
⇨ (사인펜 14자루와 형광펜 30자루의 값)
＝12600＋19500＝32100(원)

답 __32100원__

4 오른쪽 이등변삼각형의 세 변의 길이의 합은 23 cm입니다.
㉠의 길이는 몇 cm인가요?

풀이 예 ㉠＋9＋㉠＝23이므로 ㉠＋㉠＝14,
㉠＝14÷2＝7(cm)입니다.

답 __7 cm__

5 선웅이네 반 학생들의 취미를 조사하여 나타낸 막대그래프입니다.
취미가 악기 연주인 학생이 취미가 독서인 학생보다 1명 더 많을 때,
취미가 악기 연주인 학생은 몇 명인가요?

취미별 학생 수

풀이 예 세로 눈금 한 칸은 5÷5＝1(명)을 나타내므로
취미가 독서인 학생은 4명입니다.
따라서 취미가 악기 연주인 학생은 4＋1＝5(명)입니다.

답 __5명__

142쪽 ★ 143쪽
정답과 해설 35쪽

6 □ 안에 들어갈 수 있는 자연수 중에서 가장 큰 수를 구해 보세요.

48×□<25×30

풀이 예 25×30＝750입니다.
750÷48＝15…30이므로 □ 안에 들어갈 수 있는
자연수는 15 또는 15보다 작아야 합니다.
따라서 □ 안에 들어갈 수 있는 자연수 중에서 가장 큰 수는
15입니다.

답 __15__

7 규칙에 따라 수를 늘어놓았습니다. 14번째 수를 구해 보세요.

5 — 12 — 19 — 26 — 33 …

풀이 예 5부터 시작하여 7씩 커지는 규칙입니다.
14번째 수는 5에 7을 14－1＝13(번) 더한 수이므로
5에 7×13＝91을 더합니다.
⇨ (14번째 수)＝5＋91＝96

답 __96__

8 어떤 수를 21로 나누어야 할 것을 잘못하여 곱했더니 882가 되었습니다.
바르게 계산하면 몫은 얼마인가요?

풀이 예 어떤 수를 ■라 하면
■×21＝882 ⇨ 882÷21＝■, ■＝42입니다.
따라서 바르게 계산하면 몫은 42÷21＝2입니다.

답 __2__

9 조건을 모두 만족하는 일곱 자리 수를 구해 보세요.

・3부터 9까지의 수를 모두 한 번씩 사용하여 만든 수입니다.
・3679000보다 크고 3679500보다 작은 수 중 짝수입니다.

풀이 예 백만의 자리 숫자는 3, 십만의 자리 숫자는 6,
만의 자리 숫자는 7, 천의 자리 숫자는 9입니다.
남은 수는 4, 5, 8이고, 3679500보다 작은 수이므로
백의 자리 숫자는 4입니다.
짝수이므로 일의 자리 숫자는 8입니다.
따라서 조건을 모두 만족하는 일곱 자리 수는
3679458입니다.

답 __3679458__

10 오른쪽과 같이 직사각형 모양의 종이를 접었을 때
각 ㄹㅂㅁ의 크기는 몇 도인가요?

풀이 예 (각 ㅁㄹㅂ)＋(각 ㄱㄹㅂ)
＝90°－40°＝50°이고,
접은 부분의 각의 크기는 같으므로
(각 ㄱㄹㅂ)＝50°÷2＝25°입니다.
삼각형의 세 각의 크기의 합은 180°이므로
(각 ㄹㅂㅁ)＝180°－90°－25°＝65°입니다.

답 __65°__

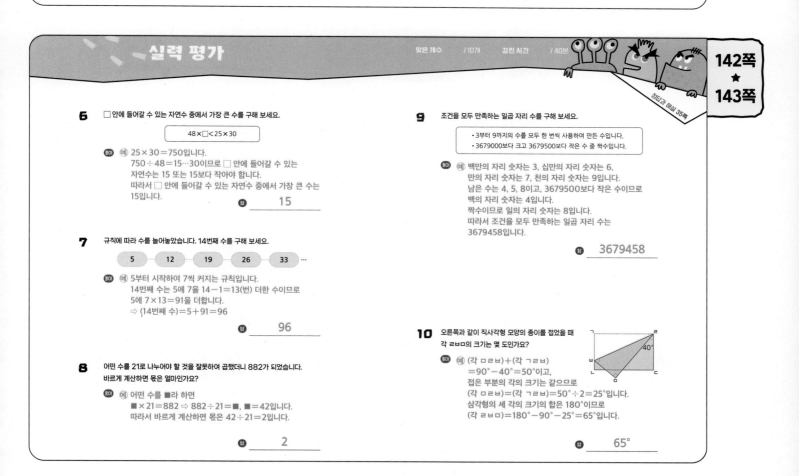

1 수영이네 가족은 가족 여행 비용을 모으기 위해
다음 달부터 매월 12만 원씩 모으기로 했습니다.
72만 원을 모으려면 지금으로부터 적어도 몇 개월이 걸리나요?

풀이 예 12만씩 몇 번 뛰어 세면 72만이 되는지 알아봅니다.
0−12만−24만−36만−48만−60만−72만
⇨ 0에서 12만씩 6번 뛰어 세면 72만이 되므로
가족 여행 비용을 모으려면 적어도 6개월이 걸립니다.

답   **6개월**

2 □ 안에 들어갈 수 있는 자연수 중에서 가장 작은 수를 구해 보세요.

$$17 \times □ > 320$$

풀이 예 320÷17=18…14이므로 □ 안에 들어갈 수 있는
자연수는 18보다 커야 합니다.
따라서 □ 안에 들어갈 수 있는 자연수 중에서 가장 작은
수는 19입니다.

답   **19**

3 삼각형 ㉮와 ㉯는 모두 이등변삼각형이고,
세 변의 길이의 합은 같습니다.
㉠의 길이는 몇 cm인가요?

풀이 예 이등변삼각형 ㉮의 세 변의 길이는
각각 9 cm, 11 cm, 9 cm이므로
세 변의 길이의 합은 9+11+9=29(cm)입니다.
이등변삼각형 ㉯의 세 변의 길이는 각각 ㉠ cm, 7 cm, ㉠ cm입니다.
따라서 ㉠+7+㉠=29이므로   답   **11 cm**
㉠+㉠=22, ㉠=11(cm)입니다.

4 어느 문구점에서 일주일 동안 팔린
색연필 수를 조사하여 나타낸
막대그래프입니다.
일주일 동안 팔린 빨간색 색연필이
100자루라면 일주일 동안 팔린
초록색 색연필은 몇 자루인가요?

일주일 동안 팔린 색깔별 색연필 수

풀이 예 빨간색 막대의 가로 눈금 10칸이
100자루를 나타내므로
가로 눈금 한 칸은 100÷10=10(자루)를 나타냅니다.
따라서 일주일 동안 팔린 초록색 색연필은 막대의 길이가
8칸이므로 10×8=80(자루)입니다.

답   **80자루**

5 세정이가 여러 가지 구슬의 무게를 재었습니다.
같은 색 구슬끼리는 모두 무게가 같고, 노란색 구슬 한 개의 무게는 16 g입니다.
초록색 구슬 한 개의 무게는 몇 g인가요?

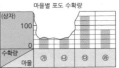

풀이 예 파란색 구슬 한 개의 무게를 ■ g이라 하면 노란색 구슬
3개의 무게와 파란색 구슬 2개의 무게가 같으므로
16+16+16=■+■입니다. ⇨ ■+■=48, ■=24(g)
초록색 구슬 한 개의 무게를 ▲ g이라 하면 초록색 구슬
한 개의 무게와 파란색 구슬 3개의 무게가 같으므로
▲=24+24+24입니다. ⇨ ▲=72(g)

답   **72 g**

---

6 오른쪽 그림에서 삼각형 ㄱㄴㄹ은
직각삼각형입니다.
각 ㄱㅁㄷ의 크기는 몇 도인가요?

풀이 예 삼각형 ㄱㄴㄹ에서
(각 ㄱㄴㄹ)+35°+90°=180°이므로
(각 ㄱㄴㄹ)=180°−35°−90°=55°입니다.
사각형 ㄱㄴㄷㅁ에서
(각 ㄱㅁㄷ)+90°+55°+90°
=360°이므로   답   **125°**
(각 ㄱㅁㄷ)=360°−90°−55°−90°=125°입니다.

7 영주와 현호는 종이학을 매일 각자 같은 개수만큼 접습니다. 영주는 19일 동안
종이학을 665개 접었고, 현호는 24일 동안 종이학을 768개 접었습니다.
하루에 접은 종이학의 수가 더 많은 사람은 누구인가요?

풀이 예 (영주가 하루에 접은 종이학의 수)=665÷19=35(개)
(현호가 하루에 접은 종이학의 수)=768÷24=32(개)
⇨ 35>32이므로 하루에 접은 종이학의 수가 더 많은
사람은 영주입니다.

답   **영주**

8 오른쪽 도형에서 찾을 수 있는
크고 작은 예각삼각형은 모두 몇 개인가요?

풀이 예 · 작은 삼각형 1개짜리: ② → 1개
· 작은 삼각형 2개짜리: ①+②, ②+③ → 2개
· 작은 삼각형 3개짜리: ①+②+③ → 1개
⇨ (크고 작은 예각삼각형의 수)=1+2+1=4(개)

답   **4개**

9 길이가 663 m인 도로의 양쪽에 처음부터 끝까지 17 m 간격으로
나무를 심었습니다. 심은 나무는 모두 몇 그루인가요?
(단, 나무의 두께는 생각하지 않습니다.)

풀이 예 도로의 한쪽에 심은 나무 사이의 간격 수는
663÷17=39(군데)입니다.
도로의 한쪽에 심은 나무의 수는 39+1=40(그루)입니다.
따라서 도로의 양쪽에 심은 나무의 수는
40×2=80(그루)입니다.

답   **80그루**

10 마을별 포도 수확량을 조사하여 나타낸 막대그래프의 일부분이 찢어졌습니다.
㉯ 마을의 포도 수확량은 ㉰ 마을보다 40상자 더 적고,
㉮ 마을의 포도 수확량은 ㉯ 마을보다 20상자 더 많습니다.
㉮ 마을의 포도 수확량은 몇 상자인가요?

마을별 포도 수확량

풀이 예 세로 눈금 한 칸은 100÷5=20(상자)를 나타내므로
㉰ 마을의 포도 수확량은 20×7=140(상자)입니다.
(㉯ 마을의 포도 수확량)=140−40=100(상자)
⇨ (㉮ 마을의 포도 수확량)=100+20=120(상자)

답   **120상자**

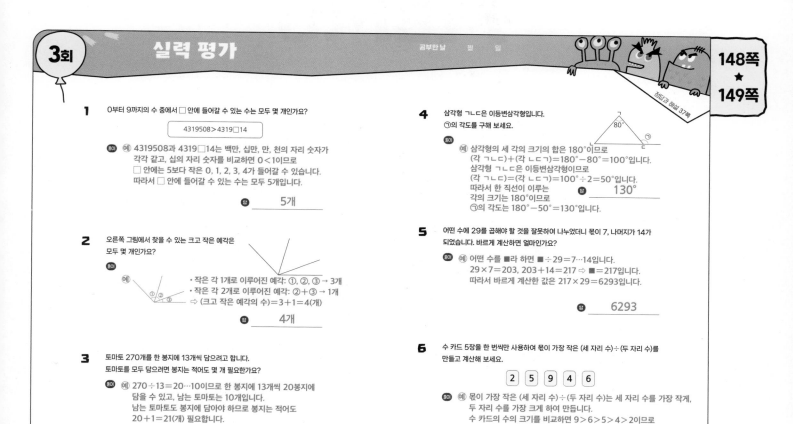

1 0부터 9까지의 수 중에서 □ 안에 들어갈 수 있는 수는 모두 몇 개인가요?

$$4319508 > 4319\square14$$

풀이 예 4319508과 4319□14는 백만, 십만, 만, 천의 자리 숫자가
각각 같고, 십의 자리 숫자를 비교하면 0<1이므로
□ 안에는 5보다 작은 0, 1, 2, 3, 4가 들어갈 수 있습니다.
따라서 □ 안에 들어갈 수 있는 수는 모두 5개입니다.

답   5개

2 오른쪽 그림에서 찾을 수 있는 크고 작은 예각은
모두 몇 개인가요?

풀이 예
· 작은 각 1개로 이루어진 예각: ①, ②, ③ → 3개
· 작은 각 2개로 이루어진 예각: ②+③ → 1개
⇨ (크고 작은 예각의 수)=3+1=4(개)

답   4개

3 토마토 270개를 한 봉지에 13개씩 담으려고 합니다.
토마토를 모두 담으려면 봉지는 적어도 몇 개 필요한가요?

풀이 예 270÷13=20…10이므로 한 봉지에 13개씩 20봉지에
담을 수 있고, 남는 토마토는 10개입니다.
남는 토마토도 봉지에 담아야 하므로 봉지는 적어도
20+1=21(개) 필요합니다.

답   21개

4 삼각형 ㄱㄴㄷ은 이등변삼각형입니다.
㉠의 각도를 구해 보세요.

풀이 예 삼각형의 세 각의 크기의 합은 180°이므로
(각 ㄱㄴㄷ)+(각 ㄴㄷㄱ)=180°−80°=100°입니다.
삼각형 ㄱㄴㄷ은 이등변삼각형이므로
(각 ㄱㄴㄷ)=(각 ㄴㄷㄱ)=100°÷2=50°입니다.
따라서 한 직선이 이루는
각의 크기는 180°이므로
㉠의 각도는 180°−50°=130°입니다.

답   130°

5 어떤 수에 29를 곱해야 할 것을 잘못하여 나누었더니 몫이 7, 나머지가 14가
되었습니다. 바르게 계산하면 얼마인가요?

풀이 예 어떤 수를 ■라 하면 ■÷29=7…14입니다.
29×7=203, 203+14=217 ⇨ ■=217입니다.
따라서 바르게 계산한 값은 217×29=6293입니다.

답   6293

6 수 카드 5장을 한 번씩만 사용하여 몫이 가장 작은 (세 자리 수)÷(두 자리 수)를
만들고 계산해 보세요.

2 **5** **9** **4** **6**

풀이 예 몫이 가장 작은 (세 자리 수)÷(두 자리 수)는 세 자리 수를 가장 작게,
두 자리 수를 가장 크게 하여 만듭니다.
수 카드의 수의 크기를 비교하면 9>6>5>4>2이므로
가장 작은 세 자리 수는 245이고, 가장 큰 두 자리 수는 96입니다.
따라서 몫이 가장 작은 **답** 245 ÷ 96 = 2 … 53
(세 자리 수)÷(두 자리 수)를 만들고 계산하면 245÷96=2…53입니다.

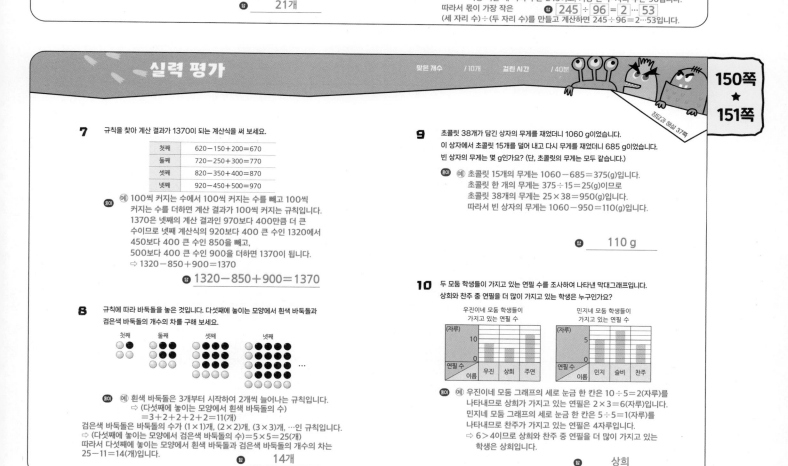

7 규칙을 찾아 계산 결과가 1370이 되는 계산식을 써 보세요.

첫째	620−150+200=670
둘째	720−250+300=770
셋째	820−350+400=870
넷째	920−450+500=970

풀이 예 100씩 커지는 수에서 100씩 커지는 수를 빼고 100씩
커지는 수를 더하면 계산 결과가 100씩 커지는 규칙입니다.
1370은 넷째의 계산 결과인 970보다 400만큼 더 큰
수이므로 넷째 계산식의 920보다 400 큰 수인 1320에서
450보다 400 큰 수인 850을 빼고,
500보다 400 큰 수인 900을 더하면 1370이 됩니다.
⇨ 1320−850+900=1370

답   1320−850+900=1370

8 규칙에 따라 바둑돌을 놓은 것입니다. 다섯째에 놓이는 모양에서 흰색 바둑돌과
검은색 바둑돌의 개수의 차를 구해 보세요.

첫째   둘째   셋째   넷째

풀이 예 흰색 바둑돌은 3개부터 시작하여 2개씩 늘어나는 규칙입니다.
⇨ (다섯째에 놓이는 모양에서 흰색 바둑돌의 수)
=3+2+2+2+2=11(개)
검은색 바둑돌은 바둑돌의 수가 (1×1)개, (2×2)개, (3×3)개, …인 규칙입니다.
⇨ (다섯째에 놓이는 모양에서 검은색 바둑돌의 수)=5×5=25(개)
따라서 다섯째에 놓이는 모양에서 흰색 바둑돌과 검은색 바둑돌의 개수의 차는
25−11=14(개)입니다.

답   14개

9 초콜릿 38개가 담긴 상자의 무게를 재었더니 1060 g이었습니다.
이 상자에서 초콜릿 15개를 덜어 내고 다시 무게를 재었더니 685 g이었습니다.
빈 상자의 무게는 몇 g인가요? (단, 초콜릿의 무게는 모두 같습니다.)

풀이 예 초콜릿 15개의 무게는 1060−685=375(g)입니다.
375÷15=25(g)이므로
초콜릿 38개의 무게는 25×38=950(g)입니다.
따라서 빈 상자의 무게는 1060−950=110(g)입니다.

답   110 g

10 두 모둠 학생들이 가지고 있는 연필 수를 조사하여 나타낸 막대그래프입니다.
상희와 찬주 중 연필을 더 많이 가지고 있는 학생은 누구인가요?

우진이네 모둠 학생들이 가지고 있는 연필 수

민지네 모둠 학생들이 가지고 있는 연필 수

풀이 예 우진이네 모둠 그래프의 세로 눈금 한 칸은 10÷5=2(자루)를
나타내므로 상희가 가지고 있는 연필은 2×3=6(자루)입니다.
민지네 모둠 그래프의 세로 눈금 한 칸은 5÷5=1(자루)를
나타내므로 찬주가 가지고 있는 연필은 4자루입니다.
⇨ 6>4이므로 상희와 찬주 중 연필을 더 많이 가지고 있는
학생은 상희입니다.

답   상희

MEMO